高职高专生物技术类专业系列规划教材

植物组织培养技术

主　编　秦静远

副主编　房师梅　林必博

参　编（以姓氏笔画为序）

肖海峻　张海霞　段鸿斌

U0379394

重庆大学出版社

内容提要

本书遵循认知规律和现代高等职业教育特点,重点阐述了植物组织培养的基本理论、基本操作技术、营养器官培养、组培快繁和脱毒技术。同时,对植物生殖器官培养细胞培养以及一些常见的果树、林木、花卉、经济作物的组培脱毒与快繁技术做了介绍。使学生对植物组织培养技术有广泛的了解。本书每个项目均配有实训指导,方便学生的实训操作。

本书可供高职高专生物技术及应用、农学、园林、园艺等相关专业师生使用,也可供中等专业学校师生以及农业技术人员等相关从业者参考。

图书在版编目(CIP)数据

植物组织培养技术/秦静远主编.—重庆:重庆
大学出版社,2014.8(2020.4 重印)
高职高专生物技术类专业系列规划教材
ISBN 978-7-5624-8357-1

Ⅰ.①植… Ⅱ.①秦… Ⅲ.①植物组织—组织培养—
高等职业教育—教材 Ⅳ.①Q943.1

中国版本图书馆 CIP 数据核字(2014)第 140566 号

植物组织培养技术

主 编 秦静远

责任编辑:袁文华　　版式设计:袁文华
责任校对:关德强　　责任印制:赵　晟

*

重庆大学出版社出版发行
出版人:饶帮华
社址:重庆市沙坪坝区大学城西路 21 号
邮编:401331
电话:(023)88617190　88617185(中小学)
传真:(023)88617186　88617166
网址:http://www.cqup.com.cn
邮箱:fxk@cqup.com.cn(营销中心)
全国新华书店经销
重庆长虹印务有限公司印刷

*

开本:787mm×1092mm　1/16　印张:13　字数:324 千
2014 年 8 月第 1 版　　2020 年 4 月第 2 次印刷
印数:3 001—4 500
ISBN 978-7-5624-8357-1　定价:30.00 元

高职高专生物技术类专业系列规划教材
※ 编委会 ※

（排名不分先后，以姓名拼音为序）

总 主 编　王德芝

编委会委员　陈春叶　　池永红　　迟全勃　　党占平　　段鸿斌

　　　　　　范洪琼　　范文斌　　辜义洪　　郭立达　　郭振升

　　　　　　黄蓓蓓　　李春民　　梁宗余　　马长路　　秦静远

　　　　　　沈泽智　　王家东　　王伟青　　吴亚丽　　肖海峻

　　　　　　谢必武　　谢　昕　　袁　亮　　张　明　　张媛媛

　　　　　　郑爱泉　　周济铭　　朱晓立　　左伟勇

高职高专生物技术类专业系列规划教材
※ 参加编写单位 ※

（排名不分先后，以拼音为序）

北京农业职业学院	湖北生态工程职业技术学院
重庆三峡医药高等专科学校	湖北生物科技职业学院
重庆三峡职业学院	江苏农牧科技职业学院
甘肃酒泉职业技术学院	江西生物科技职业学院
甘肃林业职业技术学院	辽宁经济职业技术学院
广东轻工职业技术学院	内蒙古包头轻工职业技术学院
河北工业职业技术学院	内蒙古呼和浩特职业学院
河南漯河职业技术学院	内蒙古医科大学
河南三门峡职业技术学院	山东潍坊职业学院
河南商丘职业技术学院	陕西杨凌职业技术学院
河南信阳农林学院	四川宜宾职业技术学院
河南许昌职业技术学院	四川中医药高等专科学校
河南职业技术学院	云南农业职业技术学院
黑龙江民族职业学院	云南热带作物职业学院
湖北荆楚理工学院	

总　序

　　大家都知道,人类社会已经进入了知识经济的时代。在这样一个时代中,知识和技术扮演着比以往任何时候都更加重要的角色,发挥着前所未有的作用。在产品(与服务)的研发、生产、流通、分配等任何一个环节,知识和技术都居于中心位置。

　　那么,在知识经济时代,生物技术前景如何呢?

　　有人断言,知识经济时代以如下六大类高新技术为代表和支撑,它们分别是电子信息、生物技术、新材料、新能源、海洋技术、航空航天技术。是的,生物技术正是当今六大高新技术之一,而且地位非常"显赫"。

　　目前,生物技术广泛地应用于医药和农业,同时在环保、食品、化工、能源等行业也有着广阔的应用前景,世界各国无不非常重视生物技术及生物产业。有人甚至认为,生物技术的发展将为人类带来"第四次产业革命";下一个或者下一批"比尔·盖茨"们,一定会出在生物产业中。

　　在我国,生物技术和生物产业发展异常迅速,"十一五"期间(2006—2010年)全国生物产业年产值从6 000亿元增加到16 000亿元,年均增速达21.6%,增长速度几乎是我国同期GDP增长速度的2倍。到2015年,生物产业产值将超过4万亿元。

　　毫不夸张地讲,生物技术和生物产业正如一台强劲的发动机,引领着经济发展和社会进步。生物技术与生物产业的发展,需要大量掌握生物技术的人才。因此,生物学科已经成为我国相关院校大学生学习的重要课程,也是从事生物技术研究、产业产品开发人员应该掌握的重要知识之一。

　　培养优秀人才离不开优秀教师,培养优秀人才离不开优秀教材,各个院校都无比重视师资队伍和教材建设。多年的生物学科经过发展,已经形成了自身比较完善的体系。现已出版的生物系列教材品种也较为丰富,基本满足了各层次各类型的教学需求。然而,客观上也存在一些不容忽视的不足,如现有教材可选范围窄,有些教材质量参差不齐、针对性不强、缺少行业岗位必需的知识技能等,尤其是目前生物技术及其产业发展迅速,应用广泛,知识更新快,新成果、新专利急剧涌现,教材作为新知识、新技术的载体应与时俱进,及时更新,才能满足行业发展和企业用人提出的现实需求。

　　正是在这种时代及产业背景下,为深入贯彻落实《国家中长期教育改革和发展规划纲要(2010—2020年)》和《教育部 农业部 国家林业局关于推动高等农林教育综合改革的若干意见》(教高〔2013〕9号)等有关指示精神,重庆大学出版社结合高职高专的发展及专业教学基本要求,组织全国各地的几十所高职院校,联合编写了这套"高职高专生物技术类专

业系列规划教材"。

从"立意"上讲,本套教材力求定位准确、涵盖广阔,编写取材精练、深度适宜、份量适中、案例应用恰当丰富,以满足教师的科研创新、教育教学改革和专业发展的需求;注重图文并茂,深入浅出,以满足学生就业创业的能力需求;教材内容力争融入行业发展,对接工作岗位,以满足服务产业的需求。

编写一套系列教材,涉及教材种类的规划与布局、课程之间的衔接与协调、每门课程中的内容取舍、不同章节的分工与整合……其中的繁杂与辛苦,实在是"不足为外人道"。

正是这种繁杂与辛苦,凝聚着所有编者为本套教材付出的辛勤劳动、智慧、创新和创意。教材编写团队成员遍布全国各地,结构合理、实力较强,在本学科专业领域具有较深厚的学术造诣及丰富的教学和生产实践经验。

希望本套教材能体现出时代气息及产业现状,成为一套将新理念、新成果、新技术融入其中的精品教材,让教师使用时得心应手,学生使用时明理解惑,为培养生物技术的专业人才,促进生物技术产业发展做出自己的贡献。

是为序。

全国生物技术职业教育教学指导委员会委员
高职高专生物技术类专业系列规划教材总主编　王德芝

2014 年 5 月

前言

现代生物技术是 20 世纪 70 年代以来迅猛发展的一门高新科学技术。植物组织培养技术是一项渗透到现代生物科学各个领域的重要研究方法和技术手段,在世界各国得到了迅猛发展,成为植物生物技术的重要组成部分,并逐步走向产业化应用的发展道路;同时,该技术也加速和推动了农业生产和生物制药等领域的技术创新。目前,植物组织培养技术在植物种苗快繁、植物脱毒、育种、生物制药等领域已得到广泛的应用,并取得显著的经济效益。随着我国生物、农业科技的发展,植物组织培养技术已越来越重要。

为使本书更能贴近生物技术类专业高职学生的就业特点,突出"强化技能、重视实践、淡化理论、够用实用"的指导思想,本书在内容上重点介绍植物组织培养实验室的设置、植物组织培养的基本技术、植物营养器官培养、植物组织培养快繁与脱毒技术,对于植物生殖器官培养、植物细胞培养等领域的技术和应用,以及一些常见植物组织培养快繁技术应用案例也做了介绍,以期适应组织技术的发展,同时也为学生的可持续发展奠定一定的基础。

本书由杨凌职业技术学院秦静远担任主编,潍坊职业学院房师梅和杨凌职业技术学院林必博担任副主编,北京农业职业学院肖海峻、呼和浩特职业学院张海霞及信阳农林学院段鸿斌参与了编写。具体编写分工如下:项目 1 由林必博编写;项目 2 由段鸿斌编写;绪论、项目 3、项目 5 及项目 8 中的任务 2、任务 3 由秦静远编写;项目 4 及项目 8 中的任务 1 由肖海峻编写;项目 6 由房师梅编写;项目 7 由张海霞编写;全书最后由秦静远、林必博完成统稿。

本书力图将基本理论和基本技术系统地介绍出来,使读者看得懂、学得会、用得上,但受知识、经验和时间所限,难免存在不足之处,恳请使用者批评指正。本书在编写过程中,参阅了大量书籍和文献资料,谨表谢意!

编 者
2014 年 4 月

目 录 CONTENTS

绪 论

📖【项目描述】

　　●介绍植物组织培养的基本概念、理论依据、基本类型、发展历程,以及在生产发展中的作用。

📖【学习目标】

　　●掌握植物组织培养基本概念、理论依据。
　　●了解植物组织培养基本类型、发展历程以及在生产中的应用。

📖【能力目标】

　　●能正确理解植物组织培养的相关知识。
　　●能从植物组织培养发展的重要事件中理解和培养科学的职业素养。

植物组织培养是 20 世纪初以植物生理学为基础发展起来的一门重要的生物技术。它的建立和发展,对植物科学各个领域的发展均有很大的促进作用,并在科学研究和生产应用上开辟了令人振奋的多个新领域。

0.1 植物组织培养的概念

植物组织培养又称植物离体培养,是指在无菌和人工控制条件下,利用合适的培养基,对植物的器官、组织、细胞或原生质体进行培养,使其按照人们的意愿生长、增殖或再生完整植株的一门生物技术(图 0.1)。

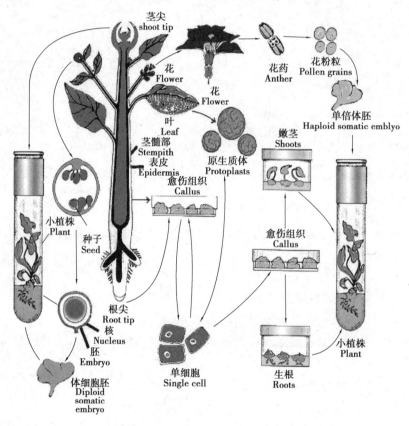

图 0.1 植物组织培养过程示意图

0.2 植物组织培养的理论基础

植物组织培养的理论基础是植物细胞的全能性。20 世纪初,德国著名植物生理学家 Haberlandt(1902)在细胞学说的影响下,大胆提出了植物细胞全能性学说,认为任何具有完整细胞核的植物细胞,都拥有形成一个完整植株所必需的遗传信息,在一定条件下,都具有独立发育成为胚胎和植株的潜能。1939 年,White 和 Nobecourt 先后报道了液体培养基中烟草组织培养物茎芽的发生和胡萝卜培养物中根的形成,首次证明离体培养的植物细胞具有器官发生的潜能。20 年后,Reinert 和 Steward(1958—1959)在胡萝卜直根髓细胞的悬浮培养中,观察到单细胞通过分裂,能经过类似于高等植物胚胎发生过程的胚状体途径形成再生植株,首次证实了植物体细胞的全能性。随后,S.Guha 和 S.C.Maheshwari(1964)、Takebe(1971)、Srivastava(1973)相继通过实验证明植物的花粉细胞、原生质体和胚乳细胞同样具有全能性。尽管目前人们还没有看到高等植物高度分化细胞全能性表达的报道,但在离体诱导条件下,许多植物细胞的生物钟能被强行逆转去分化形成分生细胞,继而形成胚状体或植株,因而也具有全能性。

植物组织培养中,一个已分化的、功能专一的细胞要表现其全能性,首先要经过一个脱分化的过程,形成的一团无序生长的薄壁组织即愈伤组织,然后经细胞再分化,即形态建成,最后产生完整的植株。

脱分化是指一个成熟组织恢复到分生状态,失去已分化组织的典型特征,形成愈伤组织的过程。再分化是指脱分化产生的细胞重新恢复组织分化能力,沿着正常的发育途径,形成具有特定结构和功能的组织。再分化通过两种途径实现:一种途径是器官发生途径,即在愈伤组织的不同部位分别形成不定芽和不定根,不定器官是单极性,只有一个生长点,即根尖或茎尖。大多数培养物是从器官发生的途径再生植株的,即脱分化的组织在适当的条件下分化出不同的细胞、组织、不定器官,直至形成完整的植株。另一种是胚胎发生途径,即在愈伤组织表面或内部形成类似于合子胚的结构,称为胚状体或不定胚。(如果愈伤组织由体细胞诱导而成则可称为体细胞胚,由单倍体细胞诱导的则可称为单倍体胚)胚状体的发育所经历的阶段与合子胚相似,一般经历球形胚、心形胚、鱼雷形胚和子叶胚 4 个发育阶段。胚状体是双极性的,即具有根尖和茎尖。

植物生长物质是诱导细胞、组织脱分化与再分化的关键物质,虽然用量极少,但在植物组织培养中起着十分重要和明显的调控作用。培养基中生长素和细胞分裂素的相对比例对愈伤组织的器官发生影响很大。

0.3　植物组织培养的类型

根据培养的外植体材料不同,可将植物组织培养分为以下几种类型:

1)愈伤组织培养

愈伤组织培养就是将外植体接种在人工培养基上,由于植物生长调节剂的存在,使其组织脱分化形成愈伤组织,然后通过再分化形成再生植株。愈伤组织培养是普遍的,因为除茎尖和根尖具备分生组织外,其他部位的外植体需脱分化形成新的分生组织(即愈伤组织),细胞才能增殖。

愈伤组织培养中,形态发生有器官发生和胚状体发生两种方式。有些物种可以通过这两条途径获得再生植株,而有些物种只能通过一条途径获得再生植株,如甘薯既可获得不定芽又可获得体细胞胚,而棉花仅能获得体细胞胚。

2)器官培养

器官培养是通过培养器官的类别来分类的。培养的是什么器官,就称为什么培养,如根、茎、叶、花、果实、种子的培养。

3)胚培养

胚培养是器官培养的一种。选用的外植体是成熟或未成熟的胚进行离体无菌培养,具体方法是将胚取出放在液体或固体培养基上培养。由于胚包含在胚珠和子房里,因而进行胚胎

培养时,常常是将胚珠和子房放在培养基上培养。

胚培养的目的有以下3个:

①拯救胚。远缘杂交育种是常用的一种育种方法,但在杂交过程中往往存在着杂种胚败育的现象,而通过杂种胚离体培养,可以有效地解决这一问题。

②研究胚的发育和营养。

③一些特殊领域的研究。如棉纤维是胚珠表皮组织分化的产物,通过棉花胚珠培养诱导获得棉纤维,研究对纤维分化和发育的影响因素。

4) 细胞培养

细胞培养是指对游离的植物单细胞或小的细胞聚集体进行的离体无菌培养。对单细胞培养和单细胞无性系繁殖系的研究,在理论和实践上都有重要的意义。它在植物育种遗传工程中,为基因的修改和表达提供了可靠的手段。细胞培养在提取大量植物次生代谢物质方面也具有重要的意义,植物细胞培养物已被证明能生产许多有用的次生代谢物,包括生物碱、糖苷、萜类化合物、香精、杀虫剂等。

5) 原生质体培养

原生质体培养是指将植物细胞的细胞壁通过机械、物理或化学的方法去除,然后再进行培养。原生质体培养的最大用途是进行体细胞杂交。

6) 遗传转化

细胞吸收外源 DNA 的遗传转化具有很大的现实意义,体现了植物组织和细胞培养技术的优势。遗传转化有 4 个步骤组成,即寄主细胞内外源 DNA 插入、整合、表达和复制。遗传转化以病毒感染的机理为基础,但是转化过程严重干扰了细胞的功能,随后导致寄主细胞死亡。自 1976 年以来,几位研究者将各种真核生物的基因导入细菌后能表达其特异活性,说明也可能获得真核细胞相似的遗传转化。事实上,根癌农杆菌能通过质粒将遗传信息传递给植物细胞,致使植物产生肿瘤(冠瘿瘤)。利用 DNA 重组技术,有可能将卡那霉素抗性的基因引入土壤根癌农杆菌质粒 DNA,然后再将修饰的质粒导入烟草原生质体。遗传转化的原生质体再生植株毫无疑问地表达出了卡那霉素抗性。

科学家,正在研究导入其他有用的基因,如抗虫、抗除草剂和抗病基因,通过遗传修饰来改良农作物品种,或研究基因作用的机制。通过非载体转化途径转移 DNA 都可以获得遗传修饰的改良植物。非载体途径的方法有电穿孔、电融合、显微注射和微粒轰击直接转移 DNA 方法,常用于原生质体和细菌细胞的遗传转化。其中一些方法也适用于愈伤组织的遗传转化。对于载体介导的基因转移来说,需要将目的基因以"正义"或"反义"方向构建双元载体,把构建的载体导入农杆菌,再转化植物细胞、组织和器官培养物或整体植株的器官,使目的基因插入植物基因组并表达。

0.4 植物组织与细胞培养的建立与发展

植物组织与细胞培养技术是在细胞学、植物生理学、微生物无菌培养技术等学科和技术的基础上建立和发展起来的。从 20 世纪初这门学科的建立到现在,其发展历程大致经过了 3 个阶段。

1) 探索阶段(20世纪初至20世纪30年代中)

19世纪30年代末,德国学者M.Schleiden和T.Schwann创立了细胞学说,认为植物和动物都是由细胞构成的,细胞进行分裂而增多,并组建成生物体,多细胞有机体的每一个生活细胞在供给适宜的外界条件后有可能独立发展。细胞学说的创立是人类认识生命历史上的里程碑,被认为是19世纪自然科学的三大发现之一,细胞学说理论也为植物组织培养理论与技术的建立提供了理论依据。在细胞学说的推动下,德国著名植物生理学家G.Haberlandt(1902)大胆提出,高等植物的器官和组织可以不断分割直到单个细胞,认为在某种情况下,可采用人工培养基培养植物细胞,用新的观点来实验研究各种重要问题是可能的。为了论证这一观点,他首次在加入蔗糖的Knop's溶液中培养单个离体植物细胞,所选用的材料是小野芝麻的栅栏细胞、大花凤眼兰的叶柄木质部髓细胞、紫鸭跖草的雄蕊绒毛细胞。虎眼万年青属植物的表皮细胞等。遗憾的是,限于当时的技术和水平,培养并没有获得成功。但它对植物组织培养发展起了先导作用,激励了后人继续从事这方面的研究,在技术上也是一个良好的开端。

这一时期,在胚胎及根尖培养方面取得了某些成功。1904年,Hanning最先在含有无机盐溶液及有机成分的培养基上成功地培养了萝卜和辣根菜的成熟胚。他发现,离体培养的植物胚均能充分发育成熟,并萌发成苗。1922年和1929年,Knudson先后采用胚胎培养法获得了大量的兰花幼苗,解决了兰花种子发芽困难的问题。Laibah通过培养亚麻种间杂种发育较晚的胚,成功地得到了杂种植株,并指出胚胎培养具有拯救发育不良的植物远缘杂交育种中的远缘杂种胚的潜在能力。这一时期的另一个重要工作是德国学者Kotte(1922)和美国学者Robbins(1922)分别进行了玉米、豌豆、棉花的茎尖和根尖组织培养,并形成了缺绿的叶和根,注意到离体培养组织只能进行有限生长。这一时期,植物组织培养研究还处在探索阶段,失败大于成功,还缺乏系统、完善的理论和方法。

2) 奠基阶段(20世纪30年代中至50年代末)

到了20世纪30年代中期,植物组织培养领域里出现了两个重要的发现:一是认识了B族维生素对植物生长的重要意义;二是发现了生长素是一种天然的生长调节物质。导致这两个发现的主要是White和Gautheret的实验。1934年,White由番茄根建立了第一个活跃生长的无性系,起初,他在实验中使用的培养基包含无机盐、酵母浸出液和蔗糖。后来(1937),他用3种B族维生素,即吡哆醇、硫胺素和烟酸,取代酵母浸出液。在这个以后被称为White培养基的合成培养基上,培养材料在以后的28年间转接培养1 600多代仍能生长,使根的离体培养实验首次获得了真正的成功。与此同时,Gautheret(1934)在山毛柳和黑杨等形成层组织的培养中发现,虽然在含有葡萄糖和盐酸半胱氨酸的Knop's溶液中,这些组织也可以不断增殖几个月,但只有在培养基中加入了B族维生素和IAA以后,山毛柳形成层组织的生长才能显著增加。由于这些实验揭示了B族维生素和生长素的重要意义,又直接导致了1939年Gautheret连续培养胡萝卜根形成层获得首次成功。同年,white由烟草种间杂种的瘤组织,Nobecourt由胡萝卜,也建立了类似的连续生长的组织培养物。因此,Gautheret,White和Nobecourt一起被誉为植物组织培养的奠基人。

20世纪四五十年代,活跃在植物组织培养领域里的学者以Skoog为代表,研究的主要内容是利用嘌呤类物质处理烟草髓愈伤组织以控制组织的生长和芽的形成。Skoog(1944)和崔

澂等(1951)发现,腺嘌呤或腺苷不但可以促进愈伤组织的生长,而且还能解除培养基中生长素(IAA)对芽形成的抑制作用,诱导芽的形成,从而确定了腺嘌呤与生长素的比例是控制芽和根形成的主要条件之一。

在20世纪40年代,组织培养技术的另一项发展是Overbeek等(1941)首次把椰子汁作为附加物引入到培养基中,使曼陀罗的心形期幼胚能够离体培养至成熟。到20世纪50年代初,由于Steward等在胡萝卜组织培养中也使用了这一物质,从而使椰子汁在组织培养的各个领域中都得到了广泛应用。

20世纪50年代开始以后,植物组织培养的研究日趋繁荣,10年中引人注目的进展就有以下6项:

①1952年,Morel和Martin首次证实,通过茎尖分生组织离体培养,可以由已受病毒侵染的大丽花中获得无毒(virus-free)植株。

②1953—1954年,Muir进行单细胞培养获得初步成功。方法是把万寿菊和烟草的愈伤组织转移到液体培养基中,放在摇床上振荡,使组织破碎,形成由单细胞和细胞聚集体组成的细胞悬浮液,然后通过继代培养进行繁殖。Muir等还用机械方法由细胞悬浮液和容易散碎的愈伤组织中分离得到单细胞,把它们置于一张铺在愈伤组织上面的滤纸上培养,使细胞发生了分裂。这种"看护培养"技术揭示了实现Haberlandt培养单细胞这一设想的可能性。

③1955年,Miller等由鲱鱼精子DNA中分离出一种首次为人所知的细胞分裂素,并把它定名为激动素(kinetin)。现在,具有和激动素类似活性的合成的或天然的化合物已有多种,它们总称为细胞分裂素(cytokinin)。应用这类物质,我们就有可能诱导已经成熟和高度分化的组织(如叶肉和干种子胚乳)的细胞进行分裂。

④1957年,Skoog和Miller提出了有关植物激素控制器官形成的概念,指出在烟草髓组织培养中,根和茎的分化是生长素对细胞分裂素比率的函数,通过改变培养基中这两类生长调节物质的相对浓度可以控制器官的分化,即这一比率高时促进生根;低时促进茎芽的分化;二者浓度相等时,组织则趋向于以一种无结构的方式生长。后来证明,激素可调控器官发生的概念对于多数物种都可适用,只是由于在不同组织中这些激素的内生水平不同,因而对于某一具体的形态发生过程来说,它们所要求的外源激素水平也会有所不同。

⑤1958年,Wickson和Thimann指出,应用外源细胞分裂素可促成在顶芽存在的情况下处于休眠状态的腋芽的生长。这意味着,当把茎尖接种在含有细胞分裂素的培养基上以后,可使侧芽解除休眠状态,而且,能够从顶端优势下解脱出来的不只是那些既存于原来茎尖上的腋芽,还有在培养中长成的侧枝上的腋芽,结果就会形成一个郁郁葱葱的结构,里面包含了数目很多的小枝条,其中每个小枝条又可取出来重复上述过程,于是在相当短的时间内,就可以得到成千上万的小枝条。当把这些小枝条转接到另外一种培养基上诱导生根以后,即可移植于土壤中。后来,Murashige发展了这一方法,制订了一系列标准程序,把这一方法广泛用于由蕨类植物到花卉和果树的快速繁殖上。

⑥1958—1959年,Reinert和Steward分别报道,在胡萝卜愈伤组织培养中形成了体细胞胚。这是一种不同于通过芽和根的分化而形成植株的再生方式。现在知道有很多物种都能形成体细胞胚。在有些植物如胡萝卜和毛茛中,由植物体的任何部分都可以得到体细胞胚。

3)迅速发展和应用阶段(20世纪60年代至今)

20世纪60年代以来,组织培养技术所以得到了迅速发展,一方面是由于有了前60年建立的理论和技术基础,另一方面是由于这项技术开始走出了植物学家和植物生理学家的实验室。通过与常规育种、良种繁育和遗传工程技术相结合,在植物改良中发挥了重要的作用,并且在若干方面已经取得了可观的经济效益。

(1)原生质体培养取得重大突破

1960年,Cocking等人用真菌纤维素酶分离植物原生质体获得成功。1971年,Takebe等在烟草上首次由原生质体获得了再生植株,这不但在理论上证明了除体细胞和生殖细胞以外,无壁的原生质体同样具有全能性,而且在实践上可以为外源基因的导入提供理想的受体材料。继烟草原生质体成株之后,表现这种潜力的物种名单不断增加,特别在1985年以后,作为粮食和饲料主来源的禾谷类植物的原生质体培养有所突破,水稻、玉米、小麦、高粱、谷子和大麦等的原生质体培养才相继获得成功。在这方面,中国学者做出了重要贡献。

原生质体培养的成功,促进了体细胞杂交技术的发展。1972年,Carlson等通过两个烟草物种之间原生质体的融合,获得了第一个体细胞杂种,后来在有性亲合及有性不亲合的亲本之间,不同作者又获得了若干其他的体细胞杂种。在这方面,Kao等建立的通过PEG(聚乙二醇)处理促进细胞融合的方法得到了广泛应用。

(2)花药培养取得显著成绩

1964年,印度学者Guha和Mahesllwari成功地培养曼陀罗花药获得单倍体再生植株,从而促进了植物花药培养单倍体育种技术的发展。据统计(1996),已经从10个科24个属的250多种植物的花药培养获得单倍体再生植株。我国在这个领域发展较快,在这250个植物中,约有1/4的植物(如小麦、玉米、大豆、甘蔗、橡胶、杨树、棉花等)是我国科技人员首先诱导获得的。在此基础上,我国科学家率先将花药培养与常规育种方法相结合,培育出一批作物新品种或新品系,计有水稻新品种2个、小麦10个、玉米1个,还有烟草、甜椒、油菜等作物新品种,累积推广面积超过200万hm^2。

(3)离体微繁和脱毒技术得到广泛应用

1960年,Morel等培养兰花的茎尖,获得了快速繁殖的脱毒兰花。其后,国内外先后开创了兰花快速繁殖工作,并形成了"兰花产业"。目前这一技术已在国内外大量应用。除兰花外,在其他很多观赏植物和经济作物(如甘蔗和草莓等)中,微繁也已达到了工厂化生产规模,在若干作物中,微繁技术通过与茎尖培养脱毒相结合,产生了可观的经济效益和社会效益。

(4)与分子生物学联姻,产生了转基因育种技术

作为组织培养与分子生物学结合的产物,转基因育种技术在20世纪70年代中期得以诞生,从而为定向改变植物遗传性以满足人类需要开辟了一条崭新的途径,并成为当今植物遗传改良领域的研究热点。如今,转基因抗虫棉、抗虫玉米、抗除草剂大豆和抗虫油菜等已在生产中大面积推广,取得了巨大的经济效益。

在整个组织培养发展的历史中,我国学者曾经做出过多方面的贡献。除了前面提到过的崔澂的工作以外,1933年李继侗等关于银杏胚胎培养的工作,1935—1942年间罗宗洛等关于玉米等植物离体根尖培养的工作,以及后来罗士韦关于幼胚和茎尖培养的工作,李正理等关于离体胚培养中形态发生及离体茎尖培养的工作,王伏雄等关于幼胚培养的工作,等等,都是组织培养各有关领域里有价值的文献。20世纪70年代以来,我国组织培养研究出现了新的局面,发展速度较快,在某些方面已经做出了举世公认的重要成绩,尤其是在花药培养和原生

质体培养方面,我国学者的工作已经受到世界各国同行的普遍重视和赞赏。

0.5　植物组织培养在生产发展中的作用

1)植物组织培养的快速繁殖

在植物组织培养技术研究的基础上发展起来的植物快速繁殖方法,由于材料均来自单一的个体,遗传性状非常一致,试验与生产过程中可以微型化和精密化,节约人力和物力,可人为地控制培养基中的各种成分、环境条件中的温湿度与光强、光质和光周期,全年均可连续试验和生产,因而近年来在农业上的应用发展十分迅速。

近年来利用快速繁殖的物种越来越多,到目前为止已有几千种,但工厂化大规模生产的品种主要为花卉、热带水果、树木和珍稀植物。植物组织培养快速繁殖不仅可以繁殖常规品种,还可以繁殖植物不育系和杂交种,从而使这些优良性状得到很好的保持。

2)脱毒

由于利用茎尖培养脱毒技术成功地克服了病毒的感染,目前这种方法已成为有效克服病毒病危害的主要方法之一,自从20世纪50年代发现通过植物组织培养技术可以去除植物体内的病毒以来,这方面发展很快。目前,通过茎尖脱毒获得无病毒种苗的植物已超过100多种,被脱除的病毒更多。20世纪60年代后,国际上逐渐建立了无病毒试管苗工厂,预计今后无病毒种苗的需求量还会不断增加。

目前生产上栽培的香蕉、甘蔗、甘薯、马铃薯大多数均为无病毒种苗。实践证明,采用无病毒种苗,可大幅度提高产量,最高可增产300%以上,平均增产也在30%以上。

在植物的脱毒生产中,茎尖培养往往与快速繁殖相结合,即先进行茎尖培养脱除病毒,然后通过快速繁殖以获得大量的材料用于生产。

3)体细胞无性系变异和新品种培育

在植物组织培养中,往往存在着大量的变异,这种变异称为体细胞无性系变异。

(1)植物体细胞无性系变异的类型

植物组织培养再生植株后代的变异可分为两类:

①遗传型变异:这类变异可遗传给后代,是由于培养过程中遗传物质的改变(尤其是基因突变)所引起的。这类变异较多,如棉花绒长、铃重、株形、成熟期等的变异。

②生理型变异:这类变异是由于培养过程中的化学物质尤其是激素的作用而引起的,这类变异仅仅是培养过程中的一种生理适应,当将其移入田间后,随着在自然条件下生长发育时间的推移,就会自动恢复为原来的性状。属于这类变异的性状也较多,其中常见的有叶形、育性等,如植物再生植株在刚移栽出来时大多表现出雄性不育,但随着生长时间的延长其育性就会逐渐恢复。植物再生植株的生理变异在经过一个世代的生长发育后,大多数均能恢复正常。

植物再生植株的两类变异,并不是相互独立的,有时也可交替或兼容出现。如在植物再生植株中表现为雄性不育的个体中经过1~2代的培养大多恢复正常育性,但有少数仍保持不育,且其不育性可以稳定地遗传下去。这就是说,植物再生植株中的不育这种体细胞无性系变异性状既有遗传型变异,也有生理型变异,因而在观察和研究中应区别对待。

（2）植物体细胞无性系变异的特点

①变异的无方向性。植物体细胞无性系变异具有多方向性，既有有利的变异，也有不利的变异；既有可以看到的变异（如株高、花的特征、不育性等），也有生理变异（如蛋白质含量等）。

②变异的普遍性。变异在植物组织培养中经常发生，无处不有，无处不在。植物组织培养植株再生过程中存在着广泛的变异，它出现在植物组织培养植株再生的各个时期，分布于植物的各种性状。这些变异既有数量性状变异，又有质量性状变异；既有农艺性状变异，又有经济性状变异；既有表型变异，又有内在生理变异。与常规杂交和辐射诱变相比，变异既广泛又普遍，且具有随机性，其中有些变异是常规育种难以获得的。而且这些变异大多数是由少数基因突变引起的，因而变异后代极易纯合，不像常规杂交一样需 10 年才能获得稳定的品种，而植物体细胞无性系变异一般仅需要 2~3 年即可获得纯合的品系。

（3）引起植物体细胞无性系变异的原因

引起植物组织培养中产生体细胞无性系变异的原因很多，其中培养基中激素的种类和浓度是一个重要原因，高浓度的 GA 和 IAA 往往会造成畸形胚的高频发生，TDZ 的使用使再生植株大多数是白化苗或玻璃化苗，其再生植株后代也变化多样。培养时间是造成表型变异的另一个重要原因。

实验证明，随着培养时间的延长，染色体变异的频率升高，变异的性状和变异的范围扩大。另外，培养材料中自身存在的变异细胞也是造成植物组织培养中体细胞无性系变异的一个原因。

在植物组织培养中，由于外界调控与内在机制的不同，从而造成了变异。这些变异有些是可遗传的，即控制性状的基因发生了变化；有些则是不可遗传的，这些变异为了适应周围的培养环境而暂时适应，但在培养一段时间后就会恢复原来的性状。因而，在体细胞无性系筛选中要注意区分这两类变异，只有在可遗传的变异中才能筛选出有益的性状。

（4）植物体细胞无性系变异的利用价值

体细胞无性系变异是一种重要的遗传变异来源和遗传资源，它既丰富了种质资源库，又拓宽了植物基因库的范围，在作物育种中具有深远的意义和广泛的应用前景，因而受到了国内外生物技术学者、育种家的高度重视，并先后在玉米、水稻、甘蔗等作物上取得了较大的进展。

在植物体细胞无性系变异的可遗传变异中，大多是不利的，不能直接服务于育种和生产，仅有极少数变异是有利的，可以直接或用作杂交亲本材料服务于育种。

4）单倍体育种

花药培养应用于农业的研究起始于 1964 年 Guha 与 Maheshwari 的毛叶曼陀罗的花药培养，随后在世界范围内掀起一个高潮。据 Maheshwari 等 1983 年统计，已经有 34 科 88 属 247 种植物对花药培养获得成功，其中小麦、水稻、大豆、玉米、甘蔗、棉花、橡胶、杨树等 40 余种植物花药培养单倍体再生植株是由我国学者首先培育出来的。在其基础上的单倍体育种也获得了辉煌的成绩，如"京花一号"小麦、"中花一号"水稻品种，还有具有抗稻瘟病和抗白叶枯病的"单 209"与"单 209 矮"水稻、"梅花三号"甜椒新品种等。

5）种质保存

植物组织培养还可以用作离体保存植物种质资源的手段，具有以下优点：

①小的空间内可以保存大量的种子资源。

②具有较高的繁殖系数。

③避免外界不利气候及其他栽培因素的影响,可常年进行保存。

④在保存过程中,不受昆虫、病毒和其他病原体的影响。

⑤有利于国际间的种质交换与交流。

由于植物组织培养的方法保存种质资源的诸多优点,因而近来人们研究较多。用于组织培养保存的材料很多,如茎尖、花粉、体细胞胚、细胞系等。

复习思考题

一、填空题

1.组织培养植株的再生途径有两条:一条是_____发生,另一条是_____发生。

2.细胞全能性可由_____和_____过程体现。

3.一般进行外植体培养时,须诱导形成新的分生组织,即形成_____。

4.具有完整细胞核的植物生活细胞,具有_____,在适宜的条件下,经诱导可以发育成完整植株。

二、简答题

1.什么是植物组织培养? 其生理依据有哪些?

2.什么是脱分化和再分化? 再分化有哪些途径?

3.什么是愈伤组织? 有何特点?

4.植物组织培养在农业、林业等领域有哪些应用?

5.我国的科技人员在植物组织培养方面做出了哪些突出贡献?

6.植物组织培养的发展经历了哪几个阶段?

项目 1

植物组织培养实验室的设置

【项目描述】
- 介绍植物组织培养实验室的设计原则、基本要求、布局分区及常用仪器设备。

【学习目标】
- 了解植物组织培养实验室的设计原则、要求及基本组成区域。
- 认识进行组织培养实验常用仪器设备,了解其基本工作原理。

【能力目标】
- 能根据需求合理设计植物组织培养车间。
- 能正确操作组织培养实验室相关仪器设备。

任务 1.1　植物组织培养实验室设计

1.1.1　植物组织培养实验室的设计原则

植物组织培养实验室的设计通常需要考虑两个方面的因素,即所从事实验的性质和实验室规模。实验室所从事实验的性质与实验室用途息息相关,反映在所从事的实验是生产性的还是研究性的,是基本层次的还是较高层次的,这些基本的实验性质一定程度上决定了实验室规模的大小。一般而言,用于生产的实验室规模较研究型的大。实验室规模的大小除了要考虑所从事实验的性质以外,也受经费等其他因素的影响。但无论如何,实验室总体设置应遵循科学、高效、经济和实用的原则。

植物组织培养是在严格无菌条件下培养植物材料,因此,其实验室的设计除了考虑以上因素,并遵循基本原则以外,还应满足以下几个方面的要求:

1)尽可能远离污染源

保持实验室周边环境清洁是最基本的要求,也是从根本上有效控制污染的关键。因此,组织培养实验室应建立在清洁、远离垃圾场等污染源和繁忙市区,最好在主风向的上风方向,如果条件有限,则应结合建筑物布局,进行合理优化选址。

2)分区和布局应合理

根据组织培养技术体系,以及对无菌环境的要求,植物组织培养实验室应按功能和培养程序划分为若干个分室。各分室由于功能和实验要求上的差异,应合理安排其大小;布局应充分考虑操作的连续性,避免某些环节倒排,引起日后工作不便甚至混乱。由此,一个组织培养实验室通常包括3个基本的区域:实验准备区(器皿洗涤、培养基制备、培养基和培养器皿灭菌)、无菌操作区和控制培养区。

3)环境条件易于控制

理想的实验室应充分考虑如何控制其内部环境条件。在实验室设计和建造时,因尽量采用不易产生灰尘的建材,并有相应的过道、防尘等设计;各分室要相对独立,密封隔离;装修应尽量做到室内管道暗装,天花板、地面不留缝隙,以便于日常清理,减少微生物滋生;门窗等宜采用滑动门,尽量减少与外界空气的对流;无菌操作室、培养室应便于熏蒸灭菌。

此外,植物组织培养实验室根据实验需求,应设备齐全,规模化生产的组织培养实验室最好建在交通方便的地方,便于培养产品的运送。

1.1.2　植物组织培养实验室的组成及其功能

根据植物组织培养程序,按照功能的不同,植物组织培养实验室一般划分为洗涤室、培养基配制室、缓冲间、无菌操作室、培养室、观察室、驯化室(温室)等分室(图1.1),也可根据实验需要加以调整,如将洗涤室和培养基配制室合并为准备室;或增设称量室、物品贮存室等。

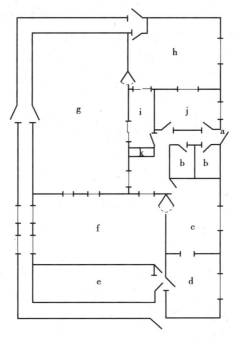

图 1.1　商用植物组织培养实验室布局

a—入口;b—卫生间;c—缓冲室;d—培养基配制;e—冷藏室;f—无菌操作室;

g—培养室;h—观察室;j—会议室;i—办公室;k—更衣室

1)洗涤室

洗涤室是植物组织培养实验室的基本组成区域,用于各种实验用具的洗涤、干燥、保存等工作,也可进行培养材料的清洗和组培苗的出瓶和处理。洗涤室的大小可根据工作量的大小而定,一般控制在 20 m² 左右。

为了洗涤工作的便利,洗涤室设置有中央实验台,并根据需要,在靠墙一侧和中央实验台安装若干个专用洗涤水槽。该室还配备有落水架、超声波清洗器、洗瓶机、干燥灭菌器(如烘箱)、防尘橱、周转筐等仪器设备,以及毛刷等各种洗涤用具。由于主要进行洗涤工作,该室应满足多人同时操作,地面应耐湿、防滑,有相应的排水系统,且易于清洁。

2)培养基配制室

培养基配制室主要用于培养基配制,包括母液等溶液的配制和保存、培养基的配制,以及所用药品的贮备、称量和培养基的分装、灭菌等工作。该区域一般 20 m² 左右。

培养基配制室通常放置实验台,方便多人同时工作,并配备有冰箱、药品柜等药品和培养基母液保存设备,电子天平等药品称量设备,磁力搅拌器、酸度计等溶液配制设备,电磁炉、锅具等培养基加热溶解设备,高压蒸汽灭菌锅、细菌过滤器等培养基灭菌设备,以及量筒、移液管、烧杯、试管、三角瓶、容量瓶、磨口瓶、培养基分装器等实验用具。要求该区域保持干燥、宽敞明亮、通风良好,地面便于清洁,并进行防滑处理。

3)缓冲室

为了防止工作人员从外界将灰尘、杂菌等污染物带入无菌接种室,同时也为防止无菌接种室和外界直接的空气流通,组织培养实验室通常设置缓冲室,用于工作人员进入无菌接种室前洗手、更换上工作服和拖鞋、戴上口罩。由于缓冲室只是提供缓冲场地的作用,因此其面

积较小,一般 3~5 m²,多建在无菌操作室外,也可根据情况建在准备室外。

缓冲室一般配备有紫外灯、水槽、鞋帽架、柜子、灭菌后的工作服、拖鞋、实验帽、口罩等物品,其中紫外灯定期开启,用于对室内及物品灭菌。缓冲室应保持清洁无菌,采用滑动门,减少空气流通。

4) 无菌接种室

无菌接种室也简称接种室,是植物组织培养实验室对无菌条件要求最严格的区域,主要用于植物材料的消毒、接种、培养物的转移、试管苗的继代等需要在无菌条件下进行的操作。由于需要严格的无菌环境,因此无菌接种室面积原则上不宜于过大,小型的 5~8 m² 即可,大型的可达 20~30 m²。

无菌接种室一般配备有超净工作台、紫外灯、接种器械灭菌器、酒精灯、接种器械(接种镊子、剪刀、解剖刀、接种针)、实验台、空调、医用平板推车和搁架等。

无菌环境是无菌接种室最主要、最核心的控制要素,因此其设置应封闭性好,干爽安静,清洁明亮,能较长时间保持无菌,不宜设在容易受潮而滋生微生物的地方;地面、天花板及四壁尽可能密闭光滑,易于清洁和消毒;为便于消毒处理,地面及内墙壁都应采用防水和耐腐蚀材料;无菌室应定期用 70% 酒精或 0.5% 苯酚喷雾降尘和消毒,用 2% 新洁尔灭或 70% 酒精抹拭台面和用具,定期使用福尔马林(40% 甲醛)加少量高锰酸钾定期密闭熏蒸,配合紫外线灭菌灯(每次开启 15 min 以上)等消毒灭菌手段,以使无菌室经常保持高度的无菌状态;并采用空调控制室温,可使门窗紧闭,减少与外界空气对流;操作中产生的废弃植物材料和培养基残渣应及时清理。新建实验室的无菌室在使用之前,应采用甲醛和高锰酸钾进行熏蒸灭菌处理;应力求简洁,与本室无关的物品一律不能放入。

5) 培养室

植物离体材料接种于培养器皿后,需要在一个严格控制温度、光照、湿度等条件的场所进行培养,这个场所即培养室。培养室的大小可根据培养量的需求以及培养设备,如培养架的大小、数目而定,一般控制在 10~20 m² 即可。需要注意的是,面积越大,室内温湿条件控制难度越大,因此培养室原则上不宜过大。

培养室最主要的要求是能够严格控制光照、温度、湿度等环境因子,并保持相对的无菌环境。因此,在培养室内除了用于放置培养材料的培养架外,还有一整套用于环境因子控制的仪器设备,如安装空调以调节室内温度;为满足植物培养材料生长对气体的需要,并使进入培养室的空气保持洁净,需安装具有空气过滤装置的排风窗或换气扇等换气装置;为提供植物生长所需光照条件,培养架应安装日光灯或植物生长灯照明;为便于控制光照与黑暗时间,调节培养材料生长,安装定时器;为便于实时监测室内温湿度,安装温湿度计;为调节室内湿度,安装除湿机等设备。此外,培养室根据需要还应配备光照培养箱和人工气候箱等设备,用于植物离体材料的精细培养;配备振荡培养箱和恒温摇床等设备,用于细胞和原生质体的液体培养。

培养室环境因子一般控制在室内温度 20~27 ℃,室内湿度也宜恒定,相对湿度应保持在 70%~80%,光照强度 1 000~4 000 lx,每天光照 10~16 h,也可根据需要连续照明。如果条件允许,培养室可建于房屋南面,并安装大窗户,以便采用自然光照,不仅节省能源,而且有利于植物组织材料生长和驯化成活。除了对光照、温度、湿度的控制以外,为了保持相对的无菌环境,培养室应保持清洁;为避免虫类侵染,培养室附近应杜绝栽培植物。

需要注意的是,培养室需要采用大量的日光灯提供光照,用电量大,因此,除了要配备适当的配电设备以外,还要有相应的安全防范措施。

6)观察室

观察室主要用于观察并研究培养材料的生长分化情况及其形态发生规律,检查是否脱毒或发生变异、细胞计数、细胞学鉴定、植物材料摄影记录等,此外也可进行植物组织材料的解剖、原生质体游离、培养物成分检测等。

观察室常配备用于植物组织材料观察的各式显微镜(体视显微镜、生物显微镜、倒置显微镜)、组织切片设备(切片机、磨刀机等)、水处理设备(电热蒸馏水发生器、超纯水仪)、检测设备(酸度计、酶标仪),以及其他相关设备,如图像拍摄处理设备、离心机、冰箱、摇床、水浴锅、通风橱等。

该室要求明亮、清洁、干燥、防止潮湿和灰尘污染。

7)驯化室

驯化室(温室)通常用于试管苗炼苗移栽。作为植物材料转移至自然环境的一个缓冲过程,培养室培养和自然环境生长的一个中间环节,驯化室提供组培苗炼苗的环境,通过适当控制温度、湿度、光照、通风,对组培苗进行炼苗,使其适应自然环境,避免剧烈的环境变化造成组培苗死亡。组培苗炼苗可在专用的驯化室进行,也可在温室或塑料大棚内进行,即室内驯化与设施下驯化均可。驯化室面积根据规模来定。

驯化室内备有弥雾装置、遮阴网、移植床等设施和钵、盆、移植盘等移植容器,以及草炭、蛭石、沙子等移植基质。试管苗移植一般要求温室温度在 $15\sim35$ ℃,相对湿度 70% 以上。

任务 1.2 植物组织培养中常用设备、器械和器皿的使用

1.2.1 常用仪器设备

1)超净工作台

超净工作台(图 1.2)是植物组织培养实验室最常用的无菌操作设备,用于植物材料的灭菌、转接等需要在无菌条件下进行的操作,具有操作方便、舒适、工作效率高、预备时间短等优点。超净工作台有多种类型,按照风幕形成的方式,可分为垂直送风式和水平送风式两种;按照大小和结构,可分为单人单面、双人单面、双人双面等;按操作平台开放程度,可分为开放式和密闭式。

为了提供无菌状态的操作空间,超净工作台以电机作鼓风动力,将空气通过由特制的微孔泡沫塑料片层叠合组成的"超级滤清器"后吹送出来,形成连续不断的无尘无菌的超净空气层流,它除去了大于 $0.3~\mu m$ 的尘埃、真菌和细菌孢子等。超净空气以 $(27\pm3)~m/min$ 的流速通过操作平台,这样的流速也不会妨碍用酒精灯对接种器械的灼烧灭菌。此外,超净工作台操作台面一般安装 2 盏紫外灯,用于使用前对操作平台的灭菌处理。

超净工作台使用寿命的长短与周围空气的洁净程度密切相关。空气中灰尘、真菌孢子等

杂物越多,滤清器中的微孔泡沫塑料片的孔径堵塞也越严重,造成风速减小,不能保证无菌操作的要求,因此,超净工作台应放置在干净无尘的无菌接种室内,进风罩不能正对门窗,并定期更换滤清器。

使用要点:

①仪器准备。使用前应提前 30 min 同时开启紫外灯和风机组工作,工作 30 min 后关闭紫外灯。

②无菌操作。用含 75% 酒精的棉球或医用纱布擦拭双手,放入的物品应用 75% 酒精棉球擦拭后放入,在整个操作中,风机处于运行状态。

③使用完成后处理。擦拭台面,清理垃圾,关闭风机和电源。

图 1.2　超净工作台

2)电子天平

电子天平主要由天平机体、称量舱、载物盘、液晶显示屏、按键板等构成。根据称量精度的不同,通常分为百分之一、千分之一、万分之一等类型天平。植物组织培养实验室通常配备称量精度为百分之一(感量为 0.01 g)的普通电子天平和万分之一(感量为 0.000 1 g)的电子分析天平(图 1.3),前者用于称量糖、琼脂、大量元素等使用量较大的药品,后者主要由于称量微量元素、维生素、激素等使用量小且需要精确称量的药品。

天平应放置在干燥的固定操作台上,避免振动,因此有条件的实验室可专门配备称量室。在称量药品时,应使用专门的称量纸或称量容器,避免药品洒落在载物盘上,而对天平造成腐蚀。

使用要点:

①首先确认天平是否处于水平状态。

②打开电源,在载物盘上放置称量纸或称量容器,去皮调零。

③用药品匙分若干次将药品放在称量纸上或称量容器内,直到液晶显示屏显示读数稳定且达到所要称取的量,然后取走药品。

④清理天平,关闭电源。

（a）电子分析天平　　　　（b）百分之一电子天平

图 1.3　电子天平

3）酸度计

植物组织培养中所使用的培养基,以及一些溶液,要求有精确的酸碱度,因此需要用到酸度计。酸度计(图1.4)也简称为 pH 计,主要用来准确测定各种溶液的 pH 值。按体积及便携性,酸度计可分为台式、便携式、笔式 3 个主要类别,其中植物组织培养实验室常用的酸度计为台式酸度计,可测定的 pH 范围为 1.0~14.0,精度为百分之一。

图 1.4　酸度计

在使用酸度计时应注意,如果是首次使用或长期未使用,应在使用前采用标准缓冲液进行校准;测量 pH 时,待测溶液必须充分搅拌均匀;待测溶液温度较高时,调整酸度计上的温度按钮或旋钮使之和待测溶液温度大体一致(具有自动校温功能的酸度计,会自动测定并补偿温度变化对 pH 的影响);电极易碎,应小心使用,使用后用蒸馏水冲洗干净,不可擦拭,并置于参比液中保存。

使用要点:

①酸度计的校准。第一点校正采用与 pH 7.0 接近的缓冲液进行校准,将电极放入缓冲液中,按 CAL 键,直至显示数字与缓冲液 pH 相同,仪器自动确定终点,第一步校准完成(有些酸度计需要手动确定)。第二点校正采用的缓冲液应选用与被测样品最终调定的 pH 接近的缓冲液,如样品最终调定为酸性,则应选用 pH 4.01 的标准缓冲液,如样品最终调定为碱性,则选用 pH 9.18 的标准缓冲液。操作与第一步相同。

②待测溶液 pH 的测定。将电极插入待测溶液中,待读数稳定后,所显示数值即为待测溶液 pH 值。

4）显微镜

植物组织培养过程中常用到各种显微镜,如体视显微镜、生物显微镜、倒置显微镜,有条件的也可配备相差显微镜和微分干涉显微镜。

（1）体视显微镜

体视显微镜又称实体显微镜或解剖镜[图 1.5(a)],在观察物体时能产生正立的三维空间影像,立体感强,且工作距离长(通常为 110 mm),视场直径大,但放大倍数较小,一般只有5~80 倍。体视显微镜主要用于解剖植物材料、剥离茎尖、观察培养器皿内材料生长情况,以便于操作和观察。

（2）生物显微镜

生物显微镜是最常见的光学显微镜［图1.5（b）］，放大倍数通过转换物镜进行调节，一般放大倍数较大，但视场直径小，工作距离短，主要用于植物材料、愈伤组织、细菌等显微结构观察和鉴定。通常观察材料需要预先制备成组织切片。

（3）倒置显微镜

倒置显微镜［图1.5（c）］的组成和普通生物显微镜一样，只不过物镜和照明系统颠倒，前者在载物台之下，后者在载物台之上。用于观察培养的活细胞，如观察培养瓶中贴壁生长的细胞或悬浮于培养液中的细胞。

显微镜除了观察之用，还可根据需要安装摄像系统，用于拍照。由于涉及各种光学部件，显微镜的安放应选择干燥清洁的房间，以避免光学部件发霉、金属部生锈以及粘满灰尘。此外，在使用中也应注意避免阳光直射，避免直接用手接触镜头镜面，如果镜面需要擦拭，可用专用擦镜纸沿同一方向擦拭。显微镜使用完毕后，用玻璃罩、塑料套罩住，放回专用保藏柜内，并放入干燥剂。

（a）体视显微镜　　　　（b）生物显微镜　　　　（c）倒置显微镜

图1.5　显微镜

5）高压灭菌锅

高压灭菌锅（图1.6）用于培养基、玻璃器皿以及其他可高温灭菌用品的灭菌。按照规格大小，高压灭菌锅可分为手提式（小型）、立式（中型）、卧式（大型）等不同规格；按照自动化程度，可分为手动、半自动和微电脑控制的全自动。手提式一般为手动，立式有半自动和全自动。植物组织培养实验室常配备手提式和立式两种类型。

高压灭菌锅一般由外壳、内胆、锅盖、排汽阀、安全阀、水位线标志、温度和压力显示表等结构组成。其工作原理是：采用密闭耐压设计，提供相对较高的锅内压力，进而产生超过100 ℃的高温蒸汽，起到湿热灭菌的作用。

由于高压灭菌锅在使用中产生高压（0.10~0.15 MPa）和高温蒸汽（可达130 ℃），因此应严格按照规范进行操作，避免高温蒸汽烫伤等安全事故。

使用要点：

①加入蒸馏水至安全水位指示线以上，确保用水足够，并关紧排汽阀和放水阀。

②装入需要灭菌的物品，盖紧灭菌锅盖。

③接通电源，设置灭菌温度和时间，然后按下工作开关，进行升温加压。

④压力升至0.05 MPa时，打开排汽阀，释放锅内冷空气，关闭排汽阀，反复排汽3次。

⑤当压力达到 0.11 MPa 时,计时器开始计时,此时处于灭菌状态。

⑥到达设定时间后,灭菌结束,此时应关闭电源,待压力下降至 0.05 MPa 时,打开排汽阀进行缓慢放汽,当压力指针降至 0.00 MPa 时,打开锅盖,取出物品。

需要注意的是,手提式手动灭菌锅和半自动灭菌锅需要手动排汽或中途关闭和开启电源以控制压力等操作,而微电脑控制的全自动灭菌锅无须手动放汽和中途关闭电源。

图 1.6 高压灭菌锅

6)干燥箱

实验室用的干燥箱(图 1.7)也称烘箱,用于各种玻璃器皿的烘焙干燥,以及一些材料和药品的加热处理,也可用来干热灭菌。

干燥箱由箱体、鼓风装置、加热装置等部分组成,通过高温空气达到干燥、加热、灭菌等目的。温度设置范围较大,如保持 80~100 ℃进行玻璃器皿干燥;保持 170 ℃持续 1~3 h 用于干热灭菌。

图 1.7 干燥箱

干燥箱在使用中应注意：工作状态以及未冷却的干燥箱金属部件温度较高,避免烫伤;由于在干燥或干热灭菌过程中,干燥箱处于密闭状态,因此不能用来处理挥发物品和易燃易爆物品,以免引起爆炸等安全事故。

使用要点：

①将需要烘干等处理的物品放置于箱内金属架上,关闭烘箱门。

②接通电源,设置需要的温度和时间,开始工作。

③工作结束后关闭电源。

④待冷却后取出物品。

7)电热蒸馏水发生器

由于自来水含有各种离子、有机物、胶体颗粒等杂质,不能直接用于实验,因此实验室通常以蒸馏水作为最基本实验用水。电热蒸馏水发生器(图1.8)是实验室制备蒸馏水的常用装置。

图1.8　电热蒸馏水发生器

电热蒸馏水发生器主要由冷凝器、回水管、进水阀、蒸馏水出水口、水位表、蒸发锅、放水阀、电源指示灯等部件组成,主要工作原理是：通过通电加热装置,将自来水气化,产生水蒸气,后经冷凝器冷却凝结,重新转变为液态,即蒸馏水。在这一蒸馏过程中,可去除大量不能气化的离子、胶体颗粒、有机物等杂质,尽管所制取的蒸馏水依然含有各种离子,但相比自来水,已大大减少。如果需要,可进行多次蒸馏,只经过一次蒸馏所得蒸馏水称为单蒸水,经两次蒸馏的称为重蒸水,三次为三蒸水。蒸馏次数越多,获得的蒸馏水中所含的离子等杂质越少。蒸馏水器有多种类型,按其材质可分为玻璃蒸馏水器和不锈钢蒸馏水器;按蒸馏的次数可以分为单重、双重、三重蒸馏水器。实验室所用蒸馏水通常是指单蒸水。

由于蒸馏水发生器的工作过程涉及加热蒸发和自来水冷凝两大环节,所以常放置于水池边,便于进水和出水。在使用中,尤其要注意的是,蒸馏水发生器的进水应处于持续状态,用水量必须达到安全水位线,切勿在断水、缺水情况下干烧,否则将造成加热管的破裂,损伤仪器。

使用要点:

①接通并打开水源阀,使自来水通过冷凝器回流至蒸发锅,直至达到安全水位。

②开启电源,进行加热,调节进水量,使进水和蒸馏处于平衡状态,收集蒸馏水。

③使用结束时,首先关闭电源,然后关闭进水阀。

8)水浴锅

水浴锅(图1.9)是实验室常用设备,为实验室中蒸馏、干燥、浓缩、化学反应等操作提供一个相对恒定的水浴保温环境,如一些难溶药品的配制时的加热、酶促化学反应的进行等,因此也称为恒温水浴锅。

水浴锅内水平放置不锈钢管状加热器,其上放有带孔的铝制搁板,上盖配有不同口径的组合套圈,可适应不同口径的烧瓶。常用水浴锅左侧有放水管,右侧是电气箱,电气箱前面板上装有温度控制仪表、电源开关,电气箱内有电热管和传感器。

使用要点:

①加水至可将保温的器皿约2/3浸没处。

②打开电源,设置所需要的温度,开始加热。

③等温度达到设置要求以后,放入所要保温的实验器皿,并进行适当固定。

④使用结束后,取出器皿,关闭水浴锅电源。

需要注意的是,由于水浴锅主要部件为加热装置,为避免长期使用产生水垢,降低加热效率,水浴锅最好使用蒸馏水。

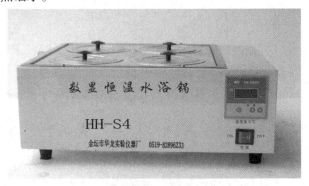

图1.9 水浴锅

9)光照培养箱

光照培养箱(图1.10)是具有光照功能的高精度恒温设备,用于植物材料、细胞、原生质体的高精度培养,对温度、湿度、光照等环境因子的控制比培养室更加精确。

使用要点:

①打开电源,设置需要的温度、湿度、光照强度、光照时间等参数。

②放置培养物。

③按开始按钮,进行培养。

④培养结束后,取出培养物,关闭电源。

图 1.10 光照培养箱

10) 人工气候箱

人工气候箱(图 1.11)与光照培养箱一样,同属高精度培养装置,不同之处在于人工气候箱在温度、湿度、光照度等参数设置上更易于模拟自然气候,可提供一个理想的人工气候实验环境。此外,两者在参数类别、范围上有些许差异。人工气候箱可用于植物的发芽、育苗、组织、微生物的培养。

图 1.11 人工气候箱

人工气候箱通常采用先进的微电脑可编程技术控温,可设置多种参数(包括温度、湿度、光照度)模拟自然气候;光照采用特殊高亮度日光灯;轻触式调节开关,轻便灵活;LED 数字显示,多种模式控制可调,操作简便。

人工气候箱的使用要点与光照培养箱使用要点基本相同。

11)振荡培养箱、恒温摇床

在进行培养物的液体培养时,通常配以振动来避免细胞聚集,改善液体培养基中的细胞或组织的营养及氧气供应,加快细胞或组织的生长速度,因此常采用振荡培养箱或恒温摇床(图1.12)。

振荡培养箱是一种具有加热和制冷双向调温系统,并与振荡器相结合的生化仪器;恒温摇床是一种温度可控的恒温培养箱和振荡器相结合的生化仪器。两者不同在于,前者对振荡方式,如旋转式振荡还是往复式振荡,有较高的设计标准,而后者更注重对温度的控制。振荡培养箱和恒温摇床均具有以下特点:温控精确数字显示;开设有补氧孔、恒温工作腔补氧充足;设有机械定时;万能弹簧试瓶架特别适合做多种对比试验的生物样品的培养制备;无级调速,运转平稳,操作简便安全;内腔采用不锈钢制作,抗腐蚀性能良好。

使用要点:

①放置所需要培养的材料,并加以固定,以免振荡过程中发生脱落。

②打开电源,设置温度、转速、时间等参数。

③按开始按钮,进行培养。

④培养结束后,取出培养物,关闭电源。

(a)振荡培养箱　　　　　　　　　　　(b)恒温摇床

图1.12　振荡培养箱和恒温摇床

12)超纯水机

蒸馏水是实验室的最基本用水,通常的实验器具冲洗和药品配制已基本上可以满足,但一些更精确的实验,对水质提出来更高的要求,需到达超纯水的级别。超纯水与蒸馏水都属于纯水,但超纯水所含离子等杂质去除更彻底,是实验室高级别用水。超纯水机(图1.13)是用于制备超纯水的仪器设备。

超纯水机与电热蒸馏水发生器工作原理不同,它是采用预处理、反渗透技术、超纯化处置以及后级处理等方法,将水中的可溶性无机物、颗粒物、微生物,以及其他导电介质几乎完全去除。

在超纯水的制备过程中,采用了反渗透、离子交换柱等部件,在获得超纯水的同时,离子、有机物、微生物、颗粒物等杂质均留在了以上部件内,因此,在使用中应时刻注意所制得的水是否达到超纯水的要求,即电阻率是否达到 18.2 MΩ 的标准。如果实验室自来水水质过差,为最大限度地延长超纯水机使用寿命,可采用蒸馏水作为原料水。此外,为保证所制得的水达到超纯水的要求,应及时更换反渗透、离子交换柱等部件。

使用要点:

①打开电源和进水阀。

②按运行按钮,开始纯化。

③待仪器显示电阻率为 18.2 MΩ 时,按出水按钮,收集超纯水。

④关闭水源和仪器电源。

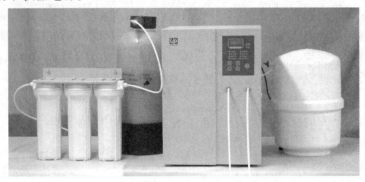

图 1.13　超纯水机

13) 酶标仪

酶标仪(图 1.14)是实验室一种重要的检测设备,常用于溶液中某种物质浓度的测定。

图 1.14　酶标仪

酶标仪由光源灯、微处理机、微孔板等部件组成,并配备专用计算机和程序,实质是一台变相的光电比色计或分光光度计,其基本工作原理与主要结构和光电比色计几乎相同,是在特定波长下,测定被测溶液吸光值,由此测算被测溶液中待测物质的浓度。它和普通光电比色计的不同之处在于,一是盛装比色液的容器不是使用比色皿,而是使用了塑料微孔板。塑料微孔板常用透明的聚乙烯材料制作,之所以采用塑料微孔板来作固相载体,是利用它对抗原或抗体有较强的吸附性这一特点。二是酶标仪的光束是垂直通过待测液的。三是酶标仪通常不使用 A,而是使用光密度 OD 来表示吸光度。

作为一种重要的光学仪器,酶标仪应放置在无磁场和干扰电压的位置,周围环境安静干燥,清洁无尘,避免阳光直射造成光学部件老化,以确保仪器的准确性和稳定性,延长使用寿命。

使用要点:

①打开电源,进行酶标仪系统自检。

②打开酶标仪关联计算机,运行程序,设置各项参数。

③将待测溶液加入至酶标板小孔内,然后将酶标板放入仪器内,关闭测量室盖板。

④运行程序,仪器开始检测,检测完成后,系统显示各小孔所检测的 OD 值。

⑤取出酶标板,依次关闭程序、计算机、酶标仪。

1.2.2 常用器皿

1)培养器皿

培养器皿是指盛装培养基,用于植物材料培养的器皿。根据植物材料生长的特点,培养器皿应透光性好,便于洗涤,耐高压灭菌,材质可以是硼硅酸盐玻璃,也可以是聚丙烯、聚碳酸酯等塑料。玻璃材质具有耐腐蚀、耐高温高压、透明度好、便于接种等优点,塑料材质则质轻、不易破碎。目前,组培实验室多采用玻璃材质的培养器皿。

根据培养物培养的目的和要求,培养器皿包含多种类型和规格。

(1)试管

试管具有体积小,直立安放,便于利用光照,接种植物材料易于向上生长的特点。通常每个试管接种 1 株,因此常用于初代培养及不同处理的试验比较分析。常用规格有 2 cm×15 cm、2.5 cm×15 cm、4 cm×15 cm。

(2)三角瓶

三角瓶的整个瓶体呈锥形,瓶体空间大,受光好,利于接种材料生长。此外,瓶口小,在接种过程中利于减少污染,但植物材料在出瓶时易造成损伤。一般瓶内接种多株(个)植物材料,可用于大规模植物材料组织快繁。规格按体积划分为 50 ml、100 ml、150 ml、250 ml、500 ml 等,100 ml 规格三角瓶较常用。

(3)培养皿

培养皿体积扁平,分上下两部分,适合于体积较小材料的培养,如进行悬浮细胞、原生质体、花粉等材料静置培养和看护培养,也可用于种子萌发、植物材料分离等操作。规格按直径分为 60 mm、90 mm、120 mm、150 mm 等,高度约 20 mm。

(4)罐头瓶

罐头瓶具有成本低、瓶口大便于操作、透光性好、培养材料出瓶不易受损等优点,因此常用于大规模的工厂化快繁和生产。常用罐头瓶体积约 250 ml,并配有半透明塑料盖。由于瓶口较大,在培养物的接入时,应小心操作,避免污染。

(5)太空玻璃杯

太空玻璃杯是用高分子 PC 材料制成的培养器皿,用于工厂化生产,具有耐高温高压灭菌、不易变形和破裂、透光率高等特点。

2)计量器皿

实验室常用计量器皿主要用于量取或定容一定的液体溶液或试剂。

（1）量筒

量筒一般量取量较大，如量取一定量的培养基母液。常用规格有 25 ml、50 ml、100 ml、500 ml、1 000 ml 等。

（2）容量瓶

容量瓶用于溶液配制时的准确定容，但不用做溶液的量取。常用规格有 50 ml、100 ml、200 ml、250 ml、500 ml、1 000 ml 等。

（3）移液管

移液管用于少量溶液和试剂的量取，配合吸耳球一起使用。常用规格有 0.2 ml、0.5 ml、1 ml、2 ml、5 ml、10 ml 等。

（4）微量移液器

微量移液器也称移液枪，是少量溶液和试剂的精确量取的专用工具，规格有 0.2~5 ml 不等。相比移液管，移液枪操作更方便，人为操作误差更小，但通常价格昂贵，且需配备专用的移液枪头。

3) 各种容器

（1）磨口瓶

磨口瓶用于存装培养基母液等各种溶液。按瓶口大小可分为广口瓶和细口瓶；按体积可分为 50 ml、100 ml、250 ml、500 ml、1 000 ml 等规格。颜色有透明和棕色之分，棕色瓶用于储存对光敏感、易分解的溶液。

（2）滴瓶

滴瓶是小型溶液和试剂储存用具，如盛装酸液或碱液，供调节培养基 pH 时用。一般配有专用的胶头滴管，方便取用。

（3）锅具

锅具用于培养基配制时的加热，搪瓷锅和不锈钢锅均可。规格根据所配置培养基的量而定，且应便于操作。

1.2.3　接种器械

1) 手术刀

手术刀用于组织切段和解剖植物材料。有长柄和短柄两种，可更换刀片，刀片也有双面和单面之分［图 1.15(a)］。

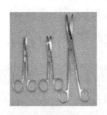

（a）枪形镊子、手术刀　　（b）手术剪　　（c）电热接种器械灭菌器

图 1.15　接种器械

2) 手术剪

手术剪用于将组织材料剪成小茎段，以便于转接。常用手术剪为不锈钢材质，长度 14～22 cm，头部有直头和弯头[图 1.15(b)]。

3) 电热接种器械灭菌器

电热接种器械灭菌器主要是接种时用于对手术剪、手术刀、镊子等接种工具的灭菌。整机由不锈钢制成，数显，原理是将电能转换成热能，以高温玻璃微珠作为传热介质，对接种器械灭菌[图 1.15(c)]。

4) 镊子

镊子用于接种、转移植物组织材料或分离茎尖。由不锈钢材质制成，一般在中部或尖部呈弯曲，尖端圆顿。不同的操作需要不同规格的镊子。在三角瓶中进行组织茎段的转接时，如果镊子过长，操作起来不够灵活，过短则容易使手接触瓶口，造成污染，因此应使用 20 cm 左右长度的枪形镊子；分离表皮或去除组织某些部分多使用小型尖头镊子；分离茎尖采用钟表镊子[图 1.15(a)]。

1.2.4 其他

此外，组织培养室根据需要配备培养架、细菌过滤器、注射器、封口材料、酒精灯、分装器、磁力搅拌器、离心机、气流烘干器、定时器、超声波清洗仪、移液管架、试管架、周转筐等设备和器具(图 1.16)。

(a) 培养架　　　　(b) 细菌过滤器　　　　(c) 分装器　　　　(d) 磁力搅拌器

(e) 离心机　　　　　(f) 超声波清洗仪　　　　(g) 气流烘干器

图 1.16　其他设备和器具

1) 培养架

进行固体培养和试管苗大量繁殖时，装有培养材料的培养器皿，如三角瓶、罐头瓶等，通常摆放在培养架上。培养架是培养室基本设备，可由金属、木材等制成，中间用玻璃板、木板、纤维板、金属网等材料分隔成层，其中以玻璃板和金属网为宜，具有透光性好、上层培养物不受热的特点。培养架通常高度 2 m 左右，分为 5~7 层，最低一层离地面高约 20 cm，每层间隔

约30 cm,便于培养物的取放。每层上方安装日光灯管2~5根。考虑到日光灯管的通用长度,培养架长度也应与此相符。

2) 细菌过滤器

对于一些受热易分解的激素类物质,如IAA,一般使用过滤法进行灭菌。细菌过滤器采用孔径为0.45 μm和0.22 μm的微孔滤膜,对激素溶液进行过滤,以除去溶液中的微生物。最常用的细菌过滤器是注射式过滤器,注射器内装入需灭菌的溶液,先端装置漏斗,漏斗内部为微孔滤膜,手动加压注射器,使溶液通过微孔滤膜,即达到灭菌效果。如需过滤大量溶液,应采用真空抽滤式过滤器,漏斗下方安装流水或真空泵进行抽气,以加速过滤效率。

3) 封口材料

培养物接种于培养器皿后,既要避免外界微生物的污染和培养基干燥,但同时又不能完全隔绝培养器皿内外气体的交换而影响培养物生长,因此需要用适宜的材料进行封口。传统三角瓶的封口材料和封口方法是:先用棉塞塞住瓶口,而后用一层纱布或牛皮纸包裹,再采用皮筋或线绳扎紧。此方法用材简单,可反复使用。目前,市面上也有专门用于三角瓶、罐头瓶、试管等培养器皿专用的封口膜,用透明聚丙烯塑料制成,操作简便,已广泛使用。对于培养皿的封口,一般采用高分子材料制成的专用"PARAFILM"封口膜。此外,铝箔、双层硫酸纸、耐高温的塑料纸、密封性较好的塑料盖也可用于封口。

4) 冰箱

冰箱用于储存培养基母液等溶液、各种维生素和激素类易变质易分解药品,以及植物材料,此外,也可用冰箱进行一些材料的低温处理和操作。实验室冰箱最好使用专门的低温冰柜,也可使用家用冰箱,要求温度范围0~5 ℃,一般恒温控制在4 ℃。常放置于培养基配制室,便于母液和激素等试剂的取用。为保证冰箱内温度始终处于恒定低温,在使用中应避免冰箱门长时间开启。

5) 酒精灯

在超净工作台上进行无菌操作时,利用酒精灯的高温火焰形成局部无菌环境,在此环境进行接种等操作,也可用于接种器械灼烧灭菌。

6) 培养基分装器

配制好的培养基按一定量注入培养器皿中需要借助分装器完成。小型实验室可直接采用烧杯等进行分装,也可组装一个简单的分装器,在铁架上固定一个漏斗即可。大规模生产可采用液体自动定量灌注机作为分装器。

7) 磁力搅拌器

磁力搅拌器用于配制溶液时自动搅拌,溶解药品,同时也具有加热功能,可提高溶液温度,促进药品溶解。需要注意的是,在溶解一些对热敏感的药品时,尽量避免使用加热功能,以免药品分解变性。

★知识链接

不同光质对植物生长的影响及植物生长专用灯的选用

光质可看作光的波长,它对植物的生长发育至关重要。它除了作为一种能源控制光合作用,还作为一种触发信号影响植物的生长(称为光形态建成)。光信号被植物体内不同的光受体感知,即光敏素、蓝光/近紫外光受体(隐花色素)、紫外光受体。

不同光质触发不同光受体,进而影响植物的光合特性、生长发育、抗逆和衰老等,具体表现如下:

①280~315 nm 对形态与生理过程的影响极小。

②315~400 nm(紫)叶绿素吸收少,影响光周期效应,阻止茎伸长。

③400~520 nm(蓝)叶绿素与类胡萝卜素吸收比例最大,对光合作用影响最大。

④520~610 nm(绿)色素的吸收率不高。

⑤610~720 nm(红)叶绿素吸收率低,对光合作用与光周期效应有显著影响。

⑥720~1 000 nm 吸收率低,刺激细胞延长,影响开花与种子发芽。

⑦>1 000 nm 转换成为热量。

植物生长灯是一种促进或调节植物生长的专用灯具,根据植物生长对光质的需要规律而设计,用于替代太阳光,或作为补充光照,为植物生长提供光源。根据植物生长灯的光源和发光原理,有荧光灯、金属卤化灯、LED 植物生长灯等。

LED 植物生长灯以 LED(发光二极管)为光源,具有波长类型丰富、与植物光合作用和光形态建成的光谱范围吻合;可按照需要获得纯正单色光或复合光谱;不仅可以调节作物开花与结实,而且还能控制株高;LED 植物生长灯系统发热少,占用空间小,可用于多层栽培立体组合系统,实现了低热负荷和生产空间小型化等特点,因此被广泛应用。LED 植物生长灯可做成红蓝组合、全蓝、全红 3 种形式,以红蓝复合光组合应用最广泛。在视觉效果上,红蓝组合的植物灯呈现粉红色。

在植物组织培养中,可采用红蓝复合光组合的 LED 植物生长灯作物培养室主要光源。此外,研究表明,红光的植物生长灯对于促进各种植物材料的生根及提高种苗质量效果明显。

实训 1.1　参观校内(外)植物组织培养实验室

1)实训目的

通过参观,学生掌握植物组织培养实验室的基本组成,各组成部分的功能,以及组建植物组织培养实验室的基本要求和需要考虑的因素;同时,对组培中涉及的各种仪器设备和器皿用具有直观的认知。

2)基本内容

(1)学习实验室守则及注意事项。

(2)结合所学知识,对照认识植物组织培养实验室组建的基本要求。

(3)参观植物组织培养实验室洗涤室、培养基配制室、缓冲室、无菌接种室、培养室、驯化室等各组成部分,了解其功能和布局。

(4)识别实验室常用的仪器设备及用具。

3)材料与用具

高压灭菌锅、超净工作台、人工气候箱、光照培养箱、震荡培养箱、恒温摇床、烘箱、超纯水仪、电热蒸馏水发生器、冰箱、体视显微镜、生物显微镜、倒置显微镜、酶标仪、电子天平,以及

各种培养器皿、接种器具、实验室常用器皿。

4）操作步骤

（1）指导老师集中介绍实训的目的、主要内容及有关注意事项。

（2）指导老师逐一讲解组培实验室的构建情况，包括洗涤室、培养基配制室、缓冲室、无菌接种室、培养室、观察室、驯化室（温室）、周转室。

（3）指导老师介绍实验室主要仪器设备的用途及保养要点。

（4）学生深入到实验室各分室进一步熟悉情况，并提出问题，指导老师进行解答。

5）思考与分析

（1）组建小型植物组织培养实验室需要考虑哪些因素？

（2）你认为你所参观的实验室在哪些方面还需要改进？

实训 1.2　电子分析天平的使用

1）实训目的

（1）学会调节天平的水平平衡。

（2）学会使用固定质量称量法称取一定质量的药品。

2）基本内容

天平的称量方法主要有 3 种，即直接称量法、固定质量称量法、递减称量法。直接称量法用于称取某一特定物体的质量，将物体放置于天平内直接读数，即为该物质的质量；固定质量称量法又称增量法，用于称量某一固定质量的药品，称量过程中需要分多次增加药品量，直至达到所需称量量；递减称量法又称减量法，用于称量某一范围内质量的药品，由于称量过程中对药品进行了密封，所以此方法适应于易吸潮药品的称量。其中，固定质量称量法是最常用的称量方法。

电子分析天平是称量精确度达万分之一（感量 0.000 1 g）的高精度电子天平，具有操作方便、反应灵敏等特点，通常用于少量药品的定量准确称取。采用固定质量称量法称量时，要求误差控制在 ±0.1 mg 以内，超出这个范围均不合格。

本实训内容有：

（1）将未水平放置的电子分析天平调节至水平位置。

（2）准确称取 0.050 0 g 石英砂。

3）材料与用具

电子分析天平、称量纸、石英砂、称量勺、烧杯、毛刷等。

4）操作步骤

（1）称量前检查。取下天平罩，检查天平盘内是否干净，必要的话进行清理；查看水平仪的气泡是否位于最中间，如果不在，表明天平未放置水平，需要调节至水平位置。

（2）天平的调平。调节天平底座螺丝，同时注意观察水平仪气泡的移动，直至气泡移动至水平仪中心。

（3）称取 0.050 0 g 石英砂。

①开机。关好天平门，轻按 ON 键，LED 指示灯全亮，天平先显示型号，稍后显示为 0.000 0 g，即可开始使用。

②放置称量纸并调零。打开天平一侧的侧门，在天平称量台上放置一张称量纸，关闭侧门。按 TAR 键清零，此时天平读数显示为 0.000 0 g。

③称量待测药品。打开天平侧门，右手拿药品勺，取少量石英砂，置于称量纸正上方。左手手指轻击右手腕部，将药品勺中样品慢慢震落于称量纸中央。时刻注意天平读数变化，当即将达到 0.050 0 g 时停止加样，关上天平门。观察读数变化，如果读数小于 0.049 9 g，继续采用上述方法加入石英砂；如果读数大于 0.050 1 g，轻轻用药品勺将已放置的部分石英砂取出，至读数小于 0.049 9 g，而后继续加入石英砂，直至读数稳定显示在 0.049 9~0.050 1 g。

④取出药品。将称量合格的石英砂连同称量纸一起取出，小心将石英砂倾倒于烧杯内，备用，并弃去称量纸。

⑤清理并关闭天平。称量结束后，用毛刷清理天平台面，关闭侧门，按 OFF 键关闭天平电源，罩上天平罩。

5）注意事项

（1）在开关门，放取称量物时，动作必须轻缓，切不可用力过猛或过快，以免造成天平损坏。

（2）对于过热或过冷的称量物，应使其回到室温后方可称量。

（3）称量物的总质量不能超过天平的称量范围。在固定质量称量时要特别注意。

（4）所有称量物都必须置于称量纸上，或洁净干燥容器内进行称量，应小心操作，防止药品洒落，以免药品与天平直接接触对天平造成沾染腐蚀。

（5）药品必须放置于天平正中央，以减少误差。

（6）若加入量超出，则需取出部分试样后重新加样，但已用试样不能放回到试剂瓶中，以免造成药品污染。

6）思考与分析

（1）为什么要将天平调节至水平位置才能进行称量？

（2）读数时为什么要关闭天平侧门？

（3）易吸潮的药品是否适用固定质量称量法进行测量？为什么？

实训 1.3　梅特勒-托利多 320 酸度计的使用

1）实训目的

（1）学会对梅特勒-托利多 320 酸度计进行校准。

（2）学会用梅特勒-托利多 320 酸度计测定溶液的 pH 值。

（3）学会将某一溶液 pH 调至特定值。

2）基本内容

酸度计在使用前，应采用标准缓冲液进行校准。梅特勒-托利多 320 酸度计允许选择一组

(3种)校准缓冲液。有3组缓冲液供选择:组1(b=1):pH 4.0、7.0、10.0;组2(b=2):pH 4.01、7.0、9.21;(b=3):pH 4.01、6.86、9.18,其中第3组较为常用。校准时,可采用所选之缓冲液组中的两种溶液进行两点校正。

本实训内容有:

(1)采用标准缓冲液对酸度计进行校准。

(2)已知A溶液为酸性,B溶液为碱性,测定两份溶液的pH值,并将A溶液pH值调至6.0。

3)材料与用具

酸度计、待测A溶液和B溶液、标准缓冲液(pH分别为4.01、6.86和9.18这3种)、1 mol/L NaOH溶液、1 mol/L HCl溶液、滴瓶、胶头滴管、滤纸、烧杯、洗瓶、蒸馏水。

4)操作步骤

(1)酸度计的校准。按下列步骤选择校准缓冲液:按"on/off"关闭显示屏。按住"mode"且再按"on/off"。松开"mode"显示屏显示b=1(或选择的缓冲液组)。按"cal"显示b=2,或b=3,按"read"在缓冲液组显示时选择合适的组别。

①仪器准备。打开酸度计电源,取下电极保护套,用蒸馏水冲洗电极,并用滤纸吸干电极尖端的蒸馏水,并转换到pH测量挡。

②第1点校正。选择"cal"校准选项,将电极插入pH 6.86的标准缓冲液中,酸度计自动确定终点(即显示该缓冲液的pH值),也可按"read"键人工确定终点。终点确定后,将电极取出,蒸馏水冲洗,滤纸吸干尖端水滴。

③第2点校正。具体校正操作与第1点相同,区别在于,如果待测溶液为酸性或溶液最终pH需要调节至酸性,应使用pH 4.01标准缓冲液;反之,则应使用pH 9.18标准缓冲液。

(2)酸性A溶液pH值的测定。

①蒸馏水冲洗电极,并用滤纸吸干尖端水滴。

②将电极插入A溶液中,按"read"键启动测定,待小数点不再闪动且读数稳定后,所显示读数即为A溶液pH值。

③如果不需要进一步调节pH值,即可取出电极,冲洗擦干后带上保护套,关闭酸度计电源。

(3)调节A溶液pH值至6.0。

①经上述测定,如果A溶液pH值小于6.0,用胶头滴管吸取几滴1 mol/L NaOH溶液,滴入A溶液中,玻璃棒搅拌均匀,将电极插入,按"read"键启动测定,注意观察pH值变化,反复操作直至pH值稳定停止在6.0;如果A溶液测定pH值大于6.0,则用1 mol/L HCl溶液进行调节。

②取出电极,蒸馏水冲洗,并用滤纸擦干,带上保护套。关闭酸度计电源。

(4)碱性B溶液pH值的测定。B溶液pH值的测定程序与上述A溶液pH值测定程序相同,但在测定之前应重新对酸度计进行校准,校准时应使用pH 6.86和pH 9.18两种标准缓冲液。

5)注意事项

(1)酸度计的电极下端为易碎玻璃泡,应小心使用,避免碰撞破碎。

(2)测定 pH 时,要保证电极的球泡完全进入被测溶液内,位于待测溶液中央为宜。

(3)调节 pH 时,NaOH 溶液或 HCl 溶液的滴加应缓慢进行,与目标值越接近,每次滴加量也应该越少;NaOH 溶液或 HCl 溶液浓度小时可以快加,浓度大时要慢加。

(4)调节 pH 时,NaOH 溶液或 HCl 溶液的滴加后溶液总量不能超过所需的定容量。

(5)如果待测溶液温度过高,应等冷却后再进行测定。

(6)保持电极球泡的湿润,如果发现干枯,在使用前应在 3 mol/L KCl 溶液或微酸性的溶液中浸泡几小时,以降低电极的不对称电位。

6)思考与分析

(1)哪些因素会影响溶液 pH 值测定的准确性?

(2)如何保护电极使其处于最佳工作状态?

实训 1.4　高压灭菌器的使用

1)实训目的

学会正确使用高压灭菌器进行培养基等实验用品的灭菌。

2)基本内容

高温灭菌器采用密闭耐压设计,在高压情况下加热,获得超过 100 ℃的高温蒸汽,利用高温蒸汽强穿透能力杀灭微生物,达到灭菌效果,属于湿热灭菌。

本实训采用立式压力蒸汽灭菌器对培养皿等实验用具进行灭菌。

3)材料与用具

立式压力蒸汽灭菌器、蒸馏水、烧杯、牛皮纸、培养皿。

4)操作步骤

加水→放置需灭菌器物→密封→预置灭菌温度→设置灭菌时间→加热(排放冷空气)→灭菌→结束。

(1)加水。打开灭菌器盖,取出灭菌内胆,向灭菌容器内注入清洁软化水,水位应浸没容器内水位标志。

(2)放置需灭菌器物。将待灭菌之物包扎好后,顺序放置在灭菌内胆内的筛板上,包与包之间必须留有适当的空隙。

(3)密封。灭菌内胆放入主体后,将灭菌器盖盖好,按顺序将相对方位的紧固螺栓予以均匀地旋紧,使盖与桶体密合,不宜旋得太紧,以免损坏橡胶密封垫圈。打开放汽阀,安全阀不可打开。

(4)预置灭菌温度。预置灭菌温度是通过压力—温度控制器旋钮预置,温度预置范围为109~126 ℃。顺时针方向旋转钮,灭菌温度预置值减小;反之,预置值增大。满刻度值为126 ℃,可根据需要预置灭菌温度。

(5)设置灭菌时间。按照不同的灭菌物品,将计时器旋钮按顺时针方向旋至所需的时间刻度上。培养基常用的灭菌时间为 20 min。

(6)加热—排冷空气。首先合上漏电过载保护器开关,将电源按至"开"位置,电源指示

灯亮,灭菌器进入等待状态,当设置灭菌温度、灭菌时间后,灭菌器自动进入加热程序。"加热"指示灯亮,电热管工作。开始加热时,应将放汽阀扳手拨至放汽位置,使灭菌器内冷空气排放,待有较急促的蒸汽喷出时,将扳手拨至关闭位。此时压力表随着加热逐渐上升,指示出灭菌器内的压力。也可采用先关闭放汽阀,通电加热待压力升至 0.05 MPa 时,打开排汽阀,释放锅内冷空气,关闭排汽阀,反复排汽 3 次。

(7)灭菌。当灭菌器内蒸汽压力、温度升至预置灭菌温度值时,加热灯由"亮"变"熄灭",同时计时指示灯"亮",灭菌计时器自动进入并自锁,开始计时。此时应微调压力—温度控制器,使灭菌器压力—温度值达到预置值,确保灭菌效果。在预置灭菌时间内自动进入恒温控制程序,电热管自动间歇工作。待灭菌时间到达设置时间后,灭菌结束,蜂鸣器发出响声,自动切断加热控制电路。

(8)结束。将"电源"接至"关"位置,让其自然冷却,容器内压力下降至接近"零"位时,再将放汽阀打开,方能打开灭菌器盖取出灭菌桶。

5)注意事项

(1)待灭菌物品的放置不宜过于紧密。

(2)必须将灭菌器内冷空气充分排出,否则温度达不到规定的要求,影响灭菌效果。

(3)达到灭菌时间要求后,不可立即进行放汽减压,否则将造成培养器皿内培养基迅速沸腾,冲掉封口材料而外溢,甚至培养器皿破裂。如果需要放汽,应在冷却一段时间,待压力低于 0.05 MPa 方可打开排汽阀进行放汽。

(4)微电脑自动控制的高压灭菌器,只需要加水和参数设置,灭菌过程不需要人工操作,灭菌结束后有提示功能。

6)思考与分析

(1)待灭菌物品放置为什么不宜过于紧密?

(2)冷空气排放不彻底会造成什么影响?

实训 1.5　超净工作台的使用

1)实训目的

学会正确使用超净工作台。

2)基本内容

超净工作台是植物组织培养实验室最常用的无菌操作设备,借助匀速定向的无菌空气,达到操作平台的无菌环境,用于植物材料的接种,以及其他需要在无菌条件下进行的操作。通常风速为(27±3)m/min,进入超净工作台内的空气的无菌率达到 99.97%~99.99%。

本实训内容有:

(1)超净工作台使用前预处理及准备工作。

(2)无菌操作时超净工作台的规范使用。

3)材料与用具

超净工作台、酒精灯、磨口瓶、75%酒精溶液、医用纱布、小喷壶、火柴等。

4）操作步骤

（1）准备工作及超净工作台的预处理。

①打开超净工作台，检查所需器械和工具是否齐全，并有序整齐摆放，尽量不留死角。

②关闭防尘帘，提前30 min打开紫外灯和风机组，30 min后关闭紫外灯，保持10 min的黑暗。

（2）无菌操作时工作台的使用。

①打开日光灯和防尘帘，拉开角度供双手伸进操作台且不影响操作即可。

②端坐于超净工作台前，双手从防尘帘下伸进操作台，用含75%酒精溶液对双手进行消毒，然后点燃酒精灯，即可开始相关无菌操作。

③操作结束后，清理台面，并关闭日光灯、风机、防尘帘和电源。

5）注意事项

（1）操作台上不允许放置不必要的物品，保持台面洁净、气流通畅。

（2）禁止在预过滤器进风口部位放置物品，以免挡住进风口造成进风量减少，降低净化能力。

（3）新安装的或长期未使用的工作台，使用前必须用超净真空吸尘器或不产生纤维的物品认真进行清洁工作。长期不使用的工作台应拔下电源插头。

（4）防尘帘为有机玻璃材质，因此不能用含酒精的医用纱布擦洗，以免造成腐蚀，引起操作时视野模糊。

6）思考与分析

（1）长期使用的超净工作台容易出现哪些问题？

（2）为保证超净工作台的无菌环境，可采取哪些措施？

实训1.6　体视显微镜的使用

1）实训目的

学会正确使用体视显微镜。

2）基本内容

体视显微镜又称实体显微镜或解剖镜，双目镜筒中的左右两光束具有一定的夹角体视角，在观察物体时能产生正立的三维空间影像，立体感强，用于解剖植物材料、剥离茎尖、观察培养器皿内材料生长情况等操作。

本实训要求能正确使用体视显微镜观察或解剖植物材料。

3）材料与用具

体视显微镜、植物叶片和茎尖等材料、镊子。

4）操作步骤

（1）开机。取下防尘罩，打开电源。

（2）选择台板。观察透明标本，选用毛玻璃台板；观察深色标本，选用黑白台板白色面；观察浅色标本，选用黑白板黑色面。

(3)放置观察材料。针插标本要先插在软木或泡沫块上,液浸标本要放在培养皿内,解剖标本要放在蜡盘中。

(4)调节显微镜。旋动转盘至最低倍数,以便得到最大的视野;调节两目镜间的距离,使其与两眼间的距离一致;旋松锁紧旋钮,上下调节镜体,使所观察的标本在目镜下清晰;旋紧锁紧旋钮;分别旋转调节左右目镜,使左右两眼得到同样清晰的像;旋动转盘至所需观察倍数;调节调焦旋钮,使所观察的标本最清楚;最后,调节光源与标本间的距离和角度,以求得到最佳的亮度和对比度。

(5)观察或操作。根据需要,观察或解剖植物材料。

(6)结束。使用结束后,清理显微镜,复位,关闭电源,罩上防尘罩。

5)注意事项

(1)取用显微镜时必须用右手握住支柱,左手托住底座,保持镜身垂直,轻拿轻放。

(2)松开锁紧旋钮时,要用左手握住镜体,防止其快速上弹或下滑。旋动调焦旋钮时,不要太快或太猛,以免上下移动超出齿槽的极限。

(3)请勿用手直接接触镜面。镜面上的灰尘可先用吹气球吹去,或用干净镜头笔轻轻刷去,再用擦镜纸轻轻拭去。用擦镜纸擦拭时,要沿一个方向轻轻拭去,不可左右前后拭。

(4)实验结束后,请松开锁紧旋钮,放低镜体,再锁定锁紧旋钮;然后将调焦旋钮旋至中间位置;接着将显微镜放回专用收藏柜。

6)思考与分析

为获得清晰明亮的视野,体视显微镜有哪些调节措施?

· 项目小结 ·

植物组织培养实验室的基本要求是:尽可能远离污染源,分区和布局应合理,环境条件易于控制,交通便利。

一个完整的植物组织培养实验室通常包括洗涤室、培养基配制室、缓冲室、无菌接种室、培养室、观察室和驯化室(温室)等7个分区。其中无菌接种室是最核心的区域,对无菌条件要求最为严格。培养室环境条件一般控制在室内温度20~27 ℃,相对湿度70%~80%,光照强度1 000~4 000 lx,每天光照10~16 h。

常配备仪器设备有:超净工作台、电子天平、酸度计、显微镜(体视显微镜、生物显微镜和倒置显微镜)、高压灭菌锅、干燥箱、电热蒸馏水发生器、水浴锅、光照培养箱、人工气候箱、震荡培养箱和恒温摇床、超纯水仪、酶标仪、冰箱等。

复习思考题

1.植物组织培养实验室的设计应符合哪些要求?

2.植物组织培养实验室一般分为哪几部分?各部分有何功能?

3.为保证无菌操作室的无菌环境,有哪些措施?

4.进行组织培养的主要设备有哪些?各有何作用?

5.不同的用品、器械,在灭菌方法有何不同?

6.超净工作台提供无菌环境的原理是什么? 使用时要注意哪些方面?

7.电子分析天平使用时,应注意哪些方面?

8.使用高压灭菌锅时,为什么要排除冷空气? 如何操作?

9.长期未使用的酸度计电极应如何处理?

10.体视显微镜和倒置显微镜在应用上有什么区别?

项目 2

植物组织培养的基本技术

📖【项目描述】

●主要阐述培养基的基本成分及其作用,培养基的种类及配制程序,灭菌的方法,植物组织培养的基本操作规程及注意的问题。

📖【学习目标】

●了解培养基的基本构成,不同培养基的特点及应用范围,植物组织培养过程,灭菌和无菌操作基本操作技术。

📖【能力目标】

●能够独立完成植物组织培养过程中环境的消毒灭菌,母液的配制,培养基的配制和灭菌,外植体的灭菌及无菌操作。

任务 2.1 培养基的认知

2.1.1 培养基的基本成分及其作用

培养基是决定植物组织培养成败的关键因素之一,不同的植物种类和组织对培养基的要求不同。因此,了解培养基的构成并筛选合适的培养基是极其重要的。

培养基可分为固体培养基和液体培养基,二者的区别在于是否加入凝固剂。培养基的构成要素通常可分为:水分、无机盐类、有机营养成分、植物生长调节物质、天然物质、pH、凝固剂等。

1) 水分

水分是一切生物生命活动的物质基础。细胞内生化反应的进行都是以水为介质,而水分又是很多生物化学反应的原料或代谢产物。总之,生物的生命活动离不开水。构成培养基的绝大部分组分为水分。在研究上,常用蒸馏水来配制培养基,而最为理想的水应该是纯水。在生产上,也是用蒸馏水来配制培养基,为了降低成本,有时也可以用高质量的自来水代替蒸馏水。由于自来水中除了含有大量的钙、镁、氯和其他金属离子外,还含有有机物质。因此,最好将自来水煮沸,经过冷却沉淀后再使用。

2) 无机盐类

在无机盐类中,根据植物的需要量可分为大量元素和微量元素。

(1)大量元素

大量元素在植物体内含量占干重的 $0.1\% \sim 10\%$,其浓度一般大于 0.5 mmol/L。植物从培养基中吸收的大量元素有氮(N)、磷(P)、钾(K)、钙(Ca)、镁(Mg)和硫(S)。它们是构成植物细胞中核酸、蛋白质以及生物膜系统等必不可少的营养元素。

在培养基中添加的氮元素可以有两种形态,即硝态氮和铵态氮。硝态氮通常以硝酸铵(NH_4NO_3)或硝酸钾(KNO_3)的形式添加。在一般情况下,NH_4^+ 浓度过高时对培养物有毒害作用,如烟草在 NH_4NO_3 的用量达到 23 mmol/L 时就会发生毒害作用。而马铃薯和豌豆的原生质体培养,需要用谷氨酸和丝氨酸等有机氮来代替硝酸铵,以此来消除铵态氮的毒害作用。磷是植物必需的大量元素之一,它不仅在能量的贮存、转化中起作用,而且又是核酸和蛋白质以及细胞膜的主要成分,在许多生理代谢中起着无法替代的作用。在培养基中,磷以 PO_4^- 形式添加。钾、钙、镁、硫等其他大量元素,也是植物生长和分化所必需的。钾不仅在细胞渗透压调节方面起重要作用,还对胡萝卜不定胚的分化起促进作用。因此,钾在培养基中的大量添加是非常必要的。同样,其他大量元素的缺乏,也会影响酶的活性和新陈代谢,从而对组织的生长和分化产生不利的影响。钙、镁、硫等在培养基中的用量不如氮、磷、钾多,主要参与细胞壁的构成,影响光合作用,促进代谢等生理活动。钙、镁和硫的浓度在 $1 \sim 3$ mmol/L 范围内较适宜,常以镁盐、钙盐和硫酸盐的形式供给。

（2）微量元素

培养基中添加的微量元素包括铁（Fe）、锰（Mn）、锌（Zn）、硼（B）、钴（Co）、钼（Mo）、铜（Cu）、氯（Cl）。它们在培养基中的添加量虽然很少（一般在 $10^{-7} \sim 10^{-5}$ mol/L），但也是不可缺少的。这些元素是很多酶和辅酶的重要成分，直接影响着蛋白质的活性。铁与叶绿素的合成有关，在没有铁的培养基上生长，组织会产生黄化或死亡现象。铁通常以硫酸亚铁与乙二胺四乙酸二钠（Na_2-EDTA）螯合物的形式添加，否则容易出现沉淀现象。

3）有机营养成分

（1）糖类物质

糖是非常重要的有机营养成分。对于植物组织培养中幼小的外植体而言，由于其光合作用的能力较弱，培养基中的糖类物质就成了其生命活动中必不可少的碳源。除此之外，糖类的添加还有调节培养基渗透压的作用。添加的糖类有蔗糖、葡萄糖、果糖和麦芽糖等，其中蔗糖使用最多。蔗糖的浓度范围一般在 $10 \sim 50$ g/L，其中以 30 g/L 应用较多。培养基中有时两种糖类共存时，比单独使用效果好。蔗糖在高温高压灭菌时，会有一小部分分解成葡萄糖和果糖。

（2）维生素类

在植物组织培养中，由于外植体较小而生长较弱，维生素类物质的添加对于植物组织的生长和分化有良好的促进作用。在培养基中常用的维生素类有维生素 B_1（盐酸硫胺素）、维生素 B_6（盐酸吡哆醇）、维生素 B_{12}、维生素 C、烟酸和生物素等，使用浓度一般为 $0.1 \sim 1$ mg/L。这些维生素类物质的添加对愈伤组织和器官形成有促进效果。维生素 C 还有防止组织褐变的作用。除此之外，肌醇（环己六醇）也是常用的有机营养成分之一，它有助于提高维生素 B_1 的效果，促进愈伤组织形成和不定芽、不定胚的分化，用量一般为 $50 \sim 100$ mg/L。

（3）氨基酸类

在培养基中常用的氨基酸有甘氨酸、酪氨酸、丝氨酸、谷氨酰胺、天门冬酰胺等。这些氨基酸类物质不仅为培养物提供有机氮源，同时也对外植体的生长以及不定芽、不定胚的分化起促进作用，用量一般在 $1 \sim 3$ mg/L。此外，水解酪蛋白和水解乳蛋白对胚状体的形成也有良好的促进效果。

4）植物生长调节剂

植物生长调节剂在植物组织培养基中的用量虽然微小，但是其作用很大，可以说植物生长调节剂在植物组织培养中起极其关键的作用。它不仅可以促进植物组织的脱分化和形成愈伤组织，还可以诱导不定芽、不定胚的形成。最常用的有生长素类和细胞分裂素类，有时也会用到赤霉素和脱落酸。

（1）生长素

早在 1926 年，荷兰学者 Went 发现了可以促进燕麦子叶鞘生长的物质，1930 年证实了这种物质是 IAA。生长素由茎尖合成，沿植物体向下运输，有促进细胞生长和生根的作用。在 IAA 被发现之后，有类似作用的物质，如萘乙酸（NAA）、2,4-二氯苯氧乙酸（2,4-D）和吲哚丁酸（IBA）等相继被合成并被广泛地利用。在植物组织培养中，生长素在诱导愈伤组织形成和生根方面起重要的作用。2,4-D 在某些植物的组织培养中，还会诱导不定胚的形成。生长素与细胞分裂素的配合使用，对于器官形成和植物体再生可以起调控作用。但 IAA 在高压灭菌时会受到破坏,因此最好采用过滤除菌方法。生长素在培养基中的使用浓度为 $10^{-7} \sim 10^{-5}$ mol/L,高浓度的生长素对芽的形成往往有抑制作用。

（2）细胞分裂素

细胞分裂素由 Skoog(1948)等发现。由根尖合成并向上运输,主要作用是促进细胞分裂和器官分化,促进侧芽分化和生长,抑制顶端优势,延缓组织衰老等。在植物组织培养中,除激动素(KT)和玉米素(ZT)外,具有同样作用的 6-苄氨基腺嘌呤(6-BA)、噻重氮苯基脲(TDZ)以及 2-异戊烯腺嘌呤(2-ip)等都是经常使用的细胞分裂素。其中以 TDZ 诱导不定芽的作用较大,但它也很容易引起培养物的玻璃化。细胞分裂素的使用浓度范围在 $10^{-7} \sim 10^{-5}$ mol/L。在培养基中添加细胞分裂素,其目的在于促进细胞分裂,诱导愈伤组织、不定芽和不定胚的产生。高浓度的细胞分裂素会抑制根的产生。在细胞分裂素中,ZT 的价格较贵,在高压灭菌时容易被破坏,而 6-BA 和 KT 则性能稳定,价格相对便宜。但是,ZT 对某些植物不定胚的诱导效果较好。

（3）赤霉素(GA)和脱落酸(ABA)

赤霉素(常使用的是 GA₃)和脱落酸(ABA)等,有时也被用于植物组织培养中。如在菠菜的组织培养时,GA₃ 对节的伸长和器官形成有良好的促进作用。ABA 有抑制生长、促进休眠、促进不定胚的成熟等作用,在植物种质资源超低温冷冻保存时,可以用来促使植物停止生长和抗寒力的形成,从而保证冷冻保存的顺利进行。

5）天然有机添加物质

椰子汁(100~150 ml/L)、酵母提取液(0.01%~0.5%)、番茄汁(5%~10%)、黄瓜汁(5%~10%)、香蕉泥(100~200 mg/L)等天然有机物质的添加,有时会有良好的效果。在这些天然的有机物质中,通常富含有机营养成分或生理活性物质(如激素等)。但是,由于这些天然有机物质成分复杂,常因品种、产地和成熟度等因素而变化,因此试验的重复性比较差。另外,有些天然有机物质还会因高压灭菌而变性,从而失去效果,因此应采取过滤的方法进行除菌。

6）pH

培养基的 pH 也是影响植物组织培养成功的重要因素之一。在灭菌前,培养基的 pH 一般被调节到 5.0~6.0,最常用的 pH 为 5.7~5.8,灭菌后,pH 会有所下降,一般下降幅度为0.2左右。pH 应该依所培养的植物种类来确定。pH 过高时,培养基会变硬;pH 过低时,则影响培养基的凝固。在调整 pH 时,常用 NaOH 或 HCl 来进行(浓度为 1 mol/L 或 0.1 mol/L)。

7）凝固剂

在配制固体培养基时,需要使用凝固剂。最常用的凝固剂是琼脂,用量一般在 6~10 g/L。当培养基 pH 偏低或琼脂纯度不高时,应适当增加其用量。在灭菌时间过长或湿度过高时,也会影响琼脂的凝固。除琼脂外,明胶也是较好的凝固剂,用量为 2.0~2.5 g/L。其特点是比琼脂的透明性好,易于进行根的观察与拍照。

8）其他添加物

有时为了减少外植体的褐变,需要向培养基中加入一些防止褐化的物质,如活性炭、维生素 C 等。此外,在培养灭菌比较困难的植物材料时,也可以添加一些抗生素物质,以此来抑制杂菌生长。

2.1.2　常用培养基的种类及配方

1)培养基的基本类型

基本培养基配方有很多种。根据这些培养基的成分和浓度,可分为4个基本类型(表2.1)。

表 2.1　几种培养基的配方

(单位:mg/L)

培养基成分		White (1963)	MS (1962)	ER (1965)	B_5 (1968)	Nitsch (1969)	NN (1969)	N_6 (1975)	WPM (1984)
大量元素	NH_4NO_3	—	1 650	1 200	—	720	720	—	400
	KNO_3	80	1 900	1 900	2 500	950	950	2 830	—
	$CaCl_2 \cdot 2H_2O$	—	440	440	150	—	166	166	96
	$CaCl_2$	—	—	—	—	166	—	—	—
	$MgSO_4 \cdot 7H_2O$	750	370	370	250	185	185	185	370
	KH_2PO_4	—	170	340	—	68	68	400	170
	$(NH_4)_2SO_4$	—	—	—	134	—	—	463	—
	$Ca(NO_3)_2 \cdot 4H_2O$	300	—	—	—	—	—	—	556
	Na_2SO_4	200	—	—	—	—	—	—	—
	$NaH_2PO_4 \cdot H_2O$	19	—	—	150	—	—	—	—
	K_2SO_4	—	—	—	—	—	—	—	990
	KCl	65	—	—	—	—	—	—	—
微量元素	KI	0.75	0.83	—	0.75	—	—	0.8	—
	H_3BO_3	1.5	6.2	0.63	3	10	10	1.6	6.2
	$MnSO_4 \cdot 4H_2O$	5	22.3	2.23	—	25	19	3.3	—
	$MnSO_4 \cdot H_2O$	—	—	—	10	—	—	—	22.3
	$ZnSO_4 \cdot 7H_2O$	3	8.6	—	2	10	10	1.5	—
	$Zn \cdot Na_2 \cdot EDTA$	—	—	15	—	—	—	—	—
	$Na_2MoO_4 \cdot 2H_2O$	—	0.25	0.025	0.25	0.25	0.25	0.25	8.6
	MoO_3	0.001	—	—	—	—	—	—	—
	$CuSO_4 \cdot 5H_2O$	0.01	0.025	0.002 5	0.025	0.025	0.025	0.025	0.25
	$CoCl_2 \cdot 6H_2O$	—	0.025	0.002 5	0.025	—	0.025	—	0.25
铁盐	$Fe_2(SO_4)_3$	2.5	—	—	—	—	—	—	—
	$FeSO_4 \cdot 7H_2O$	—	27.8	27.8	27.8	27.8	27.8	27.8	27.8
	$Na_2\text{-}EDTA$	—	37.3	37.3	37.3	37.3	37.3	37.3	37.3

续表

培养基成分		White (1963)	MS (1962)	ER (1965)	B_5 (1968)	Nitsch (1969)	NN (1969)	N_6 (1975)	WPM (1984)
有机成分	肌醇	—	100	—	100	100	100	—	100
	烟酸	0.05	0.5	0.5	1	5	5.0	0.5	0.5
	盐酸吡哆醇	0.01	0.5	0.5	1	0.5	0.5	0.5	1.6
	盐酸硫胺素	0.01	0.4	0.5	10	0.5	0.5	1	—
	甘氨酸	3	2	2	—	2	2.0	2	—
	叶酸	—	—	—	—	0.5	—	—	—
	生物素	—	—	—	—	0.05	—	—	—

（1）含盐量较高的培养基

其代表是 MS 培养基。其主要特点是无机盐浓度高,特别是硝酸盐、钾离子和铵离子含量丰富。元素平衡性较好,缓冲性能好。微量元素和有机成分含量齐全而且比较丰富,是目前使用最广泛的培养基。与 MS 培养基类似的还有 LS 培养基、BL 培养基、ER 培养基等。

（2）硝酸钾含量较高的培养基

硝酸钾含量较高的培养基有 B_5 培养基、N_6 培养基、SH 培养基等。其特点是培养基的盐类浓度较高,铵态氮含量较低,但盐酸硫胺素和硝酸钾含量较高。

（3）中等无机盐含量的培养基

中等无机盐含量的培养基有 Nitsch 培养基、Miller 培养基和 H 培养基等。其特点是大量元素含量约为 MS 培养基的 1/2,微量元素种类少但含量较高,维生素种类较多。

（4）低无机盐含量的培养基

低无机盐含量的培养基包括 White 培养基、WS 培养基、HE 培养基等。其共同特点是无机盐含量非常低,为 MS 培养基的 1/4 左右,有机成分也很低。

2）基本培养基的选择

MS 培养基是 Murashige 和 Skoog 在进行烟草组织培养时设计的。MS 培养基的无机盐类浓度较高,尤其是铵盐和硝酸盐含量高,能够满足快速增长的组织对营养元素的要求,是一种应用广泛的培养基。但它不适合生长缓慢、对无机盐类浓度要求比较低的植物,尤其是不适合铵盐过高易发生毒害的植物。B_5 培养基是 Gamborg 等为大豆组织培养而设计的。B_5 培养基中铵的含量比较低,在豆科植物上用得较多,也适用于木本植物。N_6 培养基是我国学者朱至清等为水稻的花药培养而设计的,因此在水稻、小麦以及其他植物的花粉和花药培养中被使用。N_6 培养基的特点是 KNO_3 和 $(NH_4)_2SO_4$ 含量较高,但不含元素钼。

改良的 White 培养基是 1963 提出的,White 在原有设计的基础上进行改良。它是一种无机盐类浓度较低的培养基,pH 为 5.6。White 培养基在一般植物组织培养中用途也比较广泛,同时,它还非常适合于生根培养和幼胚的培养。另外,在进行木本植物组织培养时,WPM 培养基也是一种比较合适的选择。WPM 培养基中氮的含量比较低,有利于木本植物组织的生长和分化。

培养基是否适合所培养的植物,可以通过试验进行筛选。必要时应该对培养基的成分进行调整,从而获得良好的培养效果。

任务 2.2 培养基母液的配制

2.2.1 MS 培养基母液的配制

在配制培养基时,如果每次都分别称量各种无机盐和维生素,工作量大而且很麻烦,并且容易出现很大的误差,为了减少工作量、减小误差,最方便的方法是预先配制好不同组分的培养基母液。

通常基本培养基母液的浓度是培养基浓度的 10 倍、100 倍或更高。无机盐类的母液可以在 2~4 ℃冰箱中保存。维生素等有机营养元素的母液要在冷冻箱内保存,在使用前取出,在温水中溶化后取用。

在配制母液时,应该把 Ca^{2+} 与 SO_4^{2-}、Ca^{2+} 与 PO_4^{3-} 放在不同的母液中,以免发生沉淀。配制母液的数量可以根据实际需要而定,如 MS 培养基通常可以配制三液式、四液式或五液式等。一般情况,有机营养成分、大量元素、微量元素可以分别配成一个母液,铁盐和钙盐为单独母液。表 2.2 是 MS 培养基母液的配制方法,可以参照使用。

表 2.2 MS 培养基母液的配制

母液名称	试剂名称	培养基用量 /(mg·L^{-1})	扩大倍数	母液配制体积/ml	称取量 /mg	配制 1 L 培养基吸取母液量/ml
大量元素 1	KNO$_3$	1 900	10	1 000	19 000	100
	NH$_4$NO$_3$	1 650			16 500	
	MgSO$_4$·7H$_2$O	370			3 700	
	KH$_2$PO$_4$	170			1 700	
大量元素 2	CaCl$_2$·2H$_2$O	440	10	1 000	4 400	100
微量元素	MnSO$_4$·4H$_2$O	22.3	100	1 000	2 230	10
	ZnSO$_4$·7H$_2$O	8.6			860	
	H$_3$BO$_3$	6.2			620	
	KI	0.83			83	
	Na$_2$MoO$_4$·2H$_2$O	0.25			25	
	CuSO$_4$·5H$_2$O	0.025			2.5	
	CoCl$_2$·6H$_2$O	0.025			2.5	
铁盐	Na$_2$-EDTA	37.3	100	1 000	3 730	10
	FeSO$_4$·7H$_2$O	27.8			2 780	

续表

母液名称	试剂名称	培养基用量/(mg·L^{-1})	扩大倍数	母液配制体积/ml	称取量/mg	配制1 L培养基吸取母液量/ml
有机物	甘氨酸	2.0	100	100	20	10
	VB$_1$	0.4			4	
	VB$_6$	0.5			5	
	烟酸	0.5			5	
	肌醇	100			1 000	

2.2.2 植物激素母液的配制

在配制植物生长调节剂母液时,通常使用 mg/ml 浓度单位,在使用时较为方便。由于多数生长调节物质难溶于水,因此配法各不相同。一般 2,4-D、IAA、IBA、GA$_3$ 和 ZT 可先用少量 95%酒精溶解,再用水定容,摇匀后贮于试剂瓶中。NAA 可溶于热水或少量 95%酒精中,再加水定容至一定体积;KT 和 6-BA 应先溶于少量 1 mol/l 的 HCl 中,再加水定容。

如果预先配制好的 IAA 母液浓度为 1 mg/ml,若要配制 IAA 浓度为 0.5 mg/L 的培养基 1 L,应取该母液的体积为 0.5 ml。

2.2.3 母液的保存

配制好的母液,应贴上标签,在瓶上注明母液类型及编号、扩大倍数、配制日期。铁盐母液、有机物母液、植物生长激素母液最好用棕色试剂瓶储存。母液应在 2~4 ℃冰箱中保存,储存时间不宜太长,最好在一个月内用完。维生素等有机营养元素的母液要在冷冻箱内保存。发现母液有霉菌或沉淀变质时,应该重新配制。植物生长调节剂母液的保存与灭菌方法见表2.3。

表 2.3 植物生长调节剂母液的配制与保存

种 类	名 称	分子量	试剂保存	母液保存	灭菌方式
生长素	IAA	175.19	冷冻	冷冻避光	过滤除菌
	IBA	203.23	冷藏	冷冻避光	过滤除菌
	NAA	186.21	可以室温	冷藏	可高压灭菌
	2,4-D	221.04	可以室温	冷藏	可高压灭菌
细胞分裂素	KT	215.21	冷冻	冷藏	可高压灭菌
	ZT	219.20	冷冻	冷冻避光	过滤除菌
	6-BA	225.25	可以室温	冷藏	可高压灭菌
种类其他	GA$_3$	346.38	可以室温	冷藏	过滤除菌
	ABA	264.32	冷冻	冷冻避光	过滤除菌

任务 2.3　培养基的配制与灭菌

2.3.1　培养基配制的基本程序

植物组织培养基配制的具体步骤如下:

①取出母液并按顺序放好,并将有机营养物质贮液溶化待用。将洁净的各种玻璃器皿如量筒、烧杯、移液管、移液枪和玻璃棒等放在指定位置。

②取一只大烧杯,放入 1/3 左右(配制培养基总量的 1/3 左右)纯水,依各种母液按照所需的量按顺序加入,并不断搅拌。

③加入蔗糖和琼脂(7~10 g/L),并加热使其完全溶解。

④加入植物生长调节剂(可高压灭菌的),用纯水定容。

⑤调整 pH,用预先配好的氢氧化钠溶液或稀盐酸溶液进行调整。

⑥将培养基分装到培养器皿中,封好瓶口。(灭菌后方可使用,湿热灭菌方法参阅项目 1)。

注:不能高压灭菌的植物生长调节剂,可用细菌过滤器过滤的方法除菌后,加入到高压灭菌后的培养基中。

2.3.2　培养基灭菌

根据培养基成分的特点选择合适的灭菌方法,常用的有高压蒸汽灭菌法和过滤除菌法两种。

1)高压蒸汽灭菌法

配制好的培养基带有各种杂菌,可以在分装后或直接盛装在较大容器内进行灭菌,灭菌方法与器具的高压蒸汽灭菌基本相同,但灭菌时间与需要灭菌的培养基量密切相关(表2.4)。已分装好的培养基灭菌结束后,将培养器皿取出平放至凝固即可。未分装的培养基灭菌后,应在无菌条件下再分装到无菌培养器皿内。在使用高压灭菌锅时,应注意以下几点:

①使用高压锅前应检查水位,添加足够的蒸馏水(加自来水会使加热元件上形成水垢,工作效率降低)。

②锅内气压太高(超过 1.52×10^5 Pa)会引起部分有机物质的分解。

③灭菌后在气压表归零之前不要打开锅盖,以免发生危险和培养基外溅现象。

④橡胶等有机物品会因高温高压而变性。

⑤高压灭菌锅内有一个自动排气的小孔,不要使其堵塞,否则会因气压升高而引起危险。

表 2.4　培养基蒸汽灭菌所需的最少时间

培养基的体积/mL	121 ℃下最少灭菌时间/min
20~50	15
75	20
250~500	25
1 000	30
1 500	35
2 000	40

2)过滤除菌法

培养基中如果包含热不稳定的成分,需用细菌过滤器过滤除菌。具体可以采用如下两种方式:一是培养基全部过滤除菌,这种方法只适用于不含琼脂的液体培养基;二是将热不稳定的成分单独溶解,经过滤除菌后,添加到经过高压蒸汽灭菌后的其他成分中去。在使用后一种方法时,必须保证做到以下几点:

①需要过滤除菌的溶液 pH 与设定的培养基最终 pH 应当相同。

②在过滤之前,所有成分应当完全溶解。

③在添加需过滤除菌的成分之前,经过高压蒸汽灭菌那部分培养基的温度应当尽可能地低,例如对液体培养基来说降至室温比较合适,对琼脂固体培养基来说降到 50 ℃比较合适。

④如果在需要过滤除菌的成分中有一种或几种成分难溶,需要大量的溶剂来使这些成分完全溶解,为了满足预定的培养基最终体积和所有成分的最终浓度,就需要相应地减少通过高压蒸汽灭菌那部分成分的体积。

常用的过滤膜是硝酸纤维素滤膜,孔尺寸为 0.45 μm 和 0.22 μm,这个尺寸适合于除去微生物污染物,同时允许培养基相对容易流过。为防止滤膜被阻塞,可以先用孔径 0.45 μm 的滤膜过滤,然后再用 0.22 μm 的滤膜过滤。

任务 2.4　无菌操作

2.4.1　接种室的灭菌方法

植物组织培养的接种室,也称无菌操作室,是进行植物材料的消毒、接种以及培养物的继代转移操作的场所。无菌操作室要定期消毒(用甲醛和高锰酸钾产生的蒸气熏蒸),或室内安装紫外光灯,在接种前开灯 20 min 左右进行灭菌。室内还应保持无尘、清洁状态。进入无菌操作室前,应在更衣室内更换工作服、鞋和帽等,避免杂菌带入无菌操作室内。

2.4.2 器皿器械

1）干热灭菌法

干热灭菌法是将器具长时间放在高温下消除杂菌的一种方法。其具体做法是：将需要灭菌的器具（玻璃器皿或器械）先用铝箔包好，放入温度设定为150 ℃的恒温干燥箱内，保温2 h，冷却后取出便可以使用。

2）高压蒸汽灭菌法

高压蒸汽灭菌法是将需灭菌的玻璃器皿、器械或培养基等放在高压蒸汽灭菌锅内，通过高温高压进行灭菌的一种方法。这种方法最简单和使用最广泛。

在无菌操作中使用的无菌水、无菌滤纸也需要通过高压湿热灭菌来制备。方法是：把蒸馏水盛入三角瓶中（装入量不超过2/3），用铝膜或其他封口膜封口；无菌滤纸是取数张滤纸，装入大小适宜的培养皿中，用牛皮纸或羊皮纸包裹，与培养基一起装入高压灭菌锅内进行灭菌。

3）灼烧灭菌

接种器械如解剖刀、镊子等，一般用火焰灼烧灭菌法，即把金属器械在95%的工业酒精中浸一下，然后在外火焰上灼烧灭菌。使用蘸酒精灼烧灭菌的方法时，一定要使酒精瓶与酒精灯保持一定的距离，以防止酒精瓶中酒精被点燃而发生事故。现多采用电热接种器械灭菌器进行接种工具灭菌，温度可调节至300 ℃，在使用的过程中，只需要把器械插入灭菌器中约15 s即可，方便而且安全。

2.4.3 外植体灭菌方法

1）外植体灭菌一般方法

在植物组织培养中，获得无菌外植体是组织培养成功的必要前提。取自于外界或温室的材料常带有大量的细菌和霉菌，因此，通过化学药剂消除植物材料上的杂菌是植物组织培养的一个重要环节。

（1）常用的灭菌药剂

对灭菌药剂的要求是灭菌效果好，从植物组织上容易清除，对人体无害，不污染环境。常用的灭菌剂（表2.5）中，70%～75%的酒精是最常见的表面灭菌剂。酒精具有较强的穿透力和灭菌作用，对植物材料的杀伤作用也很大。在进行植物材料灭菌时，可将其在70%酒精中浸泡10～30 s，进行表面灭菌。然后，再将植物材料放到其他灭菌剂中进行彻底灭菌。如果在酒精中浸泡时间过长，植物材料的生长将会受到影响，甚至被酒精杀死。

表2.5 植物组织培养中常用的灭菌剂

灭菌剂	使用浓度/%	清除难度	消毒时间/min	灭菌效果
次氯酸钠	2	容易	5～30	很好
次氯酸钙	9～10	容易	5～30	很好
漂白粉	饱和液	容易	5～30	很好
过氧化氢	10～12	容易	5～15	好

续表

灭菌剂	使用浓度/%	清除难度	消毒时间/min	灭菌效果
溴水	1~2	容易	2~10	很好
氯化汞	0.1~1	较难	2~15	最好
酒精	70~75	容易	0.2~2	好
抗菌素	4~50 mg/L	中等	30~60	较好
硝酸银	1	较难	5~30	好

次氯酸钠是一种较好的灭菌剂,它可以释放出活性氯离子,从而杀死细菌。次氯酸钠在作为植物材料的灭菌剂时,常用浓度是有效离子为2%,浸泡时间为5~30 min。灭菌时间可根据预备试验来确定。次氯酸钠的灭菌力很强,不易残留,对环境无害。但次氯酸钠溶液碱性很强,对植物材料也有一定的损害作用。因此,次氯酸钠的处理时间不宜过长。

漂白粉的有效成分是次氯酸钙[Ca(ClO)$_2$],使用浓度一般为5%~10%或饱和溶液,灭菌效果很好,对环境无害,是一种常用的灭菌剂。

氯化汞又称升汞,灭菌原理是Hg^{2+}可以与带负电荷的蛋白质结合,使蛋白质变性,从而杀死菌体,常用浓度为0.1%~0.2%,浸泡时间为2~15 min。氯化汞的灭菌效果极佳,其缺点是易在植物材料上残留,灭菌后应多次冲洗(至少冲洗5次)。氯化汞对环境危害大,对人畜的毒性极强,应尽量避免使用,使用后做好回收工作。

(2)植物材料灭菌的一般过程

①材料前处理。从田间取回的材料,用自来水冲洗10 min左右,洗去泥土等污垢,剪去残伤部分,再用自来水冲洗数次,然后剪成小段放入烧杯中。

②材料灭菌。在超净工作台中,把经过前处理的材料放入70%酒精中,进行表面消毒。取出后立即放入次氯酸钠(或其他灭菌剂)中灭菌。数分钟后取出,放入无菌水中冲洗3~5次。然后,将材料放到无菌培养皿中用无菌滤纸吸干水分,准备接种。如果材料所带杂菌较少,如预培养在人工气候箱中的材料,酒精消毒的步骤也可以省略。操作中所用的镊子、解剖刀、培养皿和培养皿中的滤纸,均需经过高压灭菌。镊子等器具在使用时,还要随时用酒精灯灼烧灭菌或插入电热灭菌器中灭菌。

2)不同外植体灭菌方法

从自然界和温室内采集的植物器官和组织材料携带有各种微生物,这些污染源一旦进入培养容器中,造成培养基和培养材料污染。利用各种灭菌剂可以进行外植体的灭菌,但不同植物或同一植物不同器官和组织的带菌程度不同,清洗难易不同,所用灭菌剂的种类、浓度及灭菌方法也不尽相同。

(1)茎尖、茎段、叶片的灭菌

灭菌前外植体用清水冲洗,茸毛较多的外植体用皂液洗涤后再用清水冲洗,用吸水纸吸干表面水分,将外植体浸泡在0.1%~0.2%的氯化汞溶液中2~10 min,或先在70%酒精中浸数秒,然后在10%次氯酸钙溶液中浸泡10~20 min,或先在70%酒精中浸泡数秒,再在2%次氯酸钠溶液中浸泡15~30 min进行灭菌。灭菌后倒掉灭菌液,用无菌水冲洗外植体3~5次,将外植体置于无菌滤纸上吸干表面水分,适当分割后接种。

（2）根、块茎、鳞茎的灭菌

这类材料生长在土中,杂菌较多,挖取时易受损伤,灭菌较困难,所以灭菌前应仔细清洗,对凹凸不平及鳞片缝隙处,需用软刷清洗,并切除损伤部位。灭菌时应增加灭菌时间或增大灭菌剂浓度,如将外植体浸泡在 0.1%～0.2%氯化汞溶液中 5～12 min,或在 70%酒精中浸数秒,然后用 6%～10%次氯酸钠溶液浸 5～20 min 进行灭菌。灭菌后的操作步骤同上。

（3）花蕾的灭菌

未开放花蕾中,花药被花被包裹,处于无菌状态,所以采摘后可直接灭菌。灭菌时先在 70%酒精中浸 10～30 s,然后在 0.1%氯化汞溶液中浸泡 3～10 min 或在 1%次氯酸钠溶液中浸泡 10～20 min。灭菌后用无菌水冲洗 3～5 次,取出内部花药等接种。

（4）果实、种子的灭菌

这类材料有的表皮具有茸毛或蜡质,需在灭菌剂中加入几滴吐温-80,以增加灭菌效果。外植体用清水冲洗并吸干表面水分后,果实用 70%酒精浸泡数秒,再用 2%次氯酸钠溶液浸泡 10～20 min,或用饱和漂白粉上清液浸泡 10～30 min 进行灭菌。种子用 10%次氯酸钠溶液浸泡 20～30 min,或用 0.1%～0.2%氯化汞溶液浸泡 5～10 min 进行灭菌。灭菌后用无菌水冲洗 3～5 次,取出果实内部组织或种子接种。

2.4.4 无菌操作

与外植体灭菌一样,这项工作需要继续在超净工作台上进行。

用无菌、冷却的镊子将经灭菌处理的材料放置在无菌滤纸上吸干水分(滤纸放在培养皿中)。然后一手拿解剖刀,一手拿镊子,根据需要进行适当的切割,一定要把在灭菌中受到灭菌液伤害的部位切除掉。用无菌的镊子,将切割好的外植体插植到培养基表面上。具体操作是:左手拿试管,解开拿走包头纸,将试管几乎水平拿着,靠近酒精灯焰,将管口外部在灯焰上燎数秒钟,将灰尘、杂菌等固定在原处,此时用右手小指和无名指夹住棉塞头部,在灯焰附近慢慢拔出,以免空气向管内冲击,引起管口灰尘等冲入,造成污染。棉塞始终夹在右手小指和无名指逢中,这时再将管口在灯焰上旋转,使充分灼烧灭菌。然后用右手(棉塞还在手上)大、食、中指拿镊子夹一块外植体送入管内,轻轻插入培养基上,镊子灼烧后放回架上,再轻轻塞上棉塞,这时将管口及棉塞均在灯焰上灼燎数秒,灼燎时均应旋转,避免烧坏,塞好棉塞,包上包头纸,便完成了第 1 管的接种操作,接着再做第 2 管,如此重复接完全部外植体。要注意,棉塞不能乱放,手拿的部分限于棉塞膨大的上半部分,塞入管内的那一段始终悬空,并不能碰到其他任何物体。如果是螺旋盖或薄膜,则应注意放置在灭过菌的表面上,螺旋盖或薄膜的里面不可接触任何物体,放置处应随时用酒精棉球擦拭灭菌。

注意解剖刀和镊子每使用片刻,或每切完一个材料,或接完一管材料,就应蘸 95%的酒精,在酒精灯外焰处灼烧灭菌或插入电热灭菌器中灭菌片刻,放凉备用。常 3 把镊子交换使用,可提高工作效率,并可防止交叉污染的发生。如镊子夹了没有消毒好的材料,再夹其他材料,就会造成污染。又如解剖刀或镊子碰到台面、管(瓶)的外壁、棉塞、封口纸膜,以及手拿的部位过近,未能充分灼烧等,或连续使用过久,都易引起交叉污染。经常灼烧接种器械便可防止交叉污染,即便有污染也是独立发生的,不会造成连续成片地污染。每切完一个材料,应更换一张无菌滤纸,用无菌滤纸吸干材料水分也有防止交叉污染的作用。总之,要仔细理解并

牢固建立"无菌"的概念,处处严格执行无菌操作的要领。

接种好的材料要置于培养间进行培养,一般光照 1 500~2 500 lx,每天 12~16 h 光照,温度(23±2)℃。

组织培养中污染是经常发生的。造成污染的原因很多,如外植体带菌、培养基及器皿灭菌不彻底、工作人员操作不规范等,都会造成污染。污染来源主要为细菌和真菌两大类。细菌污染的特点是菌落在接种 1~3 d 即可发现,呈黏液状。真菌污染的特点是污染部分长有不同颜色的霉菌,在接种 3 d 甚至半个月后才出现。

★知识链接

1)植物细胞全能性

1902 年,Haberlandt 提出了植物细胞的全能性理论,即植物的体细胞在适当条件下,具有不断分裂和繁殖、发育成完整植株的能力。随着科技发展,植物细胞全能性的概念不断完善,20 世纪 70 年代,细胞全能性的概念发展为每一个细胞具有该植物的全部遗传信息,具有发育成完整植株的能力。到 20 世纪 80 年代,植物细胞全能性又进一步完善为每一个植物细胞带有该植物的全部遗传信息,在适当条件下可表达出该细胞的所有遗传信息,分化出植物有机体所有不同类型的细胞,形成不同类型的器官甚至胚状体,直至形成完整再生植株。

植物细胞培养中次生物质的产生及单细胞培养再生完整植株,都是细胞全能性的表现,只是表现形式不同而已。植物体的全部活细胞都是由细胞分裂产生的,每个细胞都包含着整套遗传基因。但是,由于受到整个植株、具体器官或组织环境的束缚,致使植株中不同部位的细胞仅表现出一定的形态和功能,但它们的遗传潜力并未消失,一旦脱离原器官或组织的束缚,并在一定的营养和环境条件下培养,就可实现其全能性。由于目前技术水平的限制,还无法使所有的离体植物细胞都实现其全能性,大多数情况下离体细胞全能性的实现是在分生组织等全能性保持较好的细胞中进行的。

离体条件下,由于摆脱了原来供体(组织、器官或完整植株)的影响,离体细胞(组织、器官)生命特征属性的表现过程和形式都将发生变化。如在新陈代谢方面,离体细胞主要依靠培养基提供碳源,没有或很少进行光合作用;在调控能力方面,培养物从自养转变为异养;在生长发育与繁殖方面,离体细胞(组织、器官)可以改变原来的生长发育方向或进程,如离体细胞的胚胎发生、细胞脱分化等;在遗传变异与进化方面,离体培养可大大增加培养物的变异性,或使某些变异在短时间内大量扩增,改变其数量等。

2)培养器皿的洗涤

(1)重铬酸钾洗涤法

洗液可根据需要配制成不同的强度,常用的洗液配方见表2.6。

表 2.6 铬酸洗液的配制表

成　分	强酸洗液		次强酸洗液	
重铬酸钾/g	63	3 150	120	6 000
浓硫酸(工业)/ml	1 000	50 000	200	10 000
蒸馏水/ml	200	10 000	1 000	50 000

配制时,将重铬酸钾放入大烧杯中,加入蒸馏水放在石棉网上加热至沸腾并搅拌,使重铬酸钾充分溶解。将重铬酸钾液倒入浸泡缸中,然后缓慢加入硫酸并用一长玻璃棒不断搅拌,充分混合溶解。操作时务必注意安全,穿戴好耐酸手套、围裙、防护面具,防止洗液溅到皮肤和衣物上。万一不慎溅到皮肤上,应立即用大量清水冲洗。

一般的玻璃器皿在用重铬酸钾洗液浸泡之前,应先用水洗净,晾干后再放入重铬酸钾洗液中,浸泡一夜,第二天取出后用自来水冲洗,然后再用蒸馏水洗两次(用蒸馏水洗器皿时,一定要坚持少量多次的原则),干燥后备用。对于比较小的玻璃制品,可以放在一个较大的烧杯中进行重铬酸钾洗液浸泡,然后用自来水和蒸馏水冲洗。吸管是植物组织培养中比较常用的玻璃器皿,它的洗涤是首先用自来水冲洗,然后放在特制的防腐不锈钢网筒内,在重铬酸钾洗液中浸泡一夜,再将网筒放在虹吸式自动冲洗装置中,用自来水冲洗数十次,最后用蒸馏水冲洗,干燥后备用。

(2)洗涤剂洗涤法

重铬酸钾洗液的最大缺点是铬离子会造成环境污染。因此,在一般情况下,应尽量避免使用重铬酸钾洗液。普通无磷中性洗涤剂是一种理想的选择。

(3)超声波洗涤法

这是一种物理的洗净方法,对环境没有任何污染,而且对于比较顽固的污垢也十分有效。但是,超声波发生器的容量有限,常用来清洗较小的玻璃仪器或器皿。超声波清洗的具体方法是:将需要清洗的玻璃制品放在超声波洗净器内,注入自来水,设定时间,然后进行超声波处理。将超声波处理后的玻璃制品用自来水冲洗,再用蒸馏水冲洗。

新购置的玻璃器皿一般大多带有游离的碱性物质,应先用1%稀盐酸浸泡一夜,然后用肥皂水洗净,清水冲洗,最后再用蒸馏水冲淋一遍,烘干备用。对于已经用过的培养器皿,先将用过的培养基除去,然后用洗涤剂溶液浸泡,再用刷子刷洗,自来水冲洗,最后用蒸馏水冲洗。对较脏的玻璃器皿可先用洗衣粉或洗洁精刷洗并冲净后,再浸入洗涤液中按上述方法清洗。在洗涤液中浸泡的时间一般根据器皿污染及卫生程度而定。

对于被霉菌等杂菌污染的玻璃器皿,必须经 121 ℃高压蒸汽灭菌后,用蘸有洗涤剂的刷子刷去污染物,用水冲洗干净后,浸泡在重铬酸钾洗涤液中,2 h 后取出,自来水冲洗干净,再用蒸馏水冲洗一遍,烘干备用。切忌被杂菌污染的玻璃器皿直接用水清洗,否则会造成培养环境的污染。用过的吸管和滴管等应放洗涤液中浸泡2 h 以上,取出用自来水冲洗干净,再用蒸馏水冲洗一次,置烘箱中烘干或晾干。洗净的玻璃器皿应透明发亮,内外壁水膜均匀,不挂水珠。

实训 2.1　MS 培养基中含不同结晶水试剂使用量的换算

1)目的要求

在培养基的配方表中的试剂,多带有结晶水,掌握了解不同结晶水试剂用量的换算方法,对培养基母液的配制非常重要。

2）基本内容

以 $MnSO_4 \cdot H_2O$ 为例，在保证培养基中 $MnSO_4$ 盐浓度不变的前提下，通过换算求得 $MnSO_4 \cdot H_2O$ 的质量。

3）材料与用具

计算器，$MnSO_4 \cdot H_2O$ 与 $MnSO_4 \cdot 4H_2O$，$CaCl_2$ 与 $CaCl_2 \cdot 2H_2O$ 等。

4）操作步骤

（1）计算配制 MS 培养基，以 $MnSO_4 \cdot H_2O$ 替代 $MnSO_4 \cdot 4H_2O$ 的使用量。

MS 培养基中 $MnSO_4 \cdot 4H_2O$ 的用量 22.3 mg/L，$MnSO_4 \cdot 4H_2O$ 的分子质量为 223 g/mol，则每升 MS 培养基中 $MnSO_4 \cdot 4H_2O$ 的摩尔浓度为（22.3 mg/L）/（223 g/mol）= 0.1 mmol/L。

$MnSO_4 \cdot H_2O$ 的分子质量为 169 g/mol，若使用 $MnSO_4 \cdot H_2O$ 配制 MS 培养基时，浓度为 0.1 mmol/L 时，应称取的量为（169 g/mol）×（0.1 mmol/L）= 16.9 mg/L。

（2）计算配制 MS 培养基中 $CaCl_2$ 的使用量。

依照上述的原理，计算配制 MS 培养基时，若用 $CaCl_2$ 替代 $CaCl_2 \cdot 2H_2O$，所需 $CaCl_2$ 的量。

5）思考与分析

查看 MS 培养基配方表，找出其他含结晶水的试剂，计算使用含结晶水量不同的试剂的使用量。

实训 2.2　MS 培养基母液、激素母液的配制

1）目的要求

以 MS 培养基母液的配制，学习培养基母液的配制方法，并为培养基的配制做准备。

2）基本内容

配制 MS 培养基的大量元素母液、微量元素母液、铁盐母液、有机物母液，以及一些激素的母液。

3）材料与用具

分析天平（感量 0.01 g 和 0.000 1 g）、药匙、玻棒、称量纸、吸水纸、滴管、洗瓶、标签纸、烧杯（50 ml、100 ml、200 ml）、容量瓶（100 ml、250 ml）、试剂瓶（100 ml、250 ml）、量杯、量筒、移液管、洗耳球、电炉、95% 乙醇、1 mol/L NaOH、1 mol/L HCl、MS 培养基各成分试剂，植物生长调节剂（2,4-D、6-BA、IAA、NAA 等）、洗涤剂。

4）操作步骤

（1）大量元素母液的配制。按照培养基配方的用量，把各种化合物扩大 10 倍，按照表2.7 中的次序分别准确称取后，分别放入 50 ml 烧杯中，加入蒸馏水 30 ml 溶解（可以加热至60~70 ℃，促其溶解）。溶解后，按顺序倒入一大烧杯中，混合并用容量瓶定容。氯化钙溶液配制时需要先将水加热以除去水中溶解的 CO_2，用 250 ml 容量瓶定容。将配制好的母液倒入试剂瓶中，贴好标签，保存于 4 ℃冰箱中。

植物组织培养技术
ZHIWU ZUZHI PEIYANG JISHU

表 2.7　MS 培养基大量元素母液（10 倍）的配制剂量

母　液	化合物名称	培养基用量 /(mg·l⁻¹)	扩大倍数	称取量/mg	母液体积/ml	1 L 培养基吸取母液量/ml
大量元素 1	KNO_3	1 900	10	4 750	250	100
	NH_4NO_3	1 650		4 125		
	$MgSO_4 \cdot 7H_2O$	370		925		
	KH_2PO_4	170		425		
大量元素 2	$CaCl_2 \cdot 2H_2O$	440	10	1 100	250	100

（2）微量元素母液的配制。按照培养基配方的用量，将微量元素各种化合物（除去铁盐）扩大 100 倍（表 2.8），用万分之一天平分别准确称取，可以混合溶解，最后定容。将配制好的母液倒入试剂瓶中，贴好标签，于 4 ℃保存。

表 2.8　MS 培养基微量元素母液（100 倍）的配制剂量

母　液	化合物名称	培养基用量 /(mg·L⁻¹)	扩大倍数	称取量 /mg	母液体积 /ml	1 L 培养基吸取母液量/ml
微量元素	$MnSO_4 \cdot 4H_2O$	22.3	100	223	100	10
	$ZnSO_4 \cdot 7H_2O$	8.6		86		
	H_3BO_3	6.2		62		
	KI	0.83		8.3		
	$Na_2MoO_4 \cdot 2H_2O$	0.25		2.5		
	$CuSO_4 \cdot 5H_2O$	0.025		0.25		
	$CoCl_2 \cdot 6H_2O$	0.025		0.25		

（3）铁盐母液的配制。常用的铁盐是 $FeSO_4 \cdot 7H_2O$ 和 Na_2-EDTA 的螯合物，必须单独配成母液。配制时，按照扩大后的用量（表 2.9），分别称取 $FeSO_4 \cdot 7H_2O$ 和 Na_2-EDTA，分别溶解后，将 $FeSO_4$ 溶液缓缓倒入 Na_2-EDTA 溶液（需加热溶解），搅拌均匀使其充分螯合，定容后贮放于棕色玻璃瓶中，并保存于冰箱中。

表 2.9　MS 培养基铁盐母液（100 倍）的配制剂量

母　液	化合物名称	培养基用量 /(mg·L⁻¹)	扩大倍数	称取量/mg	母液体积/ml	1 L 培养基吸取母液量/ml
铁盐	Na_2-EDTA	37.3	100	373	100	10
	$FeSO_4 \cdot 7H_2O$	27.8		278		

（4）有机物母液的配制。按照表 2.10 中各成分浓度扩大后的用量，用感量 0.000 1 g 天平分别称量各有机物。可以分别溶解定容，分别装入试剂瓶中，也可以混合溶解定容，装入同一

试剂瓶中,写好标签,放入冰箱中保存。一般有机物都溶于水,但叶酸(V_{BC})先用少量稀氨水或 1 mol/L NaOH 溶液溶解;V_H(生物素)先用 1 mol/L NaOH 溶液溶解;V_A、V_{D3}、V_{B12} 应先用 95% 乙醇溶解,然后再用蒸馏水定容。

表 2.10　MS 培养基有机物母液(100 倍)的配制剂量

母　液	有机物名称	培养基用量 /($mg \cdot L^{-1}$)	扩大倍数	称取量/mg	母液体积/ml	1 L 培养基吸取母液量/ml
有机物	甘氨酸	2.0	100	20	100	10
	维生素 B_1	0.4		4		
	维生素 B_6	0.5		5		
	烟酸	0.5		5		
	肌醇	100		1 000		

注:表中各成分的扩大倍数与称取量仅是举例,可以根据各实际需要,确定扩大倍数、计算实际称取量。

(5)激素母液的配制。激素母液必须分别配制,浓度根据培养基配方的需要量灵活确定,一般是 0.1~2 mg/ml,根据需要确定配制的浓度。称量激素要用感量 0.000 1g 天平。配制激素母液时应注意,各激素的溶剂不同,具体见表 2.11。

表 2.11　植物组织培养中常用植物激素及生长调节物质的溶剂

中文名	缩　写	溶　剂
2,4-二氯苯氧乙酸	2,4-D	NaOH、乙醇
吲哚乙酸	IAA	NaOH、乙醇
吲哚丁酸	IBA	NaOH、乙醇
α-萘乙酸	α-NAA	NaOH、乙醇
6-苄基氨基腺嘌呤	6-BA	NaOH、HCl
腺嘌呤	Ade	H_2O
激动素	KT	HCl、NaOH
玉米素	ZT	NaOH
赤霉素	GA_3	乙醇
脱落酸	ABA	NaOH

注:称取 10 mgNAA 溶解后定容至 100 ml,即得到 0.1 mg/ml NAA 贮备液。

　　称取 100 mg 6-BA 溶解后定容至 100 ml,即得到 1 mg/ml 6-BA 贮备液。

(6)在配制母液时的注意事项。

①培养基各试剂应使用分析纯。

②在称量时应防止药品间的污染,药匙、称量纸不能混用,每种试剂使用一把药匙,多出的试剂原则上不能再倒回原试剂瓶。

③母液配制好后,贴上标签,写清母液名称、浓度或扩大倍数、配制日期,并存放在4 ℃冰

箱中。使用前,要进行检查,若发现母液中有絮状沉淀或长菌或铁盐母液的颜色变为棕褐色,都不应再使用。

5)思考与分析

仔细观察在配制母液过程中的现象与遇到的问题,如是否产生混浊或沉淀,并分析出现混浊的原因。

实训 2.3　配制 MS 培养基

1)目的要求

学习植物组织固体培养基的配制,学习高压灭菌器的使用,为外植体的接种与初代培养做准备。

2)基本内容

培养基是植物离体培养组织或细胞赖以生存的营养基质,是为离体培养材料提供近似活体生存的营养环境,主要包括水、大量元素、微量元素、铁盐、有机复合物、糖、凝固剂和植物生长调节物质。培养基中,固体培养基是最常用的一种培养基类型。

本实验以可用于长寿花、非洲紫罗兰、月季等植物初代培养的培养基(MS+6-BA 2 mg/L+NAA 0.1 mg/L+蔗糖 3%+琼脂 0.7%,pH 5.8)。配制 1 L 为例,学习培养基的配制方法。

3)材料与用具

分析天平(感量 0.01 g 和 0.000 1 g)、高压灭菌器、药匙、玻棒、称量纸、滴管、洗瓶、标签纸、烧杯(1 000 ml)、量杯、量筒、移液管、洗耳球、pH 计、三角瓶(100 ml)、电炉、封口纸、棉绳、1 mol/L NaOH、1 mol/L HCl、MS 培养基各母液、蔗糖、琼脂、植物生长调节剂[6-BA(1 mg/ml)、NAA 母液(0.1 mg/mL)等]、洗涤剂。

4)操作步骤

(1)母液使用量计算。

①计算 MS 母液使用量:

$$母液取用量(ml)=\frac{配制的培养基体积(ml)}{母液的扩大倍数} \qquad (2.1)$$

配制 1 000 ml 培养基需要加入各母液的量分别为:

大量元素母液(浓缩 10 倍):100 ml

钙盐母液(浓缩 100 倍):10 ml

微量元素母液(浓缩 100 倍):10 ml

铁盐母液(浓缩 100 倍):10 ml

有机物母液(浓缩 100 倍):10 ml

②计算激素母液使用量:

$$激素母液用量(ml)=\frac{培养基配制量(L)×培养基中激素使用浓度(mg/L)}{激素母液浓度(mg/ml)} \qquad (2.2)$$

6-BA(1 mg/ml)需要 2 ml,NAA 母液(0.1 mg/ml) 需要 1 ml。

（2）配制培养基。取一只大烧杯，放入 300 ml 左右（配制培养基总量的 1/3 左右）纯水，依各种母液按照所需的量按顺序加入，并不断搅拌，称取琼脂 7 g、蔗糖 30 g，加入烧杯，在电炉上加热、煮沸，使琼脂溶化。等琼脂完全溶化后，定容至 1 L。

（3）pH 调节。待温度降至 50~60 ℃时，用 1 mol/L NaOH 溶液或 1 mol/L HCl 溶液调 pH 值到 5.8，注意用玻璃棒不断搅动，用 pH 试纸或酸度计测试 pH。调节中，若加 1 滴 1 mol/L HCl 或 NaOH 溶液，pH 改变量超过需要值，应改用低浓度 HCl 或 NaOH 溶液（如 0.1 mol/L）调节 pH。

（4）分装。搅匀培养基并迅速分装在 100 ml 的三角瓶中（温度低于 40 ℃琼脂会凝固），每瓶 25 ml 左右，1 000 ml 培养基可以分装至 40~50 瓶，迅速扎好瓶口，写上标记。

配制好的培养基需要进行高压灭菌后方可使用，高压灭菌器的使用方法见项目 1。

5）思考与分析

（1）仔细记录培养基制备中，各种母液、试剂称量的量。

（2）观察在配制培养基过程中的现象与遇到的问题，并加以解释。

实训 2.4 外植体的灭菌与初代培养

1）目的要求

学习不同外植体初代培养的基本过程，初步掌握材料的清洗、灭菌、切割、接种等操作技术；掌握超净工作台的使用方法。

2）基本内容

植物离体培养能否成功主要与外植体的制备、无菌操作和人工培养环境有关，无菌外植体的制备是第一步。本实训进行材料的清洗、灭菌、切割、接种等操作技术。

3）材料与用具

超净工作台、酒精灯、镊子、解剖刀、烧杯（50 ml）、标签纸、剪刀、70%乙醇棉球、广口试剂瓶、纱布（擦拭台面）、无菌培养皿、无菌滤纸、75%乙醇、95%乙醇、2%NaClO 溶液（指有效氯含量 2%）、无菌水、培养基、温室培育的植物嫩茎。

4）操作步骤

（1）接种前的准备，将接种需要的消毒剂、接种用具、酒精灯、烧杯、无菌水、无菌培养皿、废液缸、培养基等，置于超净工作台的接种台面；打开超净台的电源开关，并打开紫外灯和鼓风开关（并调节送风量），20 min 后关掉紫外灯，继续送风 5~10 min，打开荧光灯开关。

（2）用水和肥皂洗净双手，穿上灭菌过的专用实验服、帽子与鞋子，进入无菌操作室。

（3）无菌操作前，将双手用乙醇棉球擦拭消毒；用蘸有 70%乙醇的棉球擦拭接种台面及四周。对工具支架横梁灼烧灭菌，解剖刀、剪刀、镊子等金属工具浸蘸 95%乙醇，用酒精灯外焰灼烧灭菌，后置于支架横梁上冷却备用。

（4）选取无病虫害的嫩枝，用清水漂洗后，在接种台上进行消毒处理。将嫩枝放入灭菌用的小烧杯中，先用少量 75%乙醇（浸没材料即可）浸泡 10~30 s，用无菌水冲洗 1 次后废液倒入废液缸中；再把材料移入 2%NaClO 溶液中，盖上瓶盖，浸泡 20~30 min。其间，晃动灭菌瓶

数次,以驱散附在材料上的气泡。最后,将灭菌液倒入废液缸中,用无菌水冲洗材料3~4次,废液倒入废液缸中。注意灭菌过程中,材料不能离开灭菌瓶。

(5)用无菌滤纸吸干材料上的水分,置于无菌培养皿中的无菌滤纸上,用镊子固定材料,用解剖刀切取嫩叶(0.5 cm×0.5 cm)、茎段(0.5 cm)或芽等。

(6)接种操作:

①将接种工具插入95%乙醇中,再取出放在酒精灯上灼烧灭菌,冷却后使用。

②用酒精棉球将装培养基的三角瓶从上至下擦拭消毒。

③取掉盛有新培养基三角瓶上的封口膜,左手握培养瓶,并将瓶口斜对酒精灯火焰。

④用无菌镊子将外植体夹入培养瓶内,材料的放置应注意极性。接种时,瓶口要在火焰附近,瓶身倾斜,以免病菌落入瓶内。

⑤接种后立即封口,写好标记。

⑥清理台面,弃去废物,并用70%乙醇擦拭台面。

(7)接种后的培养基置于25 ℃、2 000 lx光照下培养,1~2周后,可观察有无污染的出现,4周后可以观察到愈伤组织的形成。

5)思考与分析

(1)外植体灭菌接种时,应注意哪些事项?

(2)实训操作中出现了哪些问题?并加以分析。

· 项目小结 ·

本项目主要介绍了培养基的各种基本成分及其作用,植物组织培养基的种类及特点,培养基母液和培养基的配制及灭菌方法。无菌室的消毒灭菌,器皿器械的清洗和灭菌。着重阐述了各种灭菌剂的特点,外植体灭菌方法,通过本项目的学习全面掌握植物组织培养无菌操作的基本程序。

 复习思考题

1.植物组织培养中常用的激素有哪些?使用的浓度范围如何?

2.简述培养基配制的基本过程。

3.培养基的灭菌过程中应注意哪些事项?

4.比较外植体灭菌常用灭菌剂的优缺点。

5.配制母液的意义是什么?

6.一般外植体灭菌的基本步骤是什么?

7.高压灭菌锅在使用过程中要注意哪些问题?

项目 3

植物营养器官培养

📖【项目描述】

● 重点介绍根、茎尖和叶片的分离、培养技术及其应用。

📖【学习目标】

● 掌握植物离体根、茎尖、叶培养的意义、方法和步骤。
● 掌握离体根、茎、叶培养控制因素。

📖【能力目标】

● 能根据不同目的,进行根离体培养。
● 能进行茎尖、叶的离体培养。
● 能根据根、茎、叶培养过程中出现的情况,适当调整培养的条件,使其按照培养目的生长。

任务 3.1　离体根培养

3.1.1　离体根培养的概念

离体根培养是指从植物体上分离出根系,在离体条件下进行培养使其进一步生长、发育的技术。离体根培养具有重要的意义,可以建立快速生长的根无性系,用于植物次生代谢物的离体生产。

3.1.2　离体根培养方法

1)培养方法

离体根培养,一般采用 100 ml 三角瓶,内装 40~50 ml 液体培养基(图 3.1)。如果进行较长时间的培养,就要采用大型器皿,如可装 500~1 000 ml 培养液的发酵瓶。一般在一个培养瓶内接种 10~20 个根尖,培养一段时间后,将培养液取出进行分析。根据需要可在培养瓶内添加新鲜培养液继续培养,或将根进行分割转移继代培养。这种方法适宜于时间不太长的离体根代谢产物的释放以及营养的吸收。为避免培养过程中培养基成分变化对离体根生长的影响,可以采用流动培养的方法。

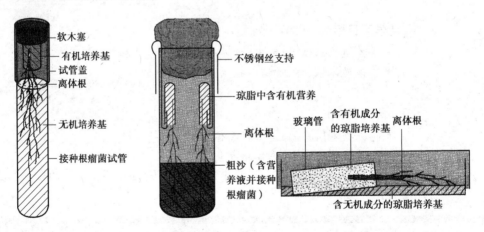

图 3.1　离体根的培养方法

2)培养基

离体根培养所用的培养基,多为无机离子浓度低的 White 培养基及其他培养基。培养基中以硝酸盐为氮源效果较好,蔗糖是双子叶植物离体根培养最好的碳源。对离体根培养研究最多的是胡萝卜,将胡萝卜肉质根接种在添加 0.01 mg/L 2,4-D 和 0.15 mg/L KT 的 White 培养基中,首先形成愈伤组织,将未分化的愈伤组织转入到含低水平生长素的培养基中,愈伤组织先形成根,再产生不定芽,长成小植株。用胡杨的根段进行离体培养,在根段的上面先形成愈伤组织,后者再分化产生出小植株。

3)根无性繁殖系的建立

以番茄根无性系的建立为例,介绍根无性繁殖系的建立。将种子表面消毒后在无菌条件下萌发,待根伸长后从根尖一端切取约 1 cm 的根尖,接种到根生长培养基中,接种后的根尖外植体很快生长并长出侧根,一周后又可切离侧根根尖作为新的培养材料进行扩大培养,如此反复,直至建立起大量的无性系。通过这种由单个直根衍生而来,并经继代培养而保持遗传性一致的根培养物,可称为离体根的无性系,是进行其他试验研究的基础材料。

3.1.3 影响离体根生长的条件

1)基因型

基因型是影响离体根培养的重要因素之一,表现在植物类型不同、品种不同、离体根对培养的反应不同。如番茄、烟草、马铃薯、小麦、紫花苜蓿、曼陀罗等植物的根,能高速生长并能产生大量健壮的侧根,可进行继代培养而无限生长;而萝卜、向日葵、豌豆、荞麦、百合、矮牵牛等植物的根,尽管能较长时间培养,但不是无限的,久之便会失去生长能力;一些木本植物的离体根则几乎很难生长。

同一基因型材料,根尖来源不同,离体培养表现也不相同。如小麦离体根培养中,种子根要比离体胚的根具有旺盛的生长势。

2)营养条件

培养基是影响离体根生长的另一重要因素。用于离体根培养的培养基多为无机离子浓度较低的 White 培养基或其改良培养基,其他常用培养基如 MS、B_5 等也可使用,但必须将其浓度稀释到 2/3 或 1/2。

(1)氮源

离体根能够利用单一氮源的硝态氮或铵态氮。硝酸盐和硝酸铵使用比较普遍,但前者要求 pH 为 5.2,后者则是在 pH 为 7.2 时根系才能很好地生长。在豌豆离体根的培养中,以硝酸盐、尿素、尿囊素为氮源,培养两周后根的生长出现差异。用硝酸盐和尿囊素为氮源时,根的质量和长度最大;主根最长的是无机氮源,而次生根的数量和长度则以尿囊素和尿素为最好。有机氮源对离体根生长的效果不如无机氮源,如在番茄和苜蓿离体根培养中,以各种氨基酸或酰胺作氮源,虽能为植物所利用,但对离体根的生长效应均不如无机态的硝酸盐。

培养基中的含氮量对离体根培养也有一定影响。在胡萝卜肉质根的细胞培养中,常用 White 和 MS 两种培养基,通常认为后者更适于胚状体的分化。对两种培养基的含氮量加以比较,差异很大,White 培养基仅含 3.2 mmol/L,而 MS 培养基却高达 60 mmol/L,二者相差将近 20 倍。Reinert(1959)认为,高氮含量和低生长素含量是胡萝卜胚发育所必须具备的条件。如将胡萝卜细胞培养于除去生长素的 White 培养基上,也可形成少量的胚状体;若把 White 培养基的含氮量用硝酸钾提高到 40~60 mmol/L,即可使之全部形成胚状体。Amtnirato(1969)用硝酸铵提高 White 培养基的含氮量,也可达到 MS 培养基的效果。Reinert(1972)认为,胚状体的形成并不是与培养基中氮的绝对含量有关,而是与氮和生长素的比例有关。

(2)碳源

对于双子叶植物的离体根来说,蔗糖是最好的碳源,其次是葡萄糖和果糖。但在禾本科等单子叶植物离体根的培养中,葡萄糖的效果较好。其他一些糖类对离体根的生长往往有抑

制作用。

（3）微量元素

微量元素对离体根培养影响也较大。缺硫会使离体根生长停滞,有机硫化物中只有 L-半胱氨酸(最适浓度 5~25 mg/L)能维持离体根生长,效果与适量的硫酸盐相似。

缺铁会阻碍细胞内核酸(RNA)的合成,破坏细胞质中蛋白质的合成,根中游离氨基酸增多,细胞停止分裂。同时,铁又是许多酶系(过氧化物酶、过氧化氢酶等)的组成部分。缺铁时,酶的活性受阻,根系的正常活动受到破坏。

缺锰时根内 RNA 含量降低,会出现缺铁的类似症状。使用浓度一般以 3 mg/L 较为适宜,过高时有毒害作用。

缺硼会降低根尖细胞的分裂速度,阻碍细胞伸长。在未加硼的培养基中,番茄离体根生长 10 mm 后便停止生长,颜色变褐;在含有 0.2 mg/L 硼的培养基中,8 d 就能增长近 100 mm,而且长出许多侧根。

缺碘会导致离体根生长停滞,如缺碘时间过长,转入合适的培养基中也难以恢复生长。

（4）维生素

维生素类物质中,最常用的为硫胺素(维生素 B_1)和吡哆醇(维生素 B_6)。番茄根离体培养中,维生素 B_1 是不可缺少的,对生长的促进作用在一定的范围内与浓度成正比,使用浓度一般在 0.1~1 mg/L。如从培养基中去掉维生素 B_1,根的生长立即停止,若缺少维生素 B_1 的时间过长,生长潜力的丧失将是不可逆的。硫酸硫胺素对于控制生长速度来说较为重要。虽然维生素对于离体根的生长不是必需的,但对离体根的生长有明显的促进作用。

3）植物激素

离体根对生长调节物质的反应,因植物种类的不同而不同。在各类植物激素中,研究最多的是生长素。离体根对生长素的反应表现为两种情况:一是生长素抑制离体根的生长,如樱桃、番茄、红花槭等;二是生长素促进离体根的生长,如欧洲赤松、白羽扇、玉米、小麦等。一般认为,生长素在低浓度时促进根生长,高浓度时抑制根生长。生长素促进根生长的浓度取决于植物种类和根的年龄,一般在 10^{-13}~10^{-8} mol/L,高浓度的生长素,如 10^{-6}~10^{-5} mol/L,往往抑制根的生长。赤霉素能明显影响侧根的发生与生长,加速根分生组织的老化。

激动素能延长单个培养根分生组织的活性,有抗"老化"的作用。在低蔗糖浓度(1.5%)条件下,激动素对番茄离体根的生长有抑制作用,这是由于分生区细胞分裂速度降低造成的。与此相反,在高浓度蔗糖(3%)条件下,激动素能够刺激根的生长。另外,激动素能与外加赤霉素和萘乙酸的反应相颉颃。

4）pH

pH 对侧根原基形成的影响,随植物种类的不同而异。

在一般植物离体根的培养中,pH 值通常以 4.8~5.2 为最合适,但稳定的 pH 有利于根的生长。因此,在培养时可采用 $Ca(H_2PO_4)_2$ 或 $CaCO_3$ 作为 pH 缓冲剂。适当加入这些化合物,可获得 4.2~7.5 范围内任何所需的 pH。

5）光照和温度

离体根培养的温度一般以 25~27 ℃为佳。通常情况下,离体根均进行暗培养,但也有光照能够促进根系生长的报道。研究显示,与黑暗处理相比,不同光质的光照均对黄瓜、玉米、油菜等离体根的生长表现了不同程度的抑制作用,无论是主根还是侧根,其根长都明显小于黑暗。其中,白光对黄瓜离体根生长的抑制作用最强烈,其次为蓝光,红光的抑制作用表现较弱。但与黑暗相比,不同光质的处理,均促进了根鲜重的增加,对根长表现抑制作用最强烈的白光和蓝光对根鲜重的增加最为突出。究其原因,可能是根部原生质体在光诱导下合成叶绿素,从而使根重增加的缘故,而白光和蓝光最有利于叶绿素的合成,其中黄瓜合成叶绿素的能力最强。

3.1.4 离体根培养的应用

离体根培养具有重要的理论和实践意义。

首先,它是进行根系生理和代谢研究的最优良的实验体系,离体培养中根生长快,代谢强,变异小,不受微生物的干扰,可以通过改变培养基的成分来研究根系营养的吸收、生长和代谢的变化,如碳素和氮素代谢、无机营养的需要、维生素的合成与作用、生物碱的合成与分泌等。

其次,建立快速生长的根无性系,可以研究根部细胞的生物合成,对生产一些重要的药物具有重要意义。用组织培养法生产有用物质的研究中发现,一些物质的产生往往与特定的器官分化有关,因此,对于在根中合成的化合物的生产,只能以根为外植体进行培养。目前,利用发根农杆菌感染产生的不定根的离体培养进行植物次生代谢物的生产,已成为植物次生代谢物生产的主要方法之一。

最后,离体根培养得到再生植株是对植物细胞全能性理论的补充,也是研究器官发生、形态建成的良好体系。

任务 3.2 茎尖培养

3.2.1 茎尖培养的概念和意义

茎尖培养是指从十到几十微米的茎尖分生组织至几十毫米的茎尖或更大的芽的离体培养。根据外植体大小,可划分为茎尖分生组织培养和普通茎尖培养。前者是指对长度不超过0.1 mm,最小仅有几十微米的茎尖进行培养,由于这样小的茎尖分离非常困难、难成活、成苗需要一年乃至更长的时间,因此在实际操作中,往往采用带有 1~2 个叶原基的生长锥进行培养(这部分内容将在项目 7 中详细介绍)。普通茎尖培养是指对较大的茎尖(如几毫米乃至几十毫米长的茎尖)、芽尖及侧芽的培养。由于茎尖培养具有方法简便、繁殖迅速、易保持植株的优良性状、能去除病毒等优点,因此,在生产上和商业领域均具有一定的应用价值,广泛应用于名贵植物、花卉的快速无性繁殖和病毒脱除。

3.2.2 普通茎尖培养的一般方法

1)材料制备

从生长健壮的植物个体上切取 1~2 cm 长的顶梢,去掉大的叶片组织,流水冲洗干净后,

用75%的酒精漂洗5~10 s,转入0.1%升汞溶液或2%次氯酸钠消毒液中消毒8~10 min。长有茸毛的植物材料,可在消毒剂中加1~2滴吐温(Tween-20或 Tween-80)以提高消毒效果。消毒完毕,用无菌水冲洗3~4次,无菌条件下切取0.5~1 cm长的茎尖甚至整个芽作为培养材料。

对于较难彻底消毒的材料,可以先将种子消毒,在无菌条件下萌发形成无菌苗,再切取无菌苗或生长点进行培养。

2)培养基

植物种类不同,进行茎尖培养时适用的培养基也不同。大多数植物的茎尖培养用MS或MS改良培养基,也可以把MS与其他培养基结合起来使用,效果也较好。常用的还有White、B_5等培养基。

茎尖培养中通常以蔗糖为碳源。当培养基中糖的浓度降低(如从2%~2.5%降至0.5%)时,茎尖生长就会受到抑制。

生长调节物质和有机添加物对茎尖培养都有明显的作用,当培养基中含有生长素和细胞分裂素或核酸类物质时,会显著影响茎尖生长与形态发生过程。往培养基中加入椰子汁,能促进马铃薯、草莓、大丽花、矮牵牛等植物茎尖的生长。

3)培养方法

(1)固体培养法

将分离出的茎尖组织接种到固体培养基上,接种时茎尖基部插入培养基中,置于25~28 ℃恒温条件下培养。固体培养操作简便,接种、培养程序简单,是茎尖培养中最常用的培养方式。但固体培养随着茎尖组织的生长发育,培养组织周围的营养物质逐渐被吸收利用,会产生营养物质的浓度梯度,导致营养供给的不平衡。同时,培养的茎尖组织也分泌出一些有害物质在茎尖周围累积,这些将影响茎尖组织的进一步发育。

(2)纸桥培养法

用滤纸代替琼脂,将圆形滤纸(直径9 cm)折成刚好能放进试管的酒杯状并使杯底朝上,塞入试管中,再注入液体培养基,使滤纸底露出,外植体置于滤纸上,试管口塞上棉塞。纸桥培养的最大优点是液体培养基中的营养物质能通过滤纸均衡而持久地供给外植体,有利于外植体的健壮生长。缺点是操作过程较为复杂。这一方法也被用于一些植物无菌苗的生根培养。

3.2.3 茎尖培养的应用

1)离体脱毒和试管微繁

茎尖培养主要用于植物病毒的脱除和名贵珍稀植物的快速繁殖,茎尖也是重要的植物基因工程受体,用于高等植物的遗传转化。

2)茎尖培养与植物开花生理研究

利用茎尖培养技术研究植物器官分化是茎尖培养早期研究的主要内容之一。花芽分化机理研究不仅将揭示植物生命活动中这个重要的生理过程的本质,而且也使人们有可能控制植物的开花过程。例如,催芽春化,使冬小麦可以春播而正常开花结实;用脱落酸(ABA)或赤霉素(GA)处理,可促使短日植物或长日植物在不利日照条件下开花结实;吲哚乙酸(IAA)、乙烯处理可提高黄瓜雌花比例;2,3,5-三碘苯甲酸(TIBA)可促使大豆开花数量增加;青鲜素(MH)抑制南繁甜菜抽薹,有利于糖分的积累等,均有利于挖掘植物的增产潜力。

任务 3.3 叶的培养

3.3.1 叶培养的概念与意义

离体叶培养是指包括叶原基、叶柄、叶鞘、叶片、子叶等叶组织的无菌培养。由于叶片是植物进行光合作用的器官,又是某些植物的繁殖器官,因此离体叶培养在植物器官培养中占有重要地位。

离体叶培养具有重要的理论和实践意义。具体如下:

①它是研究叶形态建成、光合作用、叶绿素形成等理论问题的良好方法。离体叶不受整体植株的影响,这样就可以根据研究的需要,改变其培养基成分来研究其营养的吸收,生长和代谢变化。

②通过叶片组织的脱分化和再分化培养,以证实叶细胞的全能性。

③通过离体叶组织、细胞的培养,探索离体叶组织、细胞培养的条件和影响因素,为叶片原生质体培养和原生质体融合研究提供理论依据。

④利用离体叶组织的再生特性,建立植物体细胞快速无性繁殖系,提高某些不易繁殖植物的繁殖系数。

⑤叶细胞培养物是良好的遗传诱变系统,经过自然变异或者人工诱变处理,可筛选出突变体而应用于育种实践。

3.3.2 叶片组织的脱分化和再分化培养

1)叶组织培养的一般方法

（1）叶组织分离与消毒

大多数植物的叶原基、幼嫩叶片,双子叶植物的子叶,单子叶植物心叶的叶尖组织等,都可以用于叶组织的脱分化和再分化培养。

用植物幼嫩叶片进行培养时,首先选取植株顶端未充分展开的幼嫩叶片,经流水冲洗后,用蘸有少量75%乙醇的纱布擦拭叶片表面后,放入1%升汞溶液中灭菌5~8 min,再用无菌水冲洗3~4次。灭菌时间根据供试材料的情况而定,特别幼嫩的叶片时间宜短。灭菌后的叶片转入铺有无菌滤纸的无菌培养皿内。用解剖刀切成 5 mm×5 mm 左右的小块,然后上表皮朝上接在固体培养基上培养。

（2）培养基

叶组织培养常用的有 MS、White 等培养基。培养基中的糖源一般使用蔗糖,浓度为3%左右。培养基中附加椰子汁等有机添加物,有利于叶片组织培养中的形态发生。

激素是影响叶组织脱分化和再分化的主要因素,对大多数双子叶植物的叶组织培养来

讲,细胞分裂素,特别是 KT 和 6-BA 有利于芽的形成;而生长素,特别是 NAA 则抑制芽的形成,而有利于根的发生。2,4-D 是一种强生长剂,有利于愈伤组织的形成。

（3）培养

叶片组织接种后于 25~28 ℃条件下培养,每天光照 12~14 h,光照度为 1 500~2 000 lx。不定芽分化和生长期应增加光照度到 3 000~10 000 lx。

2）影响叶培养的因素

（1）基因型

基因型是影响离体叶培养的首要因素,从目前已经培养成功的植物类型来看,同一个物种即使在不同品种间组织培养特性也不相同。尽管烟草叶组织培养比较容易,但在器官分化上表现出了基因型间的差异,不同草莓品种在叶片培养中愈伤组织的颜色、生长情况和分化率上显著。

（2）激素

大多数双子叶植物叶组织培养中,细胞分裂素（尤其是 KT 和 6-BA）有利于芽的形成;而生长素（特别是 NAA）则抑制芽的形成,而有利于根的发生;2,4-D 有利于愈伤组织的形成。"美人"梅无菌苗叶片培养中,6-BA 对叶片愈伤组织诱导起抑制作用,NAA 可使叶片直接生根,2,4-D 可以诱发叶片形成球形愈伤组织,而配合适当浓度的 6-BA 能够形成胚状体。实验也证明,叶片培养中,芽或根的形成符合激动素与生长素配合比例的控制原理。

（3）供体植株的发育时期和叶龄

不同生长期的叶片,其潜在的脱分化和再分化能力是不同的,个体发育早期的幼嫩叶片较成熟叶片分化能力高。烟草成株期叶组织脱分化和再分化需要的时间较长,愈伤组织和分生细胞团多在伤口处大量形成,芽苗大多发生在分生细胞团和结构致密的愈伤组织上,而不是像幼叶那样直接从不同部位成苗。对叶片的选取除了考虑叶龄因素外,很重要的是叶片的生理状态,这可能是由于叶片的内源激素水平不同,从而对外源激素的反应不一样。

（4）叶脉

离体叶组织再生中,常常是从叶柄和叶脉的切口处形成愈伤组织和分化成苗,如杨树和中华猕猴桃等。

（5）极性

极性也是影响某些植物叶组织培养的一个重要因素,如烟草一些品种在培养时若将背叶面朝上放置,叶片不生长而死亡或只形成愈伤组织而没有器官分化,这种现象在茎尖培养中也有发生。

（6）损伤

大量的试验证明,大多数愈伤组织首先在叶片伤口处形成,并进行根芽的分化。损伤作为一种刺激,一方面是造成伤口处部分细胞的破损,促进伤口处的细胞分裂形成愈伤组织;另一方面,由于组织系统的分割,使整个外植体处于开放系统状态,伤口附近未破损细胞,也不可避免地受到一定的应力形变和细胞内生化代谢的改变,从而对细胞分化产生巨大的影响。但是损伤并不是诱导愈伤组织形成和分化的唯一原因。有些植物类型,甚至可以从没有损伤的叶组织表面大量发生愈伤组织和分化芽苗,如某些菊花、秋海棠等。

3.3.3　离体叶培养形态发生

离体叶组织脱分化和再分化培养中,芽的分化主要有以下4个途径。

1)直接分化不定芽

叶片组织离体培养后,由离体叶片切口处组织迅速愈合并产生瘤状突起,进而产生大量的不定芽,或由离体叶片表皮下栅栏组织直接脱分化,形成分生细胞进而分裂形成分生细胞团后产生不定芽。这两种情况,一般都未见到可见的愈伤组织,是离体叶片不定芽产生的直接形式。

2)由愈伤组织分化不定芽

叶组织离体培养之后,首先由离体叶片组织脱分化形成愈伤组织,然后由愈伤组织分化出不定芽,或者脱分化形成的愈伤组织经继代(1代至多代)后诱导不定芽的分化。这类方式的不定芽产生,可以用两种方式诱导形成。一种是一次诱导,即使用一种培养基,在适当激素调节下,先诱导产生大量愈伤组织,愈伤组织进一步生长发育后,直接分化出不定芽;第二种是两次诱导法,即先用脱分化培养基诱导出愈伤组织,然后使用再分化培养基诱导出不定芽。

3)胚状体形成

大量的研究证明,叶组织离体培养中胚状体的形成也是很普遍的。在菊花叶片培养中,一般由愈伤组织产生胚状体居多,花叶芋叶片、烟草叶片、番茄叶片、山楂子叶等植物的叶组织都有胚状体的分化能力。

4)其他途径

大蒜的储藏叶、百合及水仙的鳞片叶经离体培养后,直接或经愈伤组织再生出球状体或小鳞茎而再发育成小植株。卡特兰尚未展开的幼叶、树兰属植物的叶尖培养中也可经原球茎形成苗。

3.3.4　离体叶培养的应用

离体叶培养具有重要的理论和实践意义。

第一,通过叶片组织的脱分化和再分化培养,建立植物体细胞快速无性繁殖系,提高某些不易繁殖植物的繁殖系数。

第二,它是研究叶形态建成、光合作用、叶绿素形成等理论问题的良好载体。离体叶不受整体植株的影响,因此就可以根据研究的需要,改变培养基成分来研究营养的吸收、生长和代谢变化。

第三,叶组织及其细胞培养物是良好的遗传饰变系统和植物基因工程的良好受体系统,经过自然变异或者人工诱变处理可筛选出突变体以及通过遗传转化获得转基因植物而对植物进行遗传改良。

★知识链接

1)愈伤组织培养

(1)愈伤组织的概念

愈伤组织是指植物外植体经过脱分化、细胞分裂形成的一团无序生长的薄壁细胞。愈伤

组织的形成大致可分为诱导、细胞分裂和细胞分化 3 个时期。在诱导期，外植体细胞原有的发育状态逆转，形态和功能向分生细胞的方向变化。在细胞分裂期，脱分化细胞的细胞分裂速率较快。在分化期，细胞分裂和生长减慢直至停止，愈伤组织中出现分散的节状和短束状结构的维管组织，但不形成维管束系统。愈伤组织生长缓慢和停止，主要是培养基中水分和营养的损失和其分泌的代谢产物积累达到毒害水平的结果。因此，要及时将愈伤组织转移到新配制的培养基上培养，促进愈伤组织生长增殖。植物生长调节剂在愈伤组织诱导中起主要的作用。一般来说，生长素诱导愈伤组织的能力最强，但并不是所有植物的愈伤组织诱导都使用生长素。在培养基中添加植物生长调节剂的种类和剂量随外植体种类而异。例如，禾本科植物诱导愈伤组织需要生长素，特别是 2,4-D，而猕猴桃茎段和子叶在含有玉米素的培养基上就能诱导出愈伤组织。

（2）愈伤组织生长的调节

不同愈伤组织的形态结构和色泽各有不同，有的质地松软、松脆，有的坚实，有绿色、淡黄色、白色和褐色等色泽。生长旺盛的愈伤组织一般呈奶黄色或白色，有光泽，也有的显淡绿色或绿色；老化的愈伤组织多转变为黄色至褐色。绿色、淡绿色致密愈伤组织的器官发生潜力强，淡黄或奶黄色松脆愈伤组织有分化体细胞胚胎的潜力，白色或灰白色松软愈伤组织再生植株非常难。

愈伤组织类型通过调节培养基的成分，特别是调节植物生长调节剂，在一定的程度上可以相互转变。如用于细胞悬浮培养的愈伤组织宜松软。一般提高生长调节物质的浓度，改变生长调节物质的种类，可使坚实致密的愈伤组织变得疏松，反之降低或除去生长调节物质，会使愈伤组织由疏松转变为坚实致密。但实践上，还应根据实验要求和经验，改变培养基成分和培养条件，进行调节。

（3）愈伤组织的形态建成

愈伤组织的形态建成可分为器官发生型和胚状体发生型两种类型。

器官发生型 5 种基本方式：

①先形成根，在根上形成芽，例如颠茄悬浮培养细胞。

②先形成芽，然后在芽上形成根，例如大多数植物培养细胞的再生。

③在愈伤组织上独立地产生芽和根，以便连接成统一的轴状结构，例如胡萝卜。

④形成其他营养繁殖体，例如块茎、鳞茎和原球茎等。

⑤形成花芽或生殖器官部分，例如风信子培养细胞分化成花药或胚珠等。

胚状体发育与合子胚一样需经历球形期、心形期、鱼雷形期和子叶形期的胚胎发育时期，具有与合子胚相同的形态结构，最后萌发成苗。但是，与合子胚发育不同的是，体细胞胚没有胚乳的分化，胚柄发育受到抑制或者消失，一般没有胚干燥和休眠过程。

体细胞胚发育出的再生小植株与器官发生的不定芽发育不同，它们之间的显著差异有以下 3 点：

①胚状体具有明显的根端与苗端的两极分化，而后者是一种只有苗端的单极性结构。

②由胚状体的维管束与周围的母体愈伤组织或外植体组织之间分离，但后者与原愈伤组织或外植体中的维管组织相连接。

③体细胞胚的维管组织的分布是独立的"Y"字形，而不定芽的维管组织则无此现象。

此外,体细胞胚胎萌发即形成试管植株,通常不需要诱导生根的阶段;而器官发生来源的植物,需要转移到生根培养基上诱导生根,形成完整植株。

2)人工种子

人工种子是指植物体细胞胚包埋在具有水化或干燥外壳的胶囊中,胶囊的外壳有机械保护作用,并能使体细胞胚胎像有性种子一样萌发,胶囊自身起人工胚乳的作用。除体细胞胚外,用不定芽和腋芽等营养繁殖体代替体细胞胚制备人工种子,也取得了很好的结果,所以人工种子不仅仅指用体细胞胚胎制备的产物,而且还包含各种营养繁殖体。

人工种子的制备,根据包裹体细胞胚的材料不同,形成不同类型的人工种子,制备各类人工种子的工艺有较大差异。图 3.2 所示是海藻酸钠包裹的人工种子的制备过程。

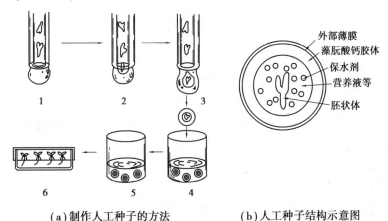

(a)制作人工种子的方法　　　(b)人工种子结构示意图

图 3.2　制作人工种子的示意图

1—双重管的外管内含有海藻酸钠,内管中放入胚状体和培养液,先从外管放出少量海藻酸钠,
使双重管的下端形成半球;2—从内管中放出含有不定胚的培养液(含保水剂);
3—再从外管放出一点海藻酸钠,形成球状液滴;4—将液滴入 50 mmol/L CaCl$_2$ 水溶液(含杀菌剂)中;
5—放置一定时间,使海藻酸钠外层形成不溶于水的海藻酸钙膜;
6—播种后人工种子的发芽

实训 3.1　植物离体根培养

1)目的要求

通过液体培养无菌种子苗的幼根,学习液体培养基的配制和植物根系离体培养的一般程序。

2)基本内容

根尖具有分生组织,材料容易获得,离体后原有的特性相对稳定。实训以根尖为外植体,建立根系离体培养无性系。

3)材料与用具

解剖刀、培养皿、镊子、天平(万分之一)、漏斗、三角瓶(100 ml、500 ml)、旋转摇床、用于小麦幼苗根尖的液体培养基(1/2 MS+2,4-D 1 mg/L,pH 5.5)、培养基(MS+0.6%琼脂)、无菌

水、70%乙醇溶液、0.1% $HgCl_2$ 溶液、2% NaClO 溶液、小麦种子。

4)操作步骤

(1)种子处理。将小麦种子用清水漂洗后,用 0.1% $HgCl_2$ 溶液浸泡 20 min,再用清水冲洗数次,置于培养皿中,在 25 ℃下,暗中萌发 24~48 h。

(2)种子灭菌。取露白的小麦种子于超净工作台中进行灭菌处理,先用 70%乙醇浸泡 30 s,无菌水冲洗 2 次后,再用 2% NaClO 溶液浸泡 20 min,无菌水冲洗 3~4 次,将种子放在无菌滤纸上吸干水分。

(3)无菌苗获得。把无菌种子播种在不含激素的固体培养基上,进行暗培养,至长出无菌苗及无菌根系。

(4)接种。当幼苗的初生根长到 2~3 cm 长时,切取 1 cm 长的无菌根尖,接种于盛有 30 ml 培养液的 100 ml 三角瓶中,使根尖漂浮于液面上,每瓶 3~5 段。将培养物置于 25 ℃恒温室中静置培养。离体根尖培养以液体漂浮培养为主,通常是暗培养,但光能促进小麦离体根对离子和糖的吸收,所以培养小麦离体根时应在光照条件下。

(5)继代。离体根初代培养 7~10 d 后,主根伸长,并长出许多侧根,进行继代培养。选取生长旺盛、根色鲜白的培养物作为再培养的材料。在无菌条件下剪下侧根和主根的根尖(0.5~1 cm 长),移入新鲜培养液中,于恒温条件下静置培养。

5)思考与分析

(1)根培养时,对培养基有何要求?

(2)培养 3 周后,统计实验结果并加以分析。

实训 3.2　植物普通离体茎尖培养

1)目的要求

通过固体培养植物的芽,学习植物离体茎尖培养的一般程序。

2)基本内容

植物芽(含顶芽、侧芽)具有分生组织,材料容易获得,离体后原有的特性相对稳定。芽的离体培养大多数是采用固体培养,将含芽茎段灭菌后,剥离出芽接种于固体培养中。

3)材料与用具

解剖刀、培养皿、镊子、天平(万分之一)、三角瓶(100 ml、500 ml)、剪刀、用于月季侧芽的固体培养基(MS+6-BA 1 mg/L+NAA 0.1 mg/L+蔗糖 3%+琼脂 0.65%,pH 5.8)、无菌水、70%乙醇溶液、2% NaClO 溶液、月季茎段。

4)操作步骤

(1)材料处理。将月季茎段用含洗洁精水洗 20 min,再用清水冲洗数次。剪成小段,每段一节,每节有芽。从叶柄处剪去叶片,保留叶柄基部于茎段上,以在灭菌过程中保护芽的基部。

(2)材料灭菌。取月季茎段于超净工作台中进行灭菌处理,先用 70%乙醇浸泡 30 s,无菌水冲洗 2 次后,再用 2% NaClO 溶液浸泡 20 min,无菌水冲洗 3~4 次,将茎段放在无菌滤纸上吸干水分。

（3）接种操作：

①用无菌镊子将外植体夹住，用无菌剪刀剪去剩余叶柄，并剥去芽外的鳞片，使芽暴露出来。

②用手术刀将芽从基部切下，用镊子将材料接入培养瓶内，材料的放置应注意极性，即形态学上端向上。

③用封口膜封好培养瓶。

（4）接种后的培养材料置于 25 ℃、2 000 lx 光照下培养，1 周后，可观察有无污染的出现，2 周后可以观察到芽的伸长。

5）思考与分析

（1）芽培养时，对培养基有何要求？

（2）培养 3 周后，统计实验结果并加以分析。

实训 3.3　非洲紫罗兰叶片培养

1）目的要求

学习叶片外植体初代培养的基本过程，初步掌握叶材料的清洗、灭菌、切割、接种等操作技术。

2）基本内容

以叶片为外植体，进行灭菌、切割、接种等操作，观察叶片外植体的形态变化。

3）材料与用具

超净工作台、酒精灯、镊子、解剖刀、烧杯（50 ml）、标签纸、剪刀、乙醇棉球、广口试剂瓶、纱布（擦拭台面）、无菌培养皿、无菌滤纸、75%乙醇、95%乙醇、2%NaClO 溶液（指有效氯含量2%）、无菌水、培养基（MS+6-BA 2 mg/L+NAA 0.1 mg/L+蔗糖 3%+琼脂0.7%，pH 5.8）、非洲紫罗兰叶片。

4）方法步骤

（1）外植体的灭菌与接种。

①选取无病虫害的非洲紫罗兰叶片，用清水漂洗后，在接种台上进行消毒处理。将叶放入灭菌用的小烧杯中，先用少量 75%乙醇（浸没材料即可）浸泡 10~30 s 后，倒出乙醇，用无菌水冲洗 1 次后废液倒入废液缸中；再用 2%NaClO 溶液（浸没叶片即可）浸泡 20~30 min，用无菌水冲洗 3~4 次后废液倒入废液缸中。

②用无菌滤纸吸干材料上的水分，置于无菌培养皿中的无菌滤纸上，用镊子固定材料，用解剖刀切取嫩叶（0.5 cm×0.5 cm）等。

③接种操作：

a.用无菌镊子将外植体夹入培养瓶内，材料的放置应注意极性，叶片背面向下，腹面向上，迅速封口。接种时，瓶口要在火焰附近，瓶身倾斜，以免杂菌落入瓶内。

b.清理台面，弃去废物，并用 70%乙醇擦拭台面。

（2）接种后的培养基置于 25 ℃、2 000 lx 光照下培养，1 周后，可观察有无污染的出现，4 周后可以观察到愈伤组织的形成。

5）思考与分析

（1）外植体灭菌接种时，应注意哪些事项？

（2）观察叶片接种后 4 周的形态变化并加以分析。

• 项目小结 •

植物营养器官的培养是以植物的根、茎、叶为外植体的培养，是植物组织培养技术中最重要的一个方面，它可以为组织培养快繁奠定基础，也可以用于植物的研究领域。根培养是在无菌条件下，种子发芽后，获取 0.5～1.5 cm 根尖，诱导侧根进行培养，从而建立单个根尖形成的根无性系。茎的培养主要是芽与茎段（侧芽）的培养，包括块茎、球茎在内的无菌培养。叶的培养包括叶原基、叶柄、叶鞘、叶片、子叶等叶组织的无菌培养。其形态发生有直接诱导不定芽和先诱导出愈伤组织，再经再分化成苗的途径。愈伤组织是植物组织培养中最常见的一种培养材料。

复习思考题

1.如何进行根培养？

2.茎培养的方法有哪些？

3.叶培养的形态发生有哪些？各有何特点？

4.如何诱导愈伤组织？如何调节愈伤组织的形态发生？

项目 4

植物生殖器官培养

📖【项目描述】

●介绍植物生殖器官的培养,包括花药、花粉、胚、胚乳及种子的离体培养技术和用途。生殖器官培养多用于作物育种。

📖【学习目标】

●了解和掌握植物生殖器官离体培养的方法。
●掌握生殖器官培养在理论研究和生产应用上的重要意义。

📖【能力目标】

●掌握植物生殖器官培养的操作流程。
●掌握生殖器官外植体选取的最佳时间、灭菌及处理方法。
●能够准确评价植物生殖器官培养体系。

任务 4.1　花药与花粉培养

4.1.1　花药与花粉培养意义

花药与花粉培养是指将花药或花粉作为外植体,接种在培养基上,改变花粉的发育途径,使其不形成配子,而像体细胞一样进行分裂、分化,最终发育成花粉植株(单倍体)的技术。植物的花粉是花粉母细胞经减数分裂形成的,其染色体数目只有体细胞的一半,即为单倍体细胞。用离体培养花药的方法,使其中的花粉发育成一个完整的植株,该植株为单倍体植株。单倍体作物只具有单套染色体组,经染色体加倍成为双倍体后,与常规育种技术结合,显示出巨大的优越性。可应用于作物育种、分子生物学及作物基因克隆筛选等方面。

目前,花药培养这一细胞工程技术已经成为植物育种和种子生产的重要手段,我国在花药培养和单倍体育种工作上,一直处于国际先进水平。

4.1.2　花药与花粉培养的方法

1)花药培养

花药是植物的雄性器官,包括二倍体的药壁和药隔组织以及单倍体的雄性细胞——花粉粒,花粉母细胞经过减数分裂形成四分孢子,经过单核期、二核期和三核期,最终发育成成熟花粉粒,这个途径称为"花粉配子体发育途径"。而在离体培养条件下,花粉的第一次有丝分裂在本质上与合子的第一次孢子体分裂相似,脱离配子体发育途径,最终发育成植株,这种花粉形成植株的途径称为"花粉孢子体发育途径"。

(1)花药培养中花粉发育时期的确定

在花药培养过程中,并非任何时期的花粉都可以诱导出花粉植株,只有花粉发育到特定的时期,才对离体培养和处理敏感。因此,选择适宜的花粉发育时期是提高花粉植株诱导成功的重要环节。尽管雄核发育可在四分体时期和双核期被诱导,但大多数植物适宜花药培养的时期为单核期,尤其是单核中、晚期。由于单核晚期花粉中形成大液泡而将核挤向一侧,又称为单核靠边期(图 4.1)。但也有一些例外,如毛曼陀罗和烟草最适宜的时期在花粉第一次有丝分裂的前后,而大麦是在单核早期。

确定花粉发育时期最简捷有效的方法是压片镜检法,通过镜检确定花粉的发育时期,并找出花药发育时期与花蕾或幼穗的大小、颜色等形态学性状的相关性,以便于选择适宜的外植体。如烟草的花萼与花冠等长的花蕾,其花粉发育时期就处于单核后期。但是,花药的这种外部形态与花粉发育时期的相关关系,不是固定不变的,会因品种及外界环境条件的不同而发生改变。因此,在实践中要做到外部形态观察与压片镜检相结合。

(2)花药的预处理

在接种前后对花药采取适当方法进行预处理,可以显著提高花粉的存活率和绿苗产量。

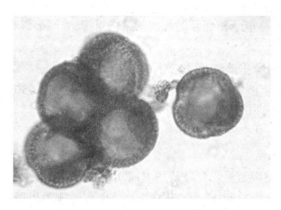

图 4.1 单核靠边期的油菜花粉粒

①高低温处理。低温处理包括低温预处理、低温后处理以及热敷处理。低温预处理就是接种前将材料在 0 ℃以上低温条件下处理一段时间后再接种;低温后处理是指花药接种后,先在低温条件下培养一段时间,再移至正常温度下继续培养;热敷处理则是指花药接种后,先在较高温度下(一般为 30~35 ℃)培养数天,然后再移至正常温度下继续培养。研究表明,在多数植物的花药培养中采用上述预处理方法,均可在不同程度上提高花粉愈伤组织或花粉胚状体的诱导率和花粉植株的再生频率。

②药剂处理。

a.高糖。接种前用高糖预处理花药一段时间,再转移到适宜的糖浓度下培养,可以大幅提高愈伤组织和胚状体的诱导率。如玉米花药在 25%的蔗糖溶液中处理 6~8 min,能显著提高愈伤组织的诱导率;石刁柏的花药浸在 35%的蔗糖溶液中 30 min,愈伤组织诱导率达到29.5%,高出对照 16.4 个百分点。

b.甘露醇。甘露醇处理在麦类作物上应用普遍。李文泽等(1995)研究了甘露醇预处理对大麦雄核发育的影响,研究结果发现,甘露醇预处理能明显地提高花粉存活率,使发育进度比低温预处理和对照提早 2~3 h。

c.秋水仙素。秋水仙素的作用主要是使小孢子发生均等分裂。在添加 0.05%秋水仙素和2%二甲基亚砜的培养基中,浸泡烟草花药并暗培养 4~12 h,发现单核花粉的比例从4.5%上升到 19%。

d.乙烯利。乙烯利是一种杀雄剂,其作用在苜蓿属、烟草属、矮牵牛属和小麦等多种植物上都有报道。如用 100 mg/L 乙烯利喷施烟草植株的花序,再取其花药培养,其雄核发育提高了 25%。

(3)花药培养方法

通常花药培养方法有以下两种:

①琼脂固体培养法。在培养基中加入 0.5%~0.7%琼脂,使培养基呈半固体状态,加入琼脂量因琼脂的质量而定。根据一般经验,琼脂浓度一般以花药有 1/3 浸入而又不沉没于琼脂中为宜。

②液体培养法。培养基中不加入琼脂,直接把花药接入呈液体状态的培养基中。液体培养基是一薄层(约 0.5 cm 液层),若能让花药漂浮在液面上效果最好。在培养基中加入聚蔗糖(Ficoll),可使花药不下沉而漂浮在液面上,这样通气良好,提高了培养效果。但在液体培

养时,要特别注意及时转移沉于瓶底部的长大的愈伤组织,否则会影响再分化培养的效果。

具体做法如下:

a.用孔径 0.45 μm 的微孔过滤器过滤液体培养基;

b.在无菌操作室中,将液体培养基分装在经高压灭菌过的 25~50 ml 三角瓶中;

c.将花药直接接种于液体培养基上,使它漂浮在液面;

d.定期加入新鲜培养基。

（4）影响花药培养因素

①基因型。植物的基因型是影响花药培养成功的关键因素之一,主要体现在以下几个方面:产生单倍体的途径、发生的频率、形成的时间、植株再生能力以及所形成的植株中单倍体与二倍体的比例。如大麦花药培养时,胚形成能力在基因型间的差异可达到 60%;在油菜的花药培养中,冬油菜比春油菜易于获得小孢子胚,冬、春油菜的杂种一代具有很强的胚发生能力。

②母本植株的生理状态。不同环境或者不同生长时期的植物材料,在花药培养的效率上有显著差异。植株所处的温度、光周期、营养和水分状况对花药培养的影响在水稻、烟草等植物上已有报道。如烟草植株在短日照、高光强下生长,利于花药培养;而对小麦、水稻、大麦等禾本科植物而言,大田植株比温室植株花药培养的愈伤组织诱导率明显提高,主茎穗明显高于分蘖穗。

③花粉发育时期。花粉的发育时期是影响花药培养效率的重要因素。多数植物的花粉发育时期处于单核中期至晚期时,容易诱导形成花粉胚或愈伤组织。王玉英等对比了辣椒和甜椒的花粉处于单核早期、单核靠边期、双核期的花药培养效果,指出单核靠边期效果最佳。

④预处理。接种前后采用适当的方法对花药进行预处理可以显著提高培养效率,使绿苗产量大大增加。目前,低温预处理已成为提高花药诱导率的有效措施。低温处理时间根据培养温度而定,较低的温度处理时间短,较高的温度处理时间长。如典型的玉米花药的处理时间为 4~8 ℃下处理 7~14 d;小麦在 1~5 ℃下处理 2~7 d。

⑤培养基。

a.基本培养基。基本培养基是花药培养中影响花粉启动和再分化的重要条件,应根据植物的种类不同,选用适宜的基本培养基。Nitsch 和 MS 培养基广泛应用于双子叶植物的花药培养;B_5 培养基广泛用于十字花科及豆科植物的花药培养。为了提高花药的诱导频率,我国科学工作者对水稻、小麦的花药培养基做了改进,研制出 N_6 培养基,随后又研制出 C_{17} 和 W_{14} 培养基,它们都可以大幅提高小麦的花药出愈率。

b.碳源。糖在花药培养中起碳源和调节渗透压的作用。到目前为止,已有许多关于麦芽糖是最佳碳源的报道,但在玉米花药培养中未发现类似现象。Butter 等比较了 8 种糖,却认为蔗糖的效果最好。另外,不同的糖浓度与花药培养效率有着密切的关系,如在玉米花药培养中,6%~15% 的糖浓度比较有利。

c.植物激素。在花药培养中,激素不但可影响花药的发育类型,而且还影响二倍体体细胞及单倍体花粉细胞的生长增殖。各种研究表明,生长素和细胞分裂素的适当比例,能促进孢子体的小孢子发育。低浓度的 2,4-D 对辣椒的效果不佳,而只有在低浓度 NAA、IAA 的条件下,才有利于胚状体的形成;培养基中附加 0.5 mg/L 的 KT、1 mg/L 的 6-BA 能够提高花药的出胚率。

d.培养体的支持材料。琼脂在诱导培养基中常被用做固化剂,琼脂糖(0.6%~0.7%)的应用效果也很好。Butter 等通过比较不同的固化剂,发现脱乙酰基吉兰糖胶(0.1%~0.2%)固化培养基与琼脂固化培养基相比,胚状体的产量多一倍。

⑥培养条件。

a.光照。离体花药不同,对光照的反应也不一样。一般认为,花药培养在诱导愈伤组织和胚胎期间进行暗培养或给以散射光处理较好。强光虽然有利于以后的绿苗分化,但会抑制愈伤组织的产生,而弱的散射光既不影响愈伤组织的形成,也有利于以后的绿苗分化。连续光照可增加烟草花粉胚的形成,却抑制了曼陀罗花粉胚的发生。

b.温度。温度是诱导花粉发育的关键因素,离体花药对温度比较敏感。大多数植物在25 ℃条件下,可完成愈伤组织的诱导过程。此外,无论是冷处理还是热处理,都能使胚状体和再生植株的数量大大增加。如 Dumans 在甜椒的花药培养中采用35 ℃的高温诱导,然后在25 ℃条件下培养,能大幅度提高花粉胚的诱导率。

c.接种密度。Sunderland 指出,接种密度与诱导率呈正相关。药的接种密度,能明显提高甜椒的胚诱导率。

(5)花药培养体系评价

在通过花药培养获得单倍体植株的培养过程中,通常根据以下几个指标对花药培养体系进行科学的量化评价:

①污染率和褐化率。花药接种后,每隔 3~5 d 观察记录一次污染的花药数,直到结果不再变化为止,统计污染率和褐化率(注意褐化率计算时不统计污染的花药数目)。污染率和褐化率的计算公式如下:

$$污染率 = 污染花药数/接种花药数 \times 100\% \tag{4.1}$$

$$褐化率 = 褐化花药数/接种花药数 \times 100\% \tag{4.2}$$

②出愈率。在花药培养中,大多数情况下花粉植株是通过愈伤组织产生的。愈伤组织诱导比例(出愈率)的计算公式如下:

$$出愈率 = 产生愈伤组织的花药数/接种花药数 \times 100\% \tag{4.3}$$

③胚诱导率。在花药接种 60 d 左右,统计接种的花药数和出胚数(注意污染和褐化的花药数不在统计范围内),计算诱导率。花粉胚诱导率的计算公式如下:

$$花粉胚诱导率 = 出胚的花药数/总花药数 \times 100\% \tag{4.4}$$

④绿苗分化率。大部分禾谷类作物在花药和花粉培养过程中,会出现部分形态没有明显异常,但缺乏绿色的植株,即花粉白化苗。白化苗缺乏叶绿素,没有完好的叶绿体,在异养条件下只能生长一段时间,很难开花结实,没有利用价值。有时白化苗的比例可高达80%以上,给花粉植株的诱导造成严重的影响。绿苗分化率计算公式如下:

$$绿苗分化率 = 分化绿苗的愈伤组织数/接种的总愈伤组织数 \times 100\% \tag{4.5}$$

2)花粉培养

花粉培养是指把花粉从花药中分离出来,以花粉作为外植体进行离体培养的技术。此法的优点在于花粉已是单倍体细胞,诱发它经愈伤组织和胚状体发育的小植株都是单倍体植

株,不会因药壁、花丝、药隔等体细胞组织的干扰而形成体细胞植株;此法的缺点是培养技术的难度大。

（1）花粉预处理方法

适当的预处理可以有效提高花粉植株的诱导率。花粉的预处理方法与花药基本相同。

（2）花粉分离

花粉分离的方法有自然散落法和机械挤压法两种。

①自然散落法。把花药从未开的花中无菌地取出,直接插接在无菌培养基上,当花药自动裂开时,花粉散落在培养基上,移走花药,让花粉继续培养生长。如果是液体培养基,可接种大量花药,经 1~2 d,大量花粉散落入培养基中,经离心浓缩收集,再接种培养。

②机械挤压法。

a.挤压花药。把无菌花药收集在装有无菌液体培养基的玻璃瓶中,然后用平头大玻璃棒反复轻轻挤压花药。

b.过滤收集。为了除去药壁等体细胞组织,用约 200 目镍丝网过滤,使花粉进入滤液中。

c.离心清洗。把滤液放入离心管,在 200 r/min 速度下离心数分钟,使花粉沉淀,吸去上清液(带小片药壁),再加培养基悬浮,然后离心。如此反复 3~4 次,就可得到很纯净的花粉。

d.把洗净的花粉沉淀,加入一定量的培养基,使花粉细胞的密度达到 $10^4 \sim 10^5$ 个/ml,即可进行培养。

（3）花粉培养的方法

花粉培养的方法有以下几种:

①平板培养法。Nitsch 等(1973)先后将曼陀罗和烟草花粉放在平板上培养,形成了胚状体,并进而分化成小植株。

②看护培养法。Sharp 等(1972)培养番茄花粉,形成了细胞无性繁殖系。具体操作方法是:先把植物的完整花药放在琼脂培养基表面,然后在花药上覆盖一张滤纸小圆片,用移液管吸取 0.5 ml 花粉悬浮液,滴在滤纸圆片上,置于 26 ℃下培养。由于完整花药发育过程中释放出有利于花粉发育的物质,通过滤纸供给花粉,促进了花粉的发育,使其形成细胞团,进而发育成愈伤组织或胚状体,再分化成小植株。

③条件培养法。此法是在合成培养基中加入失活的花药提取物,然后接入花粉进行培养的方法。具体操作方法是:将花药接种在合适的培养基上培养一个星期,这时有些花药的花粉开始萌动,然后将这些花药取出浸泡在沸水中杀死细胞,用研钵研碎,倒入离心管,高速离心,上清液即为花药的提取物。提取液经无菌过滤(通过 0.45 μm 微孔滤膜)除菌后加到培养基中,再接种花粉进行培养。用此法已使烟草、曼陀罗的花粉诱导形成花粉植株。

④微室培养。操作方法与细胞培养方法相同。Kameya 等(1970)用此方法培养甘蓝×芥蓝 F_1 的成熟花粉获得成功。具体做法是:先把 F_1 的花序取下,表面消毒后用塑料薄膜包好,放置一夜后花药开裂,花粉散落,制成每滴含 50~80 个花粉的悬浮培养基进行悬浮培养。

（4）花粉植株的驯化移栽要求

花粉植株比一般快繁的试管苗要弱,非常娇嫩,对外界的适应性很差,移苗时必须特别仔细。移栽时期最好避开盛夏季节,否则可将试管苗冷藏在 4 ℃的培养箱中,待移栽季节合适时再取出,在自然光下炼苗 5~7 d 后移栽到温室。玉米花粉植株移栽一般比较困难,可在移苗前在瓶中炼苗,待花粉植株健壮后再移栽。花粉植株移栽后要求保持较高的空气湿度(80%~90%,1~2周)和较低的土壤湿度;温度保持16~20℃,温度过高过低都会影响移栽的成活率;光照要求良好。

4.1.3 花粉植株的倍性与染色体加倍

1) 花粉植株的倍性

由花药培养产生的花粉植物不仅有单倍体,还有二倍体、三倍体及非整倍体。不同倍性花粉植株的来源有3种途径:一是花粉细胞核内发生有丝分裂,或畸变可产生二倍体、四倍体;二是花粉细胞核分裂并出现核融合,可产生三倍体、五倍体;三是花药壁或花药内部组织(绒毡层)细胞同时发育,产生二倍体。

植物种类、接种花药的花粉发育时期、培养基中生长调节剂种类与浓度等均可影响花粉植株的倍性,而花粉植株的发生途径、愈伤组织继代培养时间长短的影响尤为显著。一般由花粉胚状体直接成苗或由第二代愈伤组织分化成苗,单倍体频率高,如在烟草中单倍体几乎为100%。此外,随着愈伤组织继代次数、继代时间的增加,二倍体的比例也会增加。

2) 染色体加倍

单倍体植物由于只有一套染色体,减数分裂时不能形成正常的配子,因而不能结实,无法通过有性生殖繁衍后代。因此,需要对单倍体植物进行染色体加倍处理。由于这种加倍是染色体自我复制的结果,因此得到的二倍体是纯合二倍体,这在遗传育种上是非常有意义的。加倍后的二倍体,与通常的植株一样,可以进行正常的有性生殖、开花结实。

在花粉植株中染色体可自然加倍得到二倍体纯合植株,这是目前花粉培育种中最常见的加倍方法。但自然加倍受多种因素的影响,频率极低,通过人工措施可显著提高加倍频率。对染色体的人工加倍最早是采用物理方法如热冲击法、γ-射线冲击法等,而最为有效的加倍方法是采用药剂处理。常用的药剂有秋水仙素、对二氯苯、8-羟基喹啉,用得最多是秋水仙素。一般用较高浓度的秋水仙素溶液,处理的时间短,常用时间为24~96 h。秋水仙素处理方式多样化,具体的操作技术,大体上有3种:

(1)小苗浸泡

将诱导产生的幼小花粉植株从培养基取出,无菌条件下浸泡在一定浓度的秋水仙素溶液中,一定时间后转移到新鲜培养基上继续培养。

烟草:浓度0.2%~0.4%,浸泡时间24~96 h,加倍率35%。

大麦:浓度0.01%~0.05%,浸泡时间1~5 d,加倍率40%~60%。

(2)茎尖处理

将0.4%秋水仙素调和到羊毛脂中,然后将羊毛脂涂在单倍体植株的顶芽和腋芽上;也可用0.2%~0.4%的秋水仙素水溶液,将蘸满溶液的棉球放在顶芽或腋芽上,诱导分生组织细胞加倍,长成二倍体枝条。为了防止药液挥发,需加盖塑料薄膜。

(3)培养基处理

将单倍体植株的任何一部分组织作为材料,在含有一定浓度秋水仙素的培养基上培养一段时间后,再转入无秋水仙素的培养基上继续培养,可以得到纯合的二倍体植株。这种方法用药量大,费用高,对培养物的毒性也大。

任务 4.2　植物胚培养

4.2.1　胚培养的意义

植物胚胎培养是指采用人工的方法从种子、子房或胚珠中把胚分离出来,再放在无菌的人工环境中让其进一步生长发育,以致形成幼苗的过程。离体胚胎培养主要应用于克服种、属间受精障碍,打破种子休眠,缩短育种周期,克服种子生活力低下和自然不育等问题,也用来研究胚胎发育过程中与胚发育有关的内外因素,以及与其发育有关的代谢和生理生化变化等理论研究。

4.2.2　胚培养的类型

离体胚培养的材料包括胚胎发生过程中不同发育期的胚,一般可分为成熟胚和幼胚培养。

1)成熟胚培养

成熟胚一般是指子叶期后至发育完全的胚。由于成熟胚生长不依赖胚乳的贮藏营养,只要提供合适的生长条件即可打破休眠,它可以在较简单的培养基上萌发生长,形成幼苗。所以,培养基只需含大量元素的无机盐和糖即可。将受精后的果实或种子用药剂进行表面消毒,剥取种胚接种于培养基上,在人工控制条件下即可发育成完整植株。

2)幼胚培养

幼胚培养是指对胚龄处于子叶期以前的幼胚进行培养。幼胚从生理至形态均未成熟,培养时完全依赖和吸收周围组织的有机营养物质,对培养基要求较高,仅提供一定的温度和湿度均不能使其萌发,培养难度较大。

幼胚的生长有以下 3 种明显不同方式:

①出现胚性生长,即胚只是在体积上增大甚至超过正常胚而不能萌发成苗。

②幼胚不能继续进行胚性生长,而是迅速萌发成幼苗,通常称为"早熟萌发"现象,长成的幼苗畸形、瘦弱。

③在很多情况下,细胞增殖产生愈伤组织,再分化形成胚状体或不定芽。

4.2.3　胚培养的方法

1)幼胚培养

选择受精后经过一定时间发育的子房,用 70% 酒精消毒几秒,接着用饱和漂白粉或 0.1%升汞浸泡 10~30 min,再用无菌水冲洗 3~5 次。在解剖镜下用刀片沿子房纵轴切开子房壁,再用镊子夹出胚珠,剥去珠被,取出完整的幼胚,接种在预先配好的培养基上。一般采用固体培养方法,培养条件为温度 20~30 ℃。光照强度 2 000 lx,光照时间 10~14 h/d。

2)成熟胚培养

将成熟的果实或杂交种子取回后进行表面消毒,然后在超净工作台上剥离成熟胚,接种到预先配制好的培养基上。成熟种胚离体培养时,在比较简单的培养基上便能正常萌发生长,在人工控制的条件下(一般 25 ℃的黑暗或光照环境),成熟胚经过一周左右的培养,即可发芽生长,6~7 周后培养幼苗可达 3~4 cm 高,并具有 2~3 片真叶和发育良好的根系。

3)影响胚培养的主要因素

(1)培养基

成熟胚是一个充分发育的两极结构,即含有根原基和茎原基以及 1~2 个次生附属子叶。一般成熟胚是自养的,而且以后的发育在很大程度上受它们固有因素的控制,成熟胚进一步发育,产生根和茎,形成幼苗。未成熟的幼胚,其生长发育不仅依赖于周围细胞的代谢,而且还依赖于周围胚乳的丰富养分,幼胚处于完全异养状态,离体时要求相似的环境条件、更复杂的培养基,不同发育时期的幼胚对培养基成分的要求不同,一般胚龄越小,要求的培养基成分就越复杂。

①碳源。碳源不仅作为有机碳源和能源,而且能保持培养基适当的渗透压,防止胚的早熟萌发现象发生,保持胚性生长。蔗糖是最为适宜的碳源,一般处于发育早期的幼胚,需要较高的蔗糖浓度,随着胚的不断发育,则要求逐步降低蔗糖浓度。如曼陀罗前心形胚期蔗糖浓度为 8%,后心形胚期为 4%,鱼雷形胚需 0.5%~1%。成熟胚在无蔗糖的培养基上就能生长得很好。

②pH。不同植物胚生长要求的最适 pH 也不同,一般在 5.2~6.3,如番茄为 6.5,水稻为 5.0,柑橘为 5.8,苹果为 5.8~6.2。

③维生素。维生素对幼胚培养是必需的,常用维生素包括盐酸硫胺素、烟酸、泛酸、盐酸吡哆醇、抗坏血酸等。维生素及其衍生物对胚生长的促进作用不同,例如,盐酸硫胺素对几种植物胚的培养表现出促进根的伸长,而烟酸和泛酸对茎生长的促进作用比对根更为显著。

④附加成分。天然植物提取液如水解酪蛋白、椰子汁、酵母提取物、麦芽提取物以及天然胚乳提取物等,对幼胚的生长都有不同程度的影响,如椰子汁可促进幼胚生长和分化。

(2)培养条件

①温度。对于大多数植物胚胎培养,维持在 25 ℃的温度是最适宜的。有些则需要较低或较高的温度,如马铃薯在 20 ℃下培养较好,而棉花的胚在 32 ℃下生长最好。也有一些植物的胚培养需要在变温的条件下进行,如培养桃胚时,必须将接种在培养基上的胚放在 2~5 ℃低温下处理 60~70 d,然后转入白天 24~26 ℃,夜间 16~18 ℃的变温条件下培养,桃胚才能萌发。

②光照。通常胚培养是在弱光下进行的。幼胚的培养在光照和黑暗的条件下都可以,达到萌发时期则需要光照。一般认为培养应在 12 h 光照与 12 h 黑暗交替的条件下,因为光有利于胚芽的生长,黑暗有利于胚根的生长。

★知识链接

1)胚乳培养

胚乳培养是指从有胚乳的果实或种子中分离胚乳进行离体培养,使其生长发育形成幼苗的过程。胚乳是被子植物双受精的产物之一,是三倍体组织。通过胚乳培养,有可能获得产生无籽果实的三倍体植株,同时还可将其加倍成六倍体植株,这在生产上有重要的应用价值。

由于胚乳培养分化植株的染色体倍性不稳定,可以从中分离和筛选出各种类型的非整数倍植株,为多倍体遗传育种提供了丰富的原始材料。

进行胚乳培养时,将采集的植物种子进行常规消毒,用无菌水冲洗干净后,在无菌条件下小心分离出胚乳,接种在培养基上,经1~2周后,胚乳的外观显得膨大而光滑,往往在切口处形成乳白色的隆突,并不断增生成团块,且不断增多。少数胚乳的突起可以转为绿色,形成叶状丛(如猕猴桃)。但大多数胚乳隆突再增生成新的团块,成为典型的愈伤组织。这时,应及时转接至分化培养基上培养,可形成不定芽或胚状体,之后将不定芽切下接种到生根培养基上进行培养,形成完整的植株,胚状体可直接形成胚乳苗。

植物胚乳培养中产生的愈伤组织和再生植株染色体的数目常常会发生变化,但也有不少植物的胚乳细胞在培养中染色体倍性表现出一定的稳定性。据此,可将其分为稳定型和畸变型两类。稳定型是指胚乳培养物在继代培养中,细胞染色体倍性保持相对稳定性,胚乳培养物表现出稳定的器官分化能力。如檀香、柚、枣等的胚乳植株为稳定的三倍体。畸变型则是指胚乳培养物的细胞染色体数不稳定,器官分化能力很低。如在苹果的胚乳愈伤组织中,绝大多数细胞含有多倍的和非整数倍的染色体,而三倍体细胞仅占全部细胞的 2.5%~3.9%。桃的胚乳胚状体产生的根尖细胞染色体数目也很不一致,有 8、15、16、24 条染色体。因此,由胚乳培养得到的植株,大多数是由多种倍性细胞组成的嵌合体。

2)子房培养

子房培养是将植株上的子房摘下进行离体培养的方法。根据培养的子房是否授粉,可将子房培养分为授粉子房培养和未授粉子房培养两类。培养授粉子房的目的主要是挽救子房内杂种胚的发育,培养未授粉子房的目的是通过子房内单倍体细胞的发育获得单倍体植株。例如水稻、小麦、大麦、烟草、向日葵、杨树等植物的未授粉子房培养均已获得单倍体植株,并在育种中得以利用;另外,对未授粉子房,通过试管内离体授粉方法可以有效解决在杂交育种中由于花粉在柱头上不能萌发、花粉管不能伸入花柱或花粉管生长太慢等引起的受精作用不能正常完成的问题。

对未授粉的子房进行离体培养,一般在开花前1~5 d的花蕾中取得;而对授粉子房的培养,应按需要选定授粉后天数。禾谷类植物的子房由于包裹严密,消毒时只需用70%酒精擦拭幼穗即可;双子叶植物的花蕾消毒方法同前。但对授粉子房则应进行严格的表面消毒。在无菌条件下,将已经消毒的植物材料的雄蕊或花被剥除,剥离子房并接种到培养基上。注意不要使雌蕊受伤。固体培养时将子房平放在培养基上,也可在液体培养基上加滤纸桥进行液体培养。

未授粉子房中存在含有一套染色体的性细胞和两套染色体的体细胞,二者均可以经过愈伤组织阶段,再分化形成胚状体或不定芽,从而发育成植株。因此,再生植株既可能是单倍体,也可能是二倍体,其后代会出现不同倍性的植株。培养授粉子房时,其卵细胞与精子已发生融合,由受精卵细胞经胚状体或愈伤组织途径产生的植株是二倍体,但遗传上是杂合的。此外,试管内离体授粉子房也可以发育成为果实,其中能够受精的胚珠会发育为成熟的种子,种子在培养基上发芽长成植株。

3)离体受精技术

离体受精技术是指将未授粉的胚珠或子房从母体上分离下来,进行无菌培养,并以一定的方式授以无菌花粉,使之在试管内实现受精的技术。根据无菌花粉授于离体雌蕊的位置,可将离体授粉分为 3 种方式,即离体柱头授粉、离体子房授粉和离体胚珠授粉。进行离体授粉时,从花粉萌发到受精形成种子以及种子萌发和幼苗形成的整个过程,一般均在试管内完成。

(1)离体柱头授粉

该方法是通过雌蕊的离体培养,将无菌花粉授于柱头上,得到含有可育的种子和果实的技术。通常是在花药尚未开裂时切取母本花蕾,消毒后,在无菌条件下用镊子剥去花瓣和雄蕊,保留萼片,将整个雌蕊接种于培养基上,当天或者第二天在其柱头上授以无菌的父本花粉。

(2)离体子房授粉

该方法是通过将花粉直接引入子房,使花粉粒在子房腔内萌发,并进行受精,最后获得具有生活力的种子。

(3)离体胚珠授粉

该方法是指离体培养未受精的胚珠,并在胚珠上授粉,最终在试管内结出正常种子的技术。

实训 4.1　花粉发育时期的鉴定

1)目的要求

(1)学会利用压片镜检的方法对花粉发育时期进行检测。

(2)学会判断花粉发育时期的判定依据。

(3)掌握单核期的花粉与花蕾外部形态特征的对应关系。

2)基本内容

(1)收集不同大小的油菜花蕾,按照大小进行编号。

(2)镜检花粉粒,确定花粉粒处于单核靠边期的花蕾。

(3)测量处于单核靠边期的花蕾的大小,观察并记录形态特征。

3)材料与用具

显微镜、超净工作台、剪刀、培养皿、盖玻片、载玻片、玻璃棒、镊子、油菜花蕾、0.5%醋酸洋红。

4)操作步骤

(1)采集花蕾。在油菜现蕾期,从田间采集不同大小的油菜花蕾数个。

(2)花药染色。剥开花蕾,每花蕾取 1~2 枚花药置于载玻片上,然后滴加 0.5%醋酸洋红溶液 1~2 滴,用玻璃棒或镊子将花药压碎,剔除药壁、药隔等组织。

(3)镜检。加上盖玻片镜检。多观察几个视野,若大多数花粉只有一个核并被挤向一侧,即为单核靠边期。

(4)记录。将花粉发育处于单核靠边期的油菜花朵的形态特点,如花蕾大小、花瓣颜色、花药颜色及饱满程度、花丝长度等记录下来,作为花药培养时外植体选择的形态标准。

5) 思考与分析

(1) 在检测花粉发育时期,为什么要充分剔除药隔、药壁?

(2) 判断花粉发育时期的依据是什么?

实训 4.2　花药培养

1) 目的要求

(1) 掌握花药培养工艺流程操作。

(2) 学会花药植株倍性鉴定的方法。

(3) 学会花药预处理方法。

2) 基本内容

本实验选取小麦花药发育中晚期的幼穗,剥离花药进行培养。等花药植株长到一定大小时,取其根尖利用醋酸洋红染色进行倍性鉴定。

3) 材料与用具

超净工作台、高压灭菌器、冰箱、生化培养箱、酸度计、电炉、光学显微镜、剪刀、长镊子、解剖针、培养皿、载玻片、盖玻片、玻璃棒、小麦的花蕾(花粉处于单核期)、0.5%醋酸洋红、70%酒精、蒸馏水、无菌水、0.1 mol/L NaOH、0.1 mol/L HCl、培养基[愈伤组织诱导培养基:W_{14}+2,4-D 2 mg/L + KT 0.5 mg/L + 蔗糖 100 g/L;分化培养基:W_{14}+ KT 1.5 mg/L+蔗糖30 g/L;壮苗培养基:MS+IAA 0.2 mg/L+MET(蛋氨酸)3 mg/L+蔗糖 30 g/L]、卡诺固定液。

4) 操作步骤

(1) 培养基配制。参照培养基配方配制培养基,将配制好的培养基分装到 100 ml 三角瓶中,高压蒸汽灭菌后备用。

(2) 镜检取材。接种前要先镜检小麦的花粉发育时期,确定适宜接种时期小麦幼穗的外形标准,再根据标准从田间选取接种幼穗。一般情况下,单核靠边期小麦幼穗的外形特征是:幼穗处于中苞期至大苞期,从旗叶叶鞘中剥出后,不能直立,会向侧面弯曲约45°,颖壳颜色淡绿色,较幼嫩,用镊子夹取时易横向断裂,花药淡黄绿色。

(3) 材料预处理。将田间采集的幼穗浸于水中,置 4 ℃冰箱预处理 24~48 h。

(4) 材料消毒。用 70%的乙醇浸泡脱脂纱布,拧去过多乙醇,将其铺进白瓷盘中(至少 4 层)。剪去旗叶叶片(不破坏叶鞘),用 70%的乙醇擦拭幼穗消毒,放入白瓷盘,再用乙醇浸泡过的纱布盖好,轻搓几下即可。将消过毒的材料放置于超净工作台准备接种。

(5) 接种。在超净工作台上剥出幼穗,用尖头小镊子轻轻剥开颖壳,夹出花药放入装有培养基的三角瓶,封口膜封口。接种次序从下到上,密度为每瓶80~100 枚花药,接种速度要快,尽量减少花药在空气中暴露的时间。

(6) 培养观察。将接种后的三角瓶置25~28 ℃培养箱暗培养,30 d 后统计出愈率。待愈伤组织长至1~2 mm 大小,即可转入分化培养基,置25 ℃条件下连续光照培养,2 周后统计绿苗分化率、白苗分化率。当幼苗长出 2~3 片真叶时,转入壮苗培养基,在 16 ℃、2 000~3 000 lx、16 h/d 光照条件下越夏。培养过程中注意观察,记录材料生长、分化及污染情况等。

(7)移栽。9月中下旬将试管苗移至室外苗床,在自然条件下炼苗 5~7 d,洗净培养基,取出花粉植株栽于苗床。移栽后在苗床上搭盖塑料薄膜,直到成活。

(8)倍性鉴定。早春返青后,在分蘖盛期时,用测量叶片保卫细胞长度的方法或根尖细胞染色体计数方法确定花粉植株的倍性。

(9)染色体加倍。将单倍性植株从土中挖出,洗去泥土,将分蘖节及根部浸入含有 1.5% 二甲基亚砜的 0.04% 秋水仙碱溶液中,于 15 ℃下处理 8 h,然后洗净药液,栽回土壤中,即可获得结实的加倍单倍体植株。

5) 思考与分析

(1)小麦花粉粒单核中晚期时,幼穗有何特点?

(2)如何才能保证花药剥离的完整性,并降低其接种的污染率?

实训 4.3 花粉培养

1) 目的要求

(1)掌握花粉培养工艺流程操作。

(2)学会花粉预处理的方法。

(3)学会花粉的分离技术。

(4)学会利用血细胞计数板统计小孢子密度。

2) 基本内容

本实验以油菜花花粉为材料进行花粉培养,首先采集花药并进行消毒,之后对花药进行预处理并进行花粉分离,然后将其接种在诱导培养基上进行培养,等得到愈伤组织之后再进行分化培养。

3) 材料与用具

超净工作台、高压灭菌器、冰箱、生化培养箱、酸度计、电炉、光学显微镜、剪刀、长镊子、解剖针、培养皿、载玻片、盖玻片、玻璃棒、离心机、血球计数板、移液管、滤纸、纱布、油菜的花蕾、各种 MS 母液、激素母液(2,4-D、NAA、ZT)、蔗糖、琼脂、5%次氯酸钠、0.5%醋酸洋红、70%酒精、蒸馏水、无菌水、0.1 mol/L NaOH、0.1 mol/L HCl。

4) 操作步骤

(1)培养基配制与灭菌。分别配制以下培养基并灭菌:

①预处理培养基:MS+2,4-D 0.2 mg/L+ZT 0.5 mg/L+琼脂 6 g/L+蔗糖 20 g/L。

②诱导培养基:KM+2,4-D 0.2 mg/L+ZT 0.5 mg/L+NAA 1 mg/L+葡萄糖 6.5%+琼脂6 g/L。

③分化培养基:MS+琼脂 8 g/L+蔗糖 20 g/L。

(2)花药采集。从盛花期的油菜植株上选取花粉发育处于单核期的花蕾,先用70%酒精浸泡 30 s,再用 6.5%次氯酸钠溶液消毒 15 min,最后用无菌水冲洗 3~4 次。一般情况下,单核靠边期油菜花蕾的外形特征是:花蕾长 2~4 mm,花药淡绿色,呈透明状。

(3)预处理。在超净工作台上从花蕾中小心剥出花药,接种于预处理培养基上,每个培养皿接种花药 2~4 个。将接种的花药先在 4 ℃ 下低温预处理 3 d，然后在 36 ℃ 高温下预处理 3 d。

（4）花粉分离。从经过变温预处理的花药中选取膨大的花药，从中部切开，轻轻挤压花药，使花粉游离于无菌水中。再用血细胞计数板统计小孢子密度，将其密度调节到 $4×10^5$ 个/ml。

（5）诱导培养。将预处理的花药和小孢子游离于无菌水中，在黑暗条件下共培养 7 d，等培养结束后，移出花药，将小孢子转入新鲜的诱导培养基上继续进行暗培养，培养 20 d 后，可以得到大量的愈伤组织。

（6）分化培养。将愈伤组织转接于分化培养基上进行分化培养。先在 4 ℃ 条件下暗培养 5 d，再转至光下培养，即可分化出不定芽。

5）思考与分析

（1）如何提高花粉分离数量？

（2）若花粉密度较低，如何进行花粉密度调整？

实训 4.4　小麦离体胚的培养

1）目的要求

（1）掌握小麦离体胚培养技术。

（2）学会小麦种子胚的剥离方法。

2）基本内容

本实验中以小麦种子胚为外植体进行培养，观察胚发育成完整植株的过程。

3）材料与用具

超净工作台、烧杯、培养皿、剪刀、镊子、解剖刀、光照培养箱、MS 培养基母液、6-BA 母液、琼脂、蔗糖、无菌水、0.1%升汞、70%酒精、成熟小麦种子。

4）操作步骤

（1）培养基配制。配方 MS+BA 0.2 mg/L，提前 3~5 d 按照配方配制，并及时灭菌。

（2）取材。取小麦种子用自来水冲洗干净，在超净工作台上，用70%酒精消毒 1 min，无菌水冲洗 1 次，再用 0.1%升汞消毒 8~10 min，经无菌水冲洗 3~4 次。

（3）接种。在超净工作台上灭菌培养皿内剥离种胚。方法是用镊子夹出种子，用解剖刀将种皮划破，再用另一把镊子轻轻剥去种皮和胚乳，挑出胚，接种在预先配制好的培养基上。

（4）培养。培养温度 25 ℃，暗培养 3~4 d 后转入光下培养，光照强度为 1 500~2 000 lx，光照 12 h/d。观察胚生长情况。

5）思考与分析

（1）对于幼胚，如何做才能剥到完整的胚？

（2）影响幼胚发育的因素有哪些？

项目小结

　　植物生殖器官包括花粉、花药、胚、胚乳及种子。花药培养是器官培养,花粉培养是细胞培养,两者的培养目的相同并各具特点。花药培养时,采用压片镜检的方法,确定花粉发育时期,在花药培养前后,采用高低温和药剂处理,可提高花粉的存活率和绿苗产量。花药培养方式可分为琼脂固体法和液体培养法两种方法,花药培养体系可通过污染率、褐化率、出愈率、诱导率和绿苗分化率进行评价。

　　花粉培养时,采用自然散落法和机械挤压法分离花粉,花粉培养的方式分为平板培养法、看护培养法、条件培养法和微室培养法。通过花粉或花药培养获得的单倍体植物,只含有一套染色体,通过秋水仙素等方法处理获得多倍体植株,与常规育种技术相结合,可应用于作物育种、物种进化研究、遗传分析、分子生物学及作物基因克隆筛选等方面。

　　植物胚胎培养是指对植物的胚进行离体培养,使其发育成完整植株的技术。离体胚培养可分为成熟胚和幼胚培养。

 复习思考题

1.花药培养与花粉培养有何异同?

2.花粉培养时选择什么发育时期的花药? 为什么?

3.如何利用花粉和花药培养?

4.简述植物单倍体育种的发展前景。

5.花药预处理的方法有哪些?

项目 5

植物细胞培养

📖【项目描述】
● 阐述植物细胞培养的类型、方法、影响因子,以及悬浮培养在次生物生产上的应用。

📖【学习目标】
● 了解细胞悬浮培养、单细胞培养的基本方法与过程。
● 了解细胞培养的应用范围。

📖【能力目标】
● 能进行细胞的悬浮培养操作以及相关参数的测定。
● 能进行单细胞的分离操作。
● 了解细胞固定化培养技术。

任务 5.1 植物细胞悬浮培养

细胞悬浮培养是指植物的细胞和细胞小聚体在液体培养基中进行培养,使之在体外繁殖、生长、发育,并在培养过程中能保持很好的分散性的技术,这些细胞和细胞小聚体可来自愈伤组织、某个器官或组织,甚至幼嫩的植株。

5.1.1 单细胞的分离

植物细胞悬浮培养首先要从植物组织或离体培养的愈伤组织中游离出单细胞,游离植物单细胞的方法主要有以下几种:

1) 从培养愈伤组织中游离单细胞

大多数植物细胞悬浮培养中的单细胞都是通过这一途径获得的。分离单细胞时,首先要将经过表面灭菌的植物器官或组织上切下的组织,置于含有适当激素的培养基上诱导出的愈伤组织。

一般情况下,从愈伤组织上最初诱导出的愈伤组织质地较硬,不易建立分散的细胞悬浮体系。为了获得高度分散的悬浮单细胞,一般将新诱导出愈伤组织转移到成分相同的新鲜固体培养基上继续培养,通过在培养基上反复继代,不但可使愈伤组织不断增殖,扩大数量,更重要的是能提高愈伤组织松散性。这一过程对大多数植物通过愈伤组织获得悬浮细胞是非常必要的。经过愈伤组织诱导、继代获得松散性良好的愈伤组织,就可制备细胞悬浮液。其程序如图 5.1 所示。

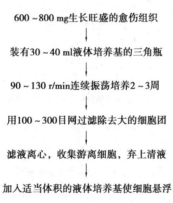

600~800 mg生长旺盛的愈伤组织
↓
装有30~40 ml液体培养基的三角瓶
↓
90~130 r/min连续振荡培养2~3周
↓
用100~300目网过滤除去大的细胞团
↓
滤液离心,收集游离细胞,弃上清液
↓
加入适当体积的液体培养基使细胞悬浮

图 5.1 从培养的愈伤组织中游离单细胞的程序

2) 从完整植物器官中分离单细胞

(1) 机械研磨法

这种方法是将植物组织取下后,经常规灭菌,于无菌条件下,在无菌研钵中轻轻研碎,再通过过滤和离心方法把细胞净化。研磨法分离单细胞时,必须在研磨介质中进行,研磨介质主要是一些糖类物质缓冲液和对细胞膜有保护作用的金属离子等,如甘露醇、葡萄糖、Tris-

HCl 缓冲液、$MgCl_2$、$CaCl_2$ 等。不同的研究使用的研磨介质有一定的差异,但主要功能一样,都是使细胞在游离过程中和游离出来以后不受到或者少受到伤害。研磨法是机械分离中应用最广的一种方法,其程序如图 5.2 所示。

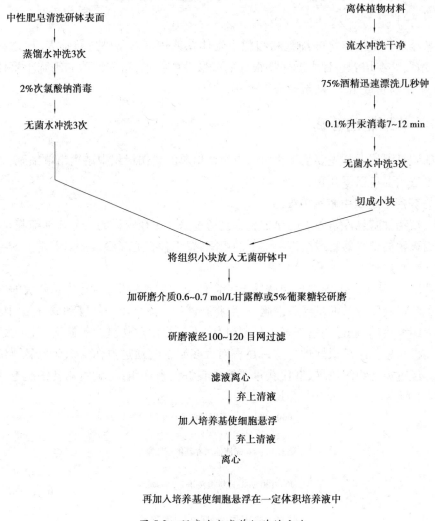

图 5.2　研磨法分离单细胞的方法

（2）果胶酶分离法

利用果胶酶降解细胞壁之间的果胶质可使单细胞游离。用于分离细胞的离析酶不仅可以降解果胶层,而且还能软化细胞壁。因此,用酶法离析细胞时,必须给细胞予以渗透压保护。在烟草细胞分离中,若甘露醇的浓度低于 0.3 mol/L,烟草原生质体将会在细胞壁内崩解。在离析液中加入硫酸葡聚糖钾,能提高游离细胞的产量。果胶酶分离法过程如图 5.3 所示。

与机械分离法相比,酶法分离植物细胞具有一次分离数量多、速度快的特点,但其缺点是酶解时间过长,对游离细胞可能产生伤害。为减少伤害,可在酶解时每 30 min 更换一次酶液,第一次收集的细胞弃去,以后每 30 min 收集一次,及时用培养基洗涤细胞,并悬浮在培养基培养中。另外,对于一些植物的叶片,如小麦、玉米等单子叶植物的叶片,由于其叶肉细胞的结构特点,很难通过酶解法使细胞分离,最好通过愈伤组织分离细胞。

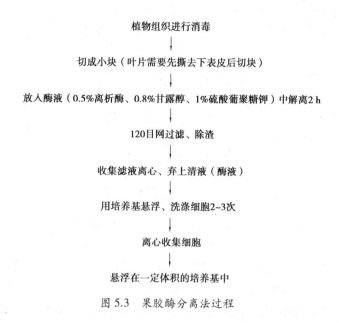

图 5.3 果胶酶分离法过程

5.1.2 细胞悬浮培养方法

细胞悬浮培养的方法有两种类型,即分批培养和连续培养。

1) 分批培养

分批培养是指把细胞分散在一定容积的培养基中进行培养,目的是建立单细胞培养物。在培养过程中除了气体和挥发性代谢产物可以同外界空气交换外,一切都是密闭的,当培养基中的主要营养物质耗尽时,细胞的分裂和生长即停止。分批培养所用的容器一般是 100~250 ml 三角瓶,每瓶中装有 20~75 ml 培养基。为了使分批培养的细胞能不断增殖,必须进行继代,方法是取出培养瓶中一小部分悬浮液,转移到成分相同的新鲜培养基中(大约稀释 5 倍)。

在分批培养中,细胞数目增长的变化情况表现为一条 S 形曲线(图 5.4)。其中,一开始是滞后期,细胞很少分裂,接着是对数生长期,细胞分裂活跃,数目迅速增加。经过 3~4 个细胞世代之后,由于培养基中某些营养物质已经耗尽,或是由于有毒代谢产物的积累,增长逐渐缓慢,最后进入静止期,增长完全停止。滞后期的长短,主要取决于在继代时原种培养细胞所处的生长期和转入细胞数量的多少。如果缩短两次继代的时间间隔,例如,每 2~3 d 即继代一次,则可使悬浮培养的细胞一直保持对数生长。如果处在静止期的细胞悬浮液保存时间太长,则会引起细胞的大量死亡和解体。因此,十分重要的一点是,当细胞悬浮液达到最大干重产量之后,须尽快进行继代。据报道,加入条件培养基(即在其中曾培养过一段时间植物组织的培养基)可以显著缩短滞后期的长度。在分批培养中细胞繁殖一代所需的最短时间,也就是对数生长期中细胞数目加倍所需的时间,因组织的不同而异,烟草 48 h、假挪威槭 40 h、蔷薇 36 h、菜豆 24 h。一般来讲,这些时间都长于在整体植株上分生组织中细胞数目加倍所需的时间。

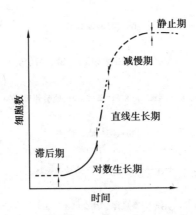

图 5.4　在分批培养中每单位容积悬浮培养
液内的细胞数与培养时间关系的示意图

在对悬浮培养细胞进行继代时可使用吸管或注射器,但其进液口的孔径必须小到只能通过单细胞和小细胞团(2~4 个细胞),而不能通过大的细胞聚集体。继代前应先使三角瓶静置数秒,以便让大的细胞团沉降下去,然后再由上层吸取悬浮液。如果每次继代都依这个办法操作,就有可能建立起理想的细胞悬浮培养物。应注意,即使在分散程度最好的悬浮液中也存在着细胞团,只含有游离单细胞的悬浮液是没有的。一般来说,如果培养基的成分和继代方法选用得当,总有可能提高细胞的分散程度。已知加入 2,4-D、少量水解酶(如纤维素酶和果胶酶),或加入酵母浸出液一类的物质,都能促进细胞的分散。

由于内在的缺点,分批培养对于细胞的生长和代谢并不是一种理想的培养方式。在分批培养中,细胞生长和代谢方式以及培养基的成分不断改变。虽然在短暂的对数生长期内,细胞数目加倍的时间可保持恒定,但细胞没有一个稳态生长期。因此,相对于细胞数目的代谢物和酶的浓度也就不能保持恒定。这些问题在某种程度上可通过连续培养加以解决。

2)连续培养

连续培养是利用特制的培养容器进行大规模细胞培养的一种培养方式。在连续培养中,由于不断注入新鲜培养基,排掉用过的培养基,故在培养物的容积保持恒定的情况下,培养液中的营养物质能够不断得到补充。

连续培养有封闭型和开放型之分。

(1)封闭型连续培养

在封闭型中,排出的旧培养基由加入的新培养基进行补充,进出数量保持平衡。排出液中的悬浮细胞经机械方法收集起来之后,又被放回到培养系统中。因此,在"封闭型连续培养"中,随着培养时间的延长,细胞数目不断增加。

(2)开放型连续培养

在"开放型连续培养"中,注入的新鲜培养液的容积与流出的原有培养液及其中细胞的容积相等,并通过调节流入与流出的速度,使培养物的生长速度保持在一个接近最高值的恒定水平上。

开放型培养又可分为两种主要方式:一是化学恒定式;二是浊度恒定式。

①化学恒定式培养。以固定速度注入的新鲜培养基内的某种特定营养成分(如氮、磷或葡萄糖)的浓度被调节成为一种生长限制浓度,从而使细胞的增殖保持在稳定态之中。在培

养基中,除生长限制成分以外的所有其他成分的浓度,皆高于维持所要求的细胞生长速率的需要,而生长限制成分的任何增减都可由相应的细胞增长速率的变化反映出来。

②浊度恒定培养。新鲜培养基是间断注入的,受由细胞密度增长所引起的培养液混浊度的增加所控制。可以预先选定一种细胞密度,当超过这个密度时使细胞随培养液一起排出,因此就能保持细胞密度的恒定。如图 5.5 所示。

连续培养是植物细胞培养技术中的一项重要进展,对于植物细胞代谢调节的研究,对于决定各个生长限制因子对细胞生长的影响,以及对于次生物质的大量生产等,都有一定意义。

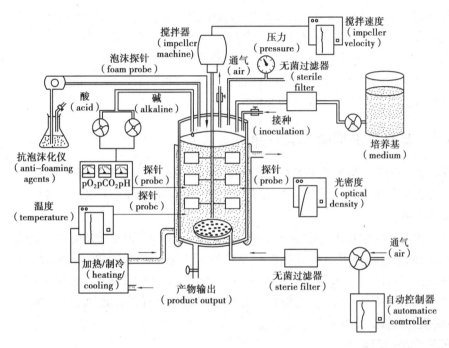

图 5.5　生物反应器的设计

5.1.3　细胞悬浮培养的培养基

植物悬浮培养常用的基本培养基有 MS、B_5、NT、TR、VR、SS、SCN、SLCC 等。要根据不同种类的培养细胞及培养目的,选择适当的碳源、氮源以及其他添加物,如生长素、椰乳(5%～10%)、酵母抽提物(0.01%～0.1%)、麦芽提取物(0.01%～0.1%)等。利用愈伤组织制备的悬浮细胞在培养时,应选择除去琼脂的原愈伤组织继代培养基。

氮源对悬浮细胞的培养有重要的影响,尤其是在次生物质的生产中,含氮化合物的浓度和种类对次生物质的形成有很大的影响。如当培养基中硝酸盐和尿素的浓度增加时,假挪威碱培养细胞中酚类化合物的累积降低(Westcott 等,1976)。相反,紫草愈伤组织中紫草宁衍生物的含量则随着培养基中总氮量的增加而增加 (Mizuami 等,1977)。降低培养基中 NH_4NO_3 含量和增加 KNO_3 数量,会使日本莨菪细胞培养中血纤维蛋白溶液抑制剂的形成急剧增加,而生长则只受到很小的影响。

在活跃生长的悬浮培养物中,无机磷酸盐的消耗很快,不久就变成了一个限制因子。Noguchi 等人(1977)证明,若把烟草悬浮培养物保存在一种含有标准的 MS 无机盐的培养基中,培养起始后的 3 d 之内磷酸盐的浓度就几乎下降到零。即使把培养基中磷酸盐的浓度提高到原来水平的 3 倍,5 d 之内也会被细胞全部用光。因此,为了进行高等植物的细胞悬浮培养,特别设计了 B_5 和 ER 两种培养基,但一般来说,这两种培养基以及其他一些合成培养基,也只有当细胞的初始群体密度约为 $5×10^4$ 个细胞/ml 或更高时才是适用的。当细胞密度较低时,在培养基中还须加入各种其他成分。

植物细胞培养多采用蔗糖、葡萄糖和果糖作为碳源。葡萄糖和果糖可以直接被细胞吸收利用,而蔗糖或其他多糖一般在灭菌或培养过程中会降解成为单糖而被细胞利用。

生长物质的浓度和种类,对培养细胞的生长、分化、分散度和次生物质的产量都有极大的影响。因此,对于生长物质,特别是生长素和细胞分裂素的比例需要进行一些调节。以烟草为例,根据 Reynolds 和 Murashige(1979)的建议,2,4-D 的浓度应由 0.3 mg/L 提高到 2 mg/L,此外还须补加另外几种维生素和水解酪蛋白。

5.1.4 悬浮培养细胞生长计量

对于任何一个建立的细胞系都应进行动态测定,以掌握其生长的基本规律,为继代培养或其他研究提供依据。在悬浮培养中,细胞的增长一般可用以下方法进行计量:

1) 细胞计数

细胞的数目是细胞悬浮培养中不可缺少的生长参数。由于悬浮培养的细胞并不全呈游离单细胞,因而通过从培养瓶中直接取样很难进行可靠的细胞计数。如果先用铬酸(5% ~ 8%)或果胶酶(0.25%)对细胞团进行处理,使其分散,则可提高细胞计数的准确性。大多数细胞悬浮液可用铬酸在 20 ℃ 下离析 6 h,也可通过提高铬酸的浓度和处理的温度来加速离析,用血细胞计数板进行计数。

2) 细胞大小的测定

培养细胞的大小一般用显微测微计法测定。显微测微计有镜台测微计和接目测微计两个部件,后者是一块可放在目镜内的圆形玻璃片,其中央刻有 50 等份或 100 等份的小格,每小格的长度随目镜、物镜放大倍数的大小而变动。因此,必须先以镜台测微计(每格的长度为 10 μm)来校准并计算出在某一物镜下接目测微计每小格的长度,然后才可用接目测微计测量被测对象的长度和宽度。

这种方法还可以用于测定植物原生质体、小孢子及组织切片中细胞的大小。

3) 细胞体积的测定

细胞体积(细胞密实体积,PCV)可用离心法使细胞沉淀后进行测定。其操作方法是先将一定量(一般为 10 ml)的细胞悬浮液放入 15 ml 刻度离心管中于 2 000 g 离心 5 min,在离心管上可得到细胞沉淀的体积,然后将此换算成以每毫升细胞悬浮液中细胞的体积(ml)来表示。

4) 细胞的鲜重和干重的测定

测定鲜重时,将一定量的细胞悬浮液加到预先称重的尼龙布上,用水冲洗并抽滤除去细胞黏附的多余水滴,然后称重。测量干重时,将离心收集的细胞转移到预先称重定量的滤纸片上,然后在 60 ℃ 下烘 12 h,在干燥器中冷却后称重。细胞的鲜重或干重,一般以每毫升悬浮培养物的重量表示。

5) 有丝分裂指数的测定

在一个细胞群体中,处于有丝分裂的细胞占总细胞的百分数称为有丝分裂指数。指数越高,说明分裂进行的速度越快,反之则越慢。有丝分裂指数只反映群体中每个细胞用于分裂所需要时间的平均值。在愈伤组织生长的早期以及活跃分裂的悬浮培养物中,分裂指数还反映了细胞分裂的同步化程度。一个迅速生长的细胞群体的有丝分裂指数为 3% ~ 5%。

测定有丝分裂指数的方法简单。对于愈伤组织,一般采用孚尔根染色法,先将组织用 1 mol/L HCl 在 60 ℃ 水解后染色,然后在载玻片上按常规方法做镜检,随机检查 500 个细胞,统计其中处于分裂间期及处于有丝分裂各个时期的细胞数目,计算出分裂指数。悬浮培养细胞先应离心、固定,然后将细胞吸于载玻片上染色、镜检。至少检查 500 个细胞,随后计算出分裂指数。

5.1.5 悬浮培养细胞同步化

培养的植物细胞在大小、形态、核的体积和 DNA 含量以及细胞周期的时间等方面,都有很大的变化,这种变化使得研究细胞分裂、代谢、生化及遗传问题复杂化。因此,人们试图采用一些同步化方法使悬浮培养的细胞分裂趋于高度一致性。悬浮细胞的同步培养是指在培养中,通过一定的方法使得大多数细胞都能同时通过细胞周期所有的各个阶段(G_1、S、G_2 和 M)。

在一般情况下,悬浮培养细胞都是不同步的。要使非同步培养物实现同步化,就要改变细胞周期中各个事件的频率分布。通常,人们用有丝分裂指数来计量同步化程度,但 King 和 Street(1977)及 King(1980)强调指出,同步化程度不应只由有丝分裂指数来确定,而应根据若干彼此独立的参数来确定。这些参数包括:

①在某一时刻处于细胞周期某一点上的细胞百分数。

②在一个短暂的具体时间内通过细胞周期中某一点的细胞的百分数。

③全部细胞通过细胞周期中某一点所需的总时间占细胞周期时间长度的百分数。

这里介绍几种用于实现悬浮培养细胞同步化的方法。

1) 物理方法

(1) 体积选择法

培养的植物细胞在形态和大小上是不规则的,并常聚集成团,这些差异使根据植物细胞的体积进行选择十分困难,但是根据细胞聚集的大小来选择是可行的。Fujimura 等(1979)在胡萝卜细胞悬浮培养中,将悬浮细胞在附加 0.5 μmol/L 2,4-D 的培养基中继代培养 7 d 后,先经过 47 μm 的尼龙网除去大的细胞聚集体,再经过 31 μm 网过滤收集网上的细胞和细胞团,用等体积的液体培养基悬浮,然后将 1 ml 悬浮液加入到含有 10% ~ 18% 的 Ficoll 不连续密度梯度(含 2% 蔗糖)的离心管中,于 180 g 离心 5 min,分别收集不同层次的细胞到各离心管中,加入 10 ml 培养液离心收集细胞,并用培养基洗涤 3 次,除去悬浮液中的 Ficoll。通过这种方法分离的细胞是匀质的,转移到诱导培养基上 4 ~ 5 d 即可产生同步胚胎发生,同步化达到 90%。

（2）冷处理法

温度刺激能提高培养细胞的同步化程度。在胡萝卜细胞悬浮培养中，Okamura 等（1973）使用冷处理和营养饥饿相结合的方法使细胞同步化。首先将培养悬浮细胞在摇床上于 27 ℃ 培养至静止期，继续培养 40 h，然后在 4 ℃ 下冷处理 3 d，再加入 10 倍体积的经 27 ℃ 温育的新鲜培养基，在 27 ℃ 下培养 24 d，重复冷处理 3 d，之后在 27 ℃ 下培养，经 2 d 后细胞有丝分裂频率的数目增加。

2）化学方法

（1）饥饿法

悬浮培养细胞中，如断绝供应一种细胞分裂所必需的营养成分或激素，使细胞停止在 G_1 期或 G_2 期，经过一段时间的饥饿处理之后，当在培养基中重新加入这种限制因子时，静止细胞就会同步进入分裂。在长春花细胞培养中，先使细胞受到磷酸盐饥饿 4 d，然后再把它转入到含有磷酸盐的培养基中，结果获得了同步性。另一些实验证明，生长调节剂的饥饿也能使细胞分裂同步化。在烟草中，若把静止期的细胞移入新培养基中（2,4-D 和 KT 迟加 24～72 h），短时间里有丝分裂指数可提高 7%。在培养海藻细胞时，通过氮、磷同时饥饿处理 50 h，使 50% 的细胞处于 G_1 期，解除饥饿后，细胞立即进入 S 期，恢复细胞生长并进入同步化。

（2）抑制法

抑制法是使用 DNA 合成抑制剂 5-氨基尿嘧啶、5-氟脱氧尿苷、羟基脲、过量的胸腺嘧啶核苷等，使细胞同步化。当细胞受到这些化学药剂处理后，能暂时阻止细胞周期的进程，使细胞积累在某一特定时期（G_1 期和 S 期的边界上），一旦抑制得到解除，细胞就会同步进入下一个阶段。5-氟脱氧尿苷已用于大豆、烟草、番茄等是悬浮培养细胞的同步化试验，处理时间为 12～24 h，浓度 2 μg/ml。

（3）有丝分裂阻抑法

有丝分裂阻抑法是指在细胞悬浮培养时，加入抑制有丝分裂中期纺锤体形成的物质，使细胞分裂阻止在有丝分裂中期，以达到同步化培养的方法。在各种纺锤体阻抑物中，秋水仙碱是使细胞停留在中期的最有效的抑制剂。在指数生长的悬浮培养物中加入 0.02% 的秋水仙碱（过滤灭菌），4 h 后，玉米悬浮培养物有丝分裂指数提高，经 10～12 h 达到一高峰。该法简单，但要避免秋水仙碱处理时间过长，因为它能使不正常有丝分裂的频率增高，一般处理时间以 4～6 h 为宜。

应该指出的是，在植物细胞悬浮培养中，要达到高度的同步化是比较困难的，其主要是由于活跃分裂细胞的百分数较低，而且在悬浮培养液中细胞有聚集的趋势，经常采用指数生长的培养物继代培养可减少这些因子的影响。

5.1.6 细胞活力测定

1）醋酸酯-荧光素染色法

该方法是用醋酸酯-荧光素（FDA）对悬浮细胞进行活体染色。FDA 本身无荧光、无极性，可自由通过细胞质膜进入细胞内部，进入后由于受到细胞内酯酶的分解，而产生有荧光的极性物质荧光素，荧光素不能自由出入细胞质膜而留在细胞中。若在荧光显微镜下观察到产生荧光的细胞，表明是有活力的，反之则是无活性。

醋酸酯-荧光素染色法的具体操作:取 0.5 ml 细胞悬浮液,加入 10 mm×100 mm 的小试管中,加入 FDA 溶液,使其终浓度达到 0.01%,混匀,在室温下作用 5 min,然后用荧光显微镜观察。统计 5 个视野,计数活细胞数,求算活细胞率。

2) 死细胞着色法

一些染料(如酚藏红花、伊万斯蓝、洋红、甲基蓝等)也可用于悬浮细胞活力的测定。活细胞原生质体有选择吸收外界物质的特性,用这些染料处理时,活细胞不吸收染料而不着色,死细胞则可以着色,统计未染上色的细胞,就可以计算活细胞率。这种方法也可用作醋酸酯-荧光素染色法的互补法。

酚藏红花染色测定方法的具体操作:测定时先配制 0.1%酚藏红花溶液,溶剂为培养液。然后将悬浮细胞滴一滴在载玻片上,后滴一滴 0.1%酚藏红花溶液与其混合,盖上盖玻片。染料与细胞混合后,很快就可在普通显微镜下观察,会发现死细胞均染成红色,而活细胞不能被酚藏红花染色。

3) 双重染色法

为了更精确地测定细胞活力,还可采用双重染色法,即将细胞悬浮液和 FDA 溶液先在载玻片上混合,再用酚藏红花水溶液或其他染料作染色剂,滴一滴于载玻片上与细胞悬浮液和 FDA 溶液混合,盖上盖玻片,于显微镜下检查,若无色、发荧光的则为活细胞,若呈现红色且不发光则为死细胞。

任务 5.2 植物单细胞培养

植物单细胞培养是指从植物器官、愈伤组织或细胞悬浮培养液中游离出单个细胞,于无菌条件下进行体外培养,使其繁殖、生长、发育的一门技术。

5.2.1 单细胞培养方法

1) 看护培养

这个方法最初是由 Muir 等人(1954)设计的,当时是为了从烟草和金盏花细胞悬浮液和易散碎的愈伤组织中取单细胞进行培养[图 5.6(a)]。这个方法的主要特点是把单个细胞置于一块活跃生长的愈伤组织上进行培养,在愈伤组织和培养的细胞之间,有一片滤纸相隔。具体做法是在培养前数天,先把一块 8 mm 见方的无菌滤纸,在无菌条件下置于一块早已长成的愈伤组织上,滤纸逐渐被下面的看护组织块所湿润。借助微型移液管或微型刮刀,由细胞悬浮液中或由易散碎的愈伤组织上分离得到单细胞。将分离出来的单细胞置于湿滤纸的表面。当这个培养的细胞长出了微小的细胞团之后,将它转至琼脂培养基上,以便进一步促进它的生长。愈伤组织和所要培养的细胞可以是同一个物种,也可以是不同的物种。

一个直接接种在愈伤组织培养基上一般不能分裂的离体细胞,在看护愈伤组织的影响下则可能发生分裂。由此可见,看护愈伤组织不仅给这个细胞提供了培养基中的营养成分,而且还提供了能促进细胞分裂的其他物质。这种细胞分裂因素可通过滤纸而扩散。

愈伤组织刺激离体细胞分裂的效应,还可通过另一种方式来证实:把两块愈伤组织置于

琼脂培养基上,在它们的周围接种若干个单个细胞,结果可以看到,首先发生分裂的都是靠近这两块愈伤组织的细胞[图5.6(b)]。条件培养基[图5.6(c)]有助于在低密度下进行的单细胞培养的成功,也说明了活跃生长的愈伤组织所释放的代谢产物对于促进细胞分裂是十分必要的。

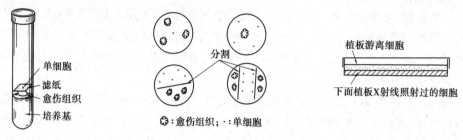

(a) 用滤纸相隔的看护培养　　(b) 平板培养,愈伤组织看护单细胞培养　　(c) 条件培养基培养单细胞

图 5.6　看护培养的各种方法

2) 平板培养

最常用的单细胞培养法是 Bersmann 的平板培养法(图 5.7)。具体做法是:先将含有游离细胞和细胞团的悬浮培养物过滤,弃去大的细胞团,只留下游离细胞和小细胞团。进行细胞计数,根据细胞的实际密度,或加入液体培养基进行稀释,或是通过低速离心使细胞沉降后,再加入液体培养基进行浓缩,以使悬浮培养液中细胞密度达到最终所要求的植板细胞密度的2倍。将与上述液体培养基成分相同但加入了 0.6%~1% 琼脂的培养基加热,使其融化,然后冷却到35 ℃,置于恒温水浴中保持温度不变。将这种培养基和上述细胞悬浮培养液等量混合,迅速注入并使之铺展在培养皿中。在这个过程中要做到:当培养基凝固之后,细胞能均匀分布并固定在很薄一层(约 1 mm 厚)培养基中。然后用封口膜把培养皿封严。

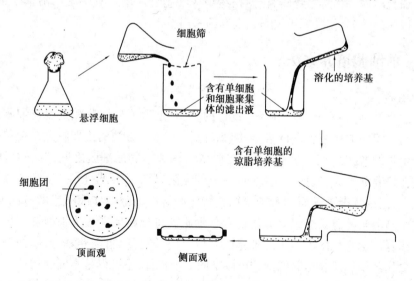

图 5.7　Bergmann 细胞平板培养法分步图解

置培养皿于倒置显微镜下观察,对其中的各个单细胞,在培养皿外的相应位置上用细记号笔做上标记,以保证以后能分离出纯单细胞无性系。最后将培养皿置于 25 ℃ 下,在黑暗中培养。若在培养期间频繁地在光下对培养物进行显微镜检,对细胞团的生长将会产生有害作

用,因此镜检的次数越少越好。

用平板法培养单细胞时,常以植板率来表示能长出细胞团的细胞占接种细胞总数的百分数。植板率的计算公式如下:

$$植板率 = \frac{每个平板上形成的细胞团数}{每个平板上接种的细胞总数} \times 100\% \tag{5.1}$$

其中每个平板上接种的细胞总数,等于铺板时加入的细胞悬浮液的容积与每单位容积悬浮液中的细胞数的乘积。每个平板上形成的细胞团数,则须在实验末期直接测定。

如果在琼脂培养基或液体培养基中,植板细胞的初始密度是 1×10^4 或 1×10^5 个细胞/ml,植板后由相邻细胞形成的细胞群落常常混在一起。由于这种现象出现得很早,不可能在此之前进行分植或稀释,因而给分离纯单细胞无性系的工作带来很大困难。若能把植板细胞密度减小,或能在完全孤立的情况下培养单个细胞,这个问题则可减轻。但是,就像在悬浮培养中一样,在正常条件下,每个物种都有一个最适的植板密度,同时也有一个临界密度。当低于这个临界密度时,细胞就不能分裂。因此,为了在低密度下进行细胞培养,或是培养完全孤立的单个细胞,必须采用一些特殊的方法。

3) 微室培养法

这个方法是由 Jones 等人(1960)设计的(图 5.8),其中用条件培养基代替了看护组织,将细胞置于微室中进行培养。这个方法的主要优点是在培养过程中可以连续进行显微观察,把一个细胞的生长、分裂和形成细胞团的全部过程记录下来。具体做法是:先由悬浮培养物中取出一滴只含有一个单细胞的培养液,置于一张无菌载片上,在这滴培养液的四周与之隔一定距离加上一圈石蜡油,构成微室的"围墙",在"围墙"左右两侧再各加一滴石蜡油,每滴之上置一张盖片作为微室的"支柱",然后将第三张盖片架在两个"支柱"之间,构成微室的"屋顶",于是那滴含有单细胞的培养液就被覆盖于微室之中。构成"围墙"的石蜡油能阻止微室中水分的丢失,但不妨碍气体的交换。最后把上面筑有微室的整张载片置于培养皿中进行培养。当细胞团长到一定大小以后,揭掉盖片,把组织转到新鲜的液体或半固体培养基上培养。

证明,应用微室培养法,可以由一个离体的烟草单细胞开始获得一个完整的开花植株。

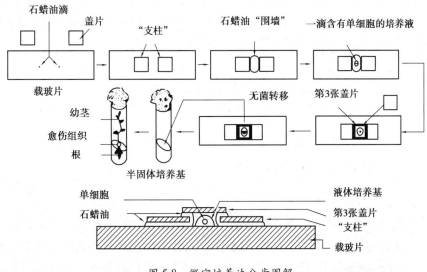

图 5.8 微室培养法分步图解

5.2.2 单细胞培养的影响因素

1)条件培养基的作用

看护培养技术表明,用作看护的愈伤组织不仅向滤纸上面的细胞提供了培养基中的养分,而且还提供了能诱导细胞分裂的特殊物质。在细胞悬浮培养时,如果在培养基中加入这些代谢产物(或在其中曾培养过一段时间植物组织的培养基),细胞悬浮培养的最低有效密度就会大大降低,这就是条件培养基。如果培养细胞起始密度高时,培养基成分就可简单些,密度低时,培养基成分就应复杂些。若在培养中加入一些天然提取物或设计营养丰富的"合成条件培养基",则可以有效地取代影响细胞分裂的这种群体效应。

2)细胞密度

研究表明,单细胞培养要求植板的细胞达到或超过临界密度,才能促进其分裂和发育。细胞能够合成某些分裂所必需的化合物。只有当这些化合物的内生浓度达到一个临界值以后,细胞才能进行分裂。而且,细胞在培养中会不断地把这些化合物散布到培养基中,直到这些化合物在细胞和培养基之间达到平衡时,这种散布过程方才停止。结果是:当细胞密度较高时,达到平衡的时间比细胞密度较低时要早得多。当细胞密度处于临界密度以下时,永远达不到这种平衡状态,因此细胞也就不能分裂。然而,使用含有这些必需代谢产物的条件培养基,则能在相当低的细胞密度下使细胞发生分裂。当细胞的植板密度较高时(10^4 或 10^5 细胞/ml),使用和在悬浮培养中或愈伤组织培养中成分相似的纯合成培养基即可成功。随着植板细胞密度的减小,细胞对培养基的要求就变得越加复杂。

3)生长激素

在单细胞培养中,补充生长激素是非常重要的,它可以大大地提高植板率。如在低密度培养中,旋花细胞必须加入细胞分裂素和一些氨基酸,才能开始细胞生长和分裂。

4)挥发性物质的影响

某些不稳定的产物(在水溶液中迅速分解的产物或易挥发的产物)对于起始细胞的分裂是必需的。实验表明,CO_2 浓度是影响单细胞培养效应的一个因素,而且人为地提高培养容器中 CO_2 浓度到1%,可促进细胞分裂与分化,CO_2 浓度超过2%则起到抑制作用。如同时用低浓度乙烯(2.5 $\mu l/L$),对细胞生长的促进作用更明显。

任务 5.3 细胞固定化培养

5.3.1 细胞固定化培养概念及特点

1)细胞固定化培养的概念

细胞固定化培养技术是将植物悬浮细胞包埋在多糖或多聚化合物(如聚丙烯)网状支持物中进行无菌培养的技术。由于细胞处于静止状态,促使细胞以多细胞状态或局部组织状态一起生长,所建立的物理和化学因子就能对细胞提供一种最接近细胞体内环境的环境。固定化是植物细胞培养方法中一种最为接近自然状态的培养方法。

2) 细胞固定化培养的特点

(1) 固定化培养的细胞生长缓慢

当细胞被固定在一种惰性基质上面或里面时,与在悬浮液培养基中的细胞相比,细胞以较慢的速度生长并产生较多的次生代谢产物。有证据表明,细胞生长速度和次生代谢物积累之间存在着负相关性,因此,固定化细胞的缓慢生长有利于次生代谢物的高产。

(2) 细胞的组织化水平高

人工聚集(固定化)不仅使培养细胞的生长速度减慢,而且细胞与细胞之间的紧密接触提高了细胞的组织化水平,使其越接近于整体植株的水平,从而使培养细胞以与整体植株相同的方式对环境因子的刺激起反应,这更有利于次生代谢物的产生和积累。如 Lindsey(1983)发现,在生物碱的积累能力上,聚集的或部分组织化的细胞要比生长迅速而松散的细胞高。

(3) 易于次生代谢物的收集

目前植物细胞固定化培养体系大多是一个连续的生产体系,很容易使所要的代谢物从细胞运送到周围的介质里,并能很容易地将此化合物从营养介质里分离出来,而且固定化细胞培养体系使得在收集产物时对细胞不产生伤害。此外,在固定细胞上用化学处理来诱导产物的释放是相当容易进行的,这可以应用到在那些天然情况下不向外释放产物的细胞上。这一点对把次生代谢物的产量提高到最大限度是很重要的,因为它消除了反馈抑制作用。

5.3.2 植物细胞的固定化方法

根据固定细胞的介质及原理,可将固定化方法归纳为 3 大类:包埋、吸附和共价结合。其中,以包埋技术为主。

1) 包埋固定

包埋是植物细胞固定的常用技术,是利用高分子物质的截留作用,将植物细胞夹裹在高分子材料中,达到固定植物细胞的技术。用于植物细胞包埋固定的介质较多,包埋介质不同,其包埋方法也各异。下面介绍几种常用的植物细胞包埋固定技术:

(1) 藻酸盐法

藻酸盐包埋固定植物细胞是最常用的植物细胞固定化技术。藻酸盐是由一种葡萄糖醛酸和甘露糖醛组成的多糖,在钙离子和其他多价阳离子的存在下,糖中的羧酸基和多价阳离子之间形成离子键,从而形成藻酸盐胶。用离子复合剂(如磷酸、柠檬酸、EDTA)处理这种凝胶后,能使该胶溶解并从胶中释放出植物细胞。

用藻酸钠小批量固定植物细胞时,先在含少量钙离子的合适介质中制备 5%浓度的藻酸钠溶液,在 120 ℃下灭菌 20 min(灭菌时间不要过长,否则易使凝胶性能变弱)。用离心或过滤方法从悬浮培养物中收集细胞,然后将 2 g 鲜重的细胞和 8 g 藻酸钠溶液在无菌小烧杯中混匀后灌入注射器中。预先在三角瓶中盛有 50~100 ml、50 mmol/L 氯化钙溶液,当注射器中黏性悬滴慢慢滴进钙溶液中后,经磁力搅拌后形成球状小珠。让小珠在该液中停留 30~60 min,以便能使钙离子进入球的中心。小珠的大小可用不同的针头来调节,一般可制成 2~5 mm 直径的小珠。用过滤方法收集小珠,经无菌溶液充分洗涤(如 3%蔗糖溶液)后转到合适的培养基中(培养基至少应含有 5 mmol/L 氯化钙,以保证小珠的完整性)。

（2）甲叉藻聚糖法

藻聚糖在钾离子存在下能形成强力凝胶,它也能像藻酸盐那样固定植物细胞,不同之处是在与细胞混合时必须预先加热熔化以呈液态,要选用低熔点的甲叉藻聚糖（5%浓度时,熔点为30~35 ℃）。少量制备时,先在0.9%氯化钠溶液中制备3%甲叉藻聚糖液,在120 ℃下灭菌20 min。然后将2 g鲜重的细胞悬浮于在35 ℃下熔化的甲叉藻聚糖中,将此混合液滴入含有0.3 mol/L氯化钾的溶液中,可形成小球,并在此溶液中静止30 min。然后,过滤收集小珠,经洗涤后转移到合适的培养基中培养。由于培养基中都含有钾离子,而在钾离子存在时,甲叉藻聚糖基本不溶解,能保证小珠的稳定性。

（3）琼脂糖法

琼脂糖具有稳定性,无须平衡离子的作用,可在任何介质中作凝胶,一般选用凝点较低的琼脂糖。琼脂糖经过化学修饰（如引入羟乙基）之后,可以在较低温度下凝结成胶,即称为低熔点琼脂糖凝胶。用于固定植物细胞的做法是先在培养基中制备3%琼脂糖液,高压灭菌（120 ℃下灭菌20 min）后冷却到35 ℃。将2 g细胞悬浮在8 g琼脂糖中混匀后,制备均匀小珠或圆柱状凝胶。

（4）膜包埋固定

许多膜状结构的物质（醋酸纤维、聚碳酸硅、聚乙烯等）均可用于植物细胞的包埋。当悬浮液中的细胞与这些材料（通常是球形或直径约1 cm的纤维管束）混合时,细胞就迅速结合到网中并生长于网孔中,从而通过物理束缚或基质材料的吸附作用被固定。纤维膜具有渗透性,培养液中的营养物质及次生产物前体可通过纤维膜渗透到网孔的培养细胞中。这种植物细胞固定化方法比较简单,纤维膜通过清洗还可再次利用,因此是近年来应用较广的一种固定化方法。

2）吸附固定

吸附固定是利用细胞与载体间非特异性物理吸附或生物物质的特异吸附作用,将植物细胞吸附到固体支撑物上的一种植物细胞固定化方法。

3）共价结合

共价结合是将植物细胞与固体载体通过共价键结合进行细胞固定化的技术。首先利用化学方法将载体活化,再与植物细胞上的某些基团反应,形成共价键,将细胞结合到载体上。

5.3.3　植物固定化细胞反应器

细胞的固定化培养是在固定化细胞反应器中进行的,目前,植物细胞固定化培养常用的细胞反应器种类较多。

1）填充床反应器

填充床反应器是一种常用的固定化细胞反应器［图5.9（a）］。在此反应器中,植物细胞被固定在支持物的表面或内部,支持物可为藻酸钙、甲叉藻聚糖、琼脂糖等,与培养细胞制备成小球珠颗粒,支持物颗粒堆积成床,培养基在床间流动。该反应器的特点是填充床中单位体积中细胞数较多,但由于颗粒间的挤压,常易造成颗粒破碎使填充床堵塞,同时由于混合不匀,床内氧传递速率低。

2) 流化床反应器

流化床反应器是利用流质的能量使支持物颗粒处于悬浮状态的植物细胞固定化培养技术[图5.9(b)]。这一技术的特点是甲叉藻聚糖混合效果好,但流体的切变力和固定化颗粒的碰撞常导致支持物颗粒受损。同时,流体力学的复杂性也使其放大较为困难。

3) 膜反应器

膜反应器是采用具有一定孔径和选择性透性的膜来固定培养植物细胞的技术[图5.9(c)]。在该反应体系中,营养物质可以通过膜渗透到植物细胞中,细胞产生的次生代谢产物通过膜释放到培养基中。膜反应器主要有中空纤维反应器和平板膜反应器,前者培养细胞保留在装有中空纤维的管中,细胞不黏附到纤维膜上,反应器可以长期保留膜的机械完整并反复利用。平板膜反应器具有单膜、双膜和多膜类型,相应的培养液通道有单侧通道和双侧通道,培养细胞载入膜细胞层,培养液通过扩散和压力驱动进入膜细胞层,合成的次生代谢产物扩散到无细胞的小室。与其他两种固定化反应器相比,膜反应器具有容易控制、易于放大、产物易分离、简化了下游工艺等优点。

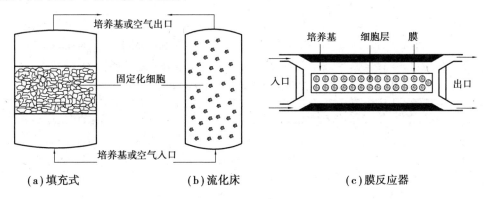

图5.9 固定化细胞反应器示意图

5.3.4 细胞培养的应用

1) 利用植物细胞培养生产次生代谢物

利用植物细胞培养能生产许多次生代谢物,包括香料、调料、食品添加剂、杀虫剂、杀菌剂等一些化合物。

2) 利用植物细胞培养技术生产其他化合物

利用植物细胞培养技术生产次生代谢物在多种植物上获得一定成功后,人们就想将这一技术应用于生产的各个领域,在蚕的饲料生产上使用此技术就是一个例子。蚕需要专门植物(桑、蓖麻、柞、榆)作为饲料,虽然发明了若干种人工饲料,但仍旧不及天然叶理想,若用桑、蓖麻、柞、榆的愈伤组织细胞再配合一些附加物(曲大豆粉、蔗糖、淀粉等)制成饲料,可解决蚕的饲料问题。另外,也可用此技术从银胶菊愈伤组织细胞中生产橡胶。

3) 植物细胞的生物转化

生物转化就是利用生物系统把一个分子的一小部分转化成某一种分子。利用细胞进行生物转化有两种方法,一是给细胞提供一般情况下植物所不具备的底物化合物,以期得到自然中所不存在的化合物;另一种方法是给细胞提供天然产物的中间体,如某种化合物的前提物,以期提高该种天然化合物的产量。

4) 突变体的选择与人工种子和植物快速繁殖上的应用

在突变体的选择上,悬浮培养的单细胞系是突变体育种的良好材料。其本身在培养的过程中就表现出了高度自发的突变性,同时如果在培养中增加的一定物理、化学的处理方法,就可以使其变异频率提高。而且由于变异的单细胞来源,避免了嵌合体等的出现,大大提高了诱变育种的进程。如果培养过程结合胚胎培养、人工种子技术,对于生产上种苗的生产有很大的帮助。

5) 悬浮细胞是遗传转化的良好受体

悬浮培养的细胞具有优良的单细胞性,避免了转化后嵌合体的产生,现在各种转基因技术应用于悬浮细胞,如农杆菌介导的转化、基因枪、PEG 和电转化等技术,已经广泛地应用于悬浮细胞,且已经获得了再生植株。

★知识链接

部分植物天然产物的来源和用途

植物界蕴藏着巨大的合成化合物的能力,目前人们已知的由植物合成的化合物质大概有几万种之多,而且随着研究工作的不断扩大和深入,这个数字还在源源不断地增加着。但各种不同的化合物质,往往只限于在不同的植物类群和科中合成(见下表)。

表 5.1　部分植物天然产物的来源和用途

化合物	植物种类	用　途
除虫菊酯	茼蒿（*Chrysanthemum cincerariefolium*）	杀虫剂
	万寿菊（*Tagetus*）	杀虫剂
烟碱	烟草（*Nicotiana tabacum*）	杀虫剂
	黄花烟草（*Nicotiana rustica*）	杀虫剂
鱼藤酮	毛鱼藤（*Derris elliptica*）	杀虫剂
	西非灰白豆（*Tephrosia vogaeli*）	杀虫剂
	云南灰毛豆（*Tephrosia purpurea*）	杀虫剂
印度楝子素	印度苦楝（*Azadirachta indica*）	杀虫剂
鸦胆素	鸦胆子（*Brucea antidysenterica*）	抗肿瘤
脱氧秋水仙素	粉花秋水仙（*Colchicum speciosum*）	抗肿瘤
椭圆玫瑰树碱,9-甲氧基玫瑰树碱	玫瑰树（*Ochrosia moorei*）	抗肿瘤
三尖杉酯碱	日本粗榧（*Cephalotaxus harringtonia*）	抗肿瘤
N-氧化大尾摇碱	大尾摇（*Heliotropium indicun*）	抗肿瘤
美登素	布昌南美凳木（*Maytenus bucchananii*）	抗肿瘤
足叶草毒素	足叶草（*Podophyllum peltatum*）	抗肿瘤
红豆杉醇	短叶红豆杉（*Taxus brevifolia*）	抗肿瘤
唐松草碱	唐松草（*Thalictrum dasycarpum*）	抗肿瘤

续表

化合物	植物种类	用 途
雷公藤内酯	雷公藤(*Tripterygium wilfordii*)	抗肿瘤
长春碱,阿马里斯	长春花(*Catharanthus roseus*)	抗肿瘤
奎宁	正鸡纳树(*Cinchona of ficinalis*)	抗疟药
地高辛,利血平	狭叶毛地黄(*Digitalis lanlata*)	强心剂、强胃剂
薯蓣皂甙	三角叶薯蓣(*Dioscorea deltoidea*)	避孕
吗啡	白罂粟(*Papaver somniferum*)	止痛
二甲基吗啡	苞罂粟(*Papaver bracteatum*)	可待因
莨菪胺	曼陀罗(*Datura stramonium*)	抗高血压
阿托品	颠茄(*Atropa belladonna*)	肌肉松弛剂
可待因	罂粟(*Papaver* spp.)	止痛
紫草素	紫草(*Lithospermun erythrorhizon*)	燃料、药物
蒽酮	海巴戟(*Morinda citrifolia*)	燃料、泻药
茉莉油	茉莉(*Jasmium* spp.)	香水
甜菊苷	甜叶菊(*Stevia rebaudiana*)	甜味剂
藏花素,苦藏花素	番红花(*crocus sativus*)	香料
辣椒素	辣椒(*Capsicum frutescens*)	辣椒素
香草醛	香果兰(*Vanilla* spp.)	香料

实训 5.1　烟草细胞悬浮培养

1)目的要求

了解细胞培养的原理及意义,掌握细胞分离及细胞悬浮培养的程序及操作技术。

2)基本内容

(1)由烟草幼嫩茎段诱导愈伤组织。

(2)通过继代培养加速愈伤组织生长,促使愈伤组织松散,利于分离单细胞。

(3)从愈伤组织上分离单细胞。

(4)进行单细胞平板培养。

3)材料与用具

超净工作台、离心机、摇床、pH 计、恒温培养箱、电子天平、高压灭菌器、电炉、血球计数板、离心管、无菌纸、吸管、解剖刀、尖头小镊子、三角瓶(100 ml)、培养皿(60 mm)、parafilm膜、棉线绳、酒精灯、脱脂纱布、培养基、烟草植株、1 mol/L 的 NaOH 溶液、1 mol/L 的 HCl 溶液、70%乙醇、95%乙醇、2%的 NaClO 或0.1%的 HgCl$_2$、无菌水。

所需培养基具体情况如下：

①MS+水解乳蛋白 1 000 mg/L+酵母膏 1 000 mg/L+2,4-D 2 mg/L+蔗糖 3%+琼脂 0.6%，用于愈伤组织诱导、继代培养。

②MS+水解乳蛋白 1 000 mg/L+酵母膏 1 000 mg/L+2,4-D 1 mg/L+蔗糖 3%+琼脂 6%，用于愈伤组织加速生长培养。

③MS+水解乳蛋白 1 000 mg/L+酵母膏 1 000 mg/L+2,4-D 1 mg/L+椰子乳 5%+蔗糖 3%，用于细胞悬浮培养。

④MS+水解乳蛋白 1 000 mg/L+酵母膏 1 000 mg/L+2,4-D 1 mg/L+椰子乳 5%+蔗糖 3%+琼脂 1.2%，与悬浮培养基等体积混合后用于平板培养。

4)操作步骤

(1)培养基配制。参照培养基配方配制培养基，将配制好的培养基分装到 100 ml 三角瓶中，高压蒸汽灭菌后备用。

(2)材料消毒。取烟草幼嫩茎段切成 2 cm 左右，先用 70%的乙醇消毒数秒，再用 2% NaClO 或 0.1%的 HgCl₂ 消毒 15 min，无菌水冲洗 3 次。

(3)接种。在超净工作台上切开茎段，剥出髓部，置愈伤组织诱导培养基上诱导愈伤组织，约 7 d 后即可见愈伤组织，20 d 左右即可继代。

(4)继代培养。愈伤组织发生后，仍然用同样的培养基进行继代培养。每 20 d 转接一次，以保存材料。愈伤组织的诱导和继代均在 26 ℃、黑暗条件下进行。

(5)愈伤组织加速生长培养。在进行悬浮培养之前，先把愈伤组织转入愈伤组织加速生长培养基中培养，以加速愈伤组织的生长。

(6)悬浮培养。待愈伤组织生长到最旺盛时(在愈伤组织加速生长培养基中培养 7 d 左右)转入液体培养。具体做法是在 100 ml 三角瓶中加入悬浮培养基 10 ml，接入愈伤组织，置往复式摇床上进行振荡培养。振荡频率 100 次/min 左右，震荡的目的是确保组织和细胞呼吸所需的空气并增加细胞的分散度。悬浮培养 7 d 后细胞生长进入最旺盛时期，这时可转入平板培养，在平板培养之前要进行单细胞的分离和细胞密度的确定。

(7)单细胞和小细胞团的分离。由于振荡培养后悬液中除有一定量的游离细胞之外，还有各种大小不等的细胞团，所以应用孔径为 200 目的镍丝网过滤，滤去大的细胞团。过滤后用培养液冲洗镍丝网 3 次，尽量把单细胞冲洗下去。过滤后滤液中主要是单细胞和小细胞团(4~8 个细胞)。

(8)密度确定。滤液于 1 000 g 下离心 5 min，弃上清液，收集培养细胞，再加一定量的培养液调节细胞密度，一般为 2×10^3~2×10^5 个/ml 为宜。

(9)平板培养。将调整好密度的细胞悬浮液接种到同体积的含有 2 倍琼脂的未凝固的同种培养基上，均匀混合后倒入培养皿，植板厚度约 1 mm，用 parafilm 膜封口，置 26 ℃、黑暗条件下培养。

5)思考与分析

(1)细胞悬浮培养有何意义？

(2)根据实验和查阅资料，分析影响细胞悬浮培养的关键因素。

• 项目小结 •

　　本项目介绍了植物细胞培养的方法。植物细胞培养是指对游离的植物细胞和细胞小聚体进行的离体培养,培养类型分为悬浮培养和单细胞培养。悬浮培养根据培养方法分为分批培养和连续培养两种类型。连续培养又分为封闭式连续培养和开放式连续培养。单细胞培养根据培养方法分为看护培养、平板培养和微室培养等方法。细胞固定化培养技术是将植物悬浮细胞包埋在多糖或多聚化合物(如聚丙烯)网状支持物中进行无菌培养的技术。固定化是植物细胞培养方法中一种最为接近自然状态的培养方法。

 复习思考题

1.简要说明分离细胞的方法。

2.单细胞培养常采用的基本方法有哪几种?

3.什么是植板率?

4.什么是细胞悬浮培养? 常用的方法有哪些?

5.什么是细胞固定化培养? 有何特点?

项目 6
植物组织培养快繁技术

📖 【项目描述】

● 介绍植物组织培养快速繁殖的方法,以及在培养过程中出现问题的解决途径,同时对植物组织培养快繁工作方案的制订方法做了陈述。

📖 【学习目标】

● 掌握初代培养的概念、类型和方法。
● 掌握不同增殖类型的特点。
● 掌握诱导试管苗生根的方法及其影响因素的调控。
● 掌握试管苗的驯化移栽与苗期管理技术。
● 掌握各个阶段易出现的问题和解决措施。

📖 【能力目标】

● 能进行外植体的灭菌。
● 能根据植物种类选择适宜的增殖方式。
● 能根据植物种类选用适宜的生根方法。
● 能正确地移植培苗。
● 能创造合适的条件进行苗期管理,保证组培苗较高的成活率。

任务 6.1　组织培养快繁的基本步骤的认知

植物组织培养快速繁殖技术(简称组培快繁技术)是指利用组织培养的方法在培养瓶内大量繁殖植物种苗的方法,基本过程通常包括材料的初代培养、继代培养、生根培养、驯化移栽等(图6.1)。

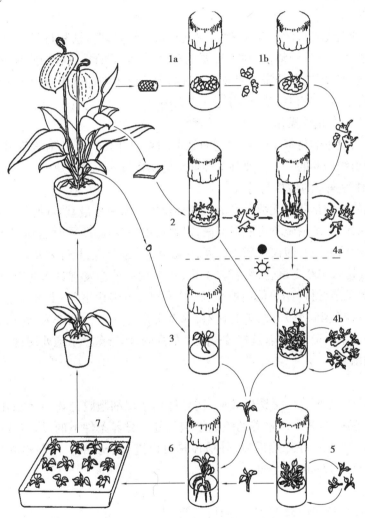

图 6.1　植物组织培养快速繁殖示意图(火鹤)

6.1.1　初代培养

初代培养即接种外植体后最初的培养,旨在获得无菌材料并建立无性繁殖系。无菌培养物的建立,具体包括以下内容。

1)外植体的选择

迄今为止,经组织培养成功的植物,所使用的外植体几乎包括了植物体的各个部位,如根、茎(鳞茎、茎段)、叶(子叶、叶片)、花瓣、花药、胚珠、幼胚、块茎、茎尖、维管组织、髓部等。在组培快速繁殖的应用中,外植体选择以顶芽、茎段(腋芽)、叶、叶柄、鳞茎、球茎居多。取材时,从田间或温室中生长健壮的无病虫害的植株上选取器官或组织作为外植体,离体培养易于成功。因为,这部分器官或组织代谢旺盛,再生能力强。

2)外植体灭菌操作

（1）预处理

外植体在接种前先要灭菌。在灭菌前,又先要进行预处理。植物材料一般采取的预处理方法是:先对植物组织进行修整,去掉不需要的部分,将留下的植物材料在流水中冲洗干净。如果材料上灰尘较多,可先在洗涤剂溶液中清洗后置于流水中冲洗干净。经过预处理的植物材料,其表面仍有很多细菌和真菌,还需进一步灭菌。

（2）外植体灭菌及接种操作

取自于外界或温室的材料常带有大量的细菌和真菌,因此,通过化学药剂消除植物材料上的杂菌是植物组织培养的一个重要环节。详细的操作技术见项目3。

（3）首次接种污染率的估算与对策

外植体灭菌的目的是获得无菌且有活力的外植体。无菌是最基本的要求,有活性是外植体制备的前提,因此,灭菌措施不可能很彻底,以致污染率较高,严重时达到100%。那么怎样才能降低首次接种污染率? 建议使用小容器,多数量,尽量分散,相互隔离。假定有100块经灭菌的材料,现在接入100支试管,每管接1块,1~2周后就会发现许多污染,最后一直没有污染的,就得到的无菌材料(如果他们能生长、增殖并通过继代培养,那么就建立了无菌培养系),如果得到5块(5支试管)不污染的材料,那么得率为5%,污染率为95%,这个结果并不算太差。这样是否太浪费? 其实,这样才是效率最高的,污染愈严重愈要用这一办法。

3)外植体的培养

（1）光照

光照对培养物的主要作用是诱导效应,诱导植物组织细胞脱分化与形态建成,而并不是提供光合作用的能源,因为最初培养的组织细胞是处在异养条件下的,培养基中已有足够的碳源供利用。但在外植体叶片形成后,外植体是可以进行兼养的。一般培养期间光照度在1 000~5 000 lx,每天12~16 h光照。

（2）温度

培养室的温度维持在(25±2)℃,夜间可稍低。

（3）湿度

要求室内保持70%~80%的相对湿度。

（4）氧气

植物组织培养中,外植体的呼吸需要氧气。在液体培养中,振荡培养是解决通气的良好办法。在固体培养中,最好采用通气性好的封口膜、瓶盖或瓶塞。

4)外植体芽的诱导

初代培养时,常用诱导芽分化培养基,即培养基中含有相对较高浓度的细胞分裂素和较

小浓度的生长素。根据初代培养时芽的诱导、发育途径,可分为:

(1)顶芽和腋芽的发育

顶芽和腋芽在离体培养中都可被诱导而生长发育。采用外源细胞分裂素可促使在顶芽存在的情况下,腋芽及休眠侧芽的启动生长,从而形成一个微型的多枝多芽的小灌木丛状的结构(丛生芽)(图 6.2)。之后也采取芽→枝→苗的培养,迅速获得大量的嫩茎。一些木本植物和少数草本植物可以通过这种方式来进行再生繁殖,如月季、菊花、香石竹等。这种方法的主要原理是利用细胞分裂素来抑制植物原有的顶端优势,而使侧芽和顶芽能够共同生长。它不经过愈伤组织而再生,所以是最能使无性系后代保持原品种特性的一种繁殖方式。适宜这种再生繁殖的植物在采样时,宜选用顶芽、侧芽或带有芽的茎切段。

图 6.2 由侧枝被诱导而形成的小灌木丛状结构

(2)不定芽的诱导

目前已有许多种植物通过外植体上不定芽的产生而再生出完整的小植株。在培养中由外植体产生不定芽,通常首先要经脱分化形成愈伤组织,之后经再分化形成器官原基(图6.3)。多数情况下它先形成芽,后形成根,即外植体→愈伤组织→不定芽→植株。诱导再分化得到不定芽后,一般采用诱导形成芽丛的方式进行扩大繁殖,而非反复诱导愈伤组织再培养不定芽,如非洲菊、草莓等。

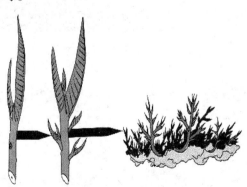

图 6.3 由芽诱导的愈伤组织上诱导出不定芽

不定芽的诱导,有时在繁殖中还能出现严重的质量问题,这是因为植物在脱分化形成愈

伤组织中可能会出现一些变异。在观赏植物中有不少遗传学上的嵌合体,如一些带镶嵌色彩的叶子、花、叶子带金边或银边的植物等,在通过不定芽繁殖时,再生植株就失去了这些富有观赏价值的特性(图6.4)。在这种情况下必须采用茎尖培养,或是腋芽再生方式。

图6.4　茎尖培养(上)和叶柄切断培养(下)对杂色天竺葵试管繁殖的效果

(3)体细胞胚状体的发生与发育

体细胞胚状体类似于合子胚但又有所不同,它也通过球形,心形,鱼雷形和子叶形的胚胎发育时期,最终发育成小苗,但它是由体细胞发生的(图6.5、图6.6)。胚状体可以从愈伤组织表面产生,也可从外植体表面已分化的细胞中产生,或从悬浮培养的细胞中产生。通过体细胞胚状体产生植株有3个显著的优点:由培养物所产生的胚状体数目往往比不定芽的数目多;胚状体形成快;胚状体结构完整,一旦形成都可能直接萌发形成小植株,而且胚状体本身可以诱导形成次级胚状体而增殖。

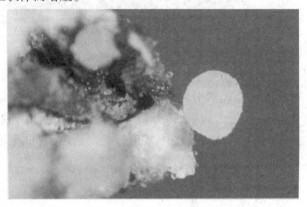

图6.5　甜椒花药胚状体形成

(a)悬浮培养的胚状体　　　　(b)琼脂固体培养的胚状体

图6.6　大豆的体细胞胚胎

目前已知有100多种植物能产生胚状体,但有的发生和发育较为困难。一是植物激素对胚状体的发生有影响。在培养初期,要求必需含有一定量的生长激素,以诱导脱分化形成愈伤组织。二是遗传基因对胚状体的发生有关系。

(4)原球茎的发育

兰科植物的组培过程中,由茎尖或侧芽产生原球茎,原球茎不断增殖,逐渐分化成为小植株。原球茎最初是兰花种子发芽过程中的一种形态构造,种子萌发初期并不出现胚根,只是胚逐渐膨大,以后种皮的一端破裂,胀大的胚呈小圆锥状,称为原球茎。原球茎可以理解为缩短呈珠粒状嫩茎器官。培养一定时间后,原球茎逐渐转绿,相继长出毛状假根,通过进一步培养,使其再生、分化,形成完整的植株。原球茎本身是可以形成次级原球茎,扩大繁殖时将原球茎切割成小块,转接到增殖培养基上,可诱导出新的次级原球茎。

(5)其他途径

大蒜的贮藏叶片、百合、水仙的鳞片叶经离体培养后,直接或由愈伤组织再生出球状体或小鳞茎,再发育成小植株(图6.7、图6.8)。

图6.7 百合鳞叶上形成的小鳞茎

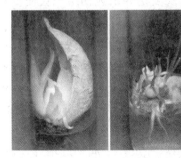

(a)鸢尾鳞片上形成的小鳞茎

(b)风信子诱导形成的小种球

图6.8 鸢尾鳞片上形成的小鳞茎和风信子诱导形成的小种球

6.1.2 继代培养

在初代培养的基础上所获得的芽、胚状体和原球茎等,称为中间繁殖体,它们需要进一步增殖形成一个群体,发挥快速繁殖的优势。

1)继代培养增殖的方式

继代培养是继初代培养之后的连续数代的扩繁培养过程,正确地选择快繁类型和诱导中间繁殖体是关键技术阶段。

继代培养中扩繁的方式应根据试管苗繁殖方式合理选择,包括无菌短枝扦插增殖、丛生芽增殖、胚状体增殖、原球茎增殖等。

(1)无菌短枝扦插

常用于有伸长的茎梢、茎节较明显的培养物。这种方法简便易行,能保持母种特性。将待繁殖的材料剪成带 1 叶的单芽茎段,转入新的培养基中,经一定时间培养后可长成大苗。再次继代时将大苗切段转接,重复由芽生苗增殖的培养,从而迅速获得较多的嫩茎。这种增殖方式也称为"微型扦插"或"无菌短枝扦插"。

(2)丛生芽增殖

适于由茎尖或愈伤组织诱导出的芽丛,分割后转接在适宜的培养基上,诱导不断发生腋芽,形成丛生芽。继代时将丛生芽分割成单芽或小芽丛转接至新的培养基中,诱导增殖形成新的丛生芽,如此重复,可实现快速大量繁殖的目的。

(3)胚状体增殖

胚状体本身可以以同样的方式继代增殖,即将诱导出的胚状体转接至新鲜培养基上(与原培养基成分相同),可在原有的胚状体上诱导出次级胚状体而增殖。

(4)原球茎增殖

与胚状体相同,原球茎本身是可以以同样的方式继代增殖,即将诱导出的原球茎转接至新鲜培养基上(与原培养基成分相同),可以在原有的原球茎上诱导出次级原球茎而增殖。

另外,也可以把外植体材料,如芽、叶或愈伤组织,转接到新的培养基上后,再诱导出新愈伤组织,进而再诱导出新的不定器官。但应注意的是,反复诱导出愈伤组织会使变异发生的概率增高。

继代培养中使用的培养基对于一种植物来说,每次几乎完全相同,由于培养物在接近最良好的环境条件,在营养供应和激素调控下,排除了其他生物的竞争,所以能够按几何级数增殖。一般情况,在 4~6 周内增殖 3~4 倍是很容易做到的。如果在继代转接的过程中能够有效地防止菌类污染,又能及时地转接继代,一年内就能获得几十万甚至几百万株小苗。

2)增殖系数

增殖系数通常按接种的中间繁殖体块数或按瓶计算,经过几个周期的培养,看看能得到多少块中间繁殖体或得到了多少瓶繁殖体,这两种方法都比较准确。不能简单地按接种 1 个芽,培养后能数出多少个芽来计算。

3)继代培养的计划安排

估算试管苗的繁殖量,以苗、芽或未生根嫩茎为单位来计算,一般以瓶为计算单位。

一年可繁殖的试管苗数量是:

$$Y = M \times X^n \tag{6.1}$$

式中　Y——年生产量；

　　　n——年增殖周期；

　　　X——每周期增殖倍数；

　　　M——每瓶母株苗数。

如果每年增殖 8 次($n=8$)，每次增殖 4 倍($X=4$)，每瓶 8 株苗($M=8$)，全年可繁殖的苗是：$Y = 8 \times 4^8 = 52(万株)$

以上计算为理论数据，在实际生产过程中还有其他因素如污染、培养条件发生变化等，能造成一些损失，实际生产的数据应比估算的数据低。

根据市场的需求和种植生产时间，制订全年植物组织培养生产计划虽不是一件很复杂的事情，但需要考虑全面、计划周密，把正常因素和非正常因素都要考虑进去，如果制订出详细的计划，在实施的过程中，往往可减少意外事故的发生。

4)影响试管苗继代培养的因素及解决措施

（1）驯化现象

在植物组织培养的早期研究中，发现一些植物的组织经长期继代培养发生一些变化，在前期的继代培养中需要生长调节物质的植物材料，其后加入少量或不加入生长调节物质就可以生长，此现象就叫作"驯化"。

但并不是出现这种所谓的驯化现象就好，有时长期的"驯化"现象会得到适得其反的结果，如造成只长芽不长根，芽的增长倍数很高，但芽细弱，需在加入生长素的培养基中继代培养数次方可长出根。

（2）形态发生能力的丧失

在长时期的继代培养中，材料自身内部要发生一系列的生理变化，除了前面讲的"驯化"现象外，还会出现形态发生能力的丧失。不同的植物其保持再生能力的时间是不同的，而且差异很大。在以腋芽或不定芽增殖继代的植物中，在培养多代之后仍然保持着旺盛的增殖能力，较少出现再生能力丧失的现象；而以愈伤组织增殖的外植体材料相对容易出现形态发生能力的丧失。

一般认为分化能力衰退主要有 3 个因素：

①愈伤组织中含有的从外植体启动分裂时就有的成器官中心（分生组织），当重复继代会逐渐减少或丧失，这意味着不能形成维管束，只能保持无组织的细胞团。也有人认为，在继代培养过程中逐渐消耗了原有的与器官形成有关的特殊物质。

②形态发生能力的减弱和丧失，也可能与内源生长调节物质的减少或丧失有关。

③细胞染色体出现畸变。

（3）影响继代培养的其他因素

①植物材料的影响。不同植物种类，同种植物不同品种，同一植物不同器官和不同部位继代繁殖能力也不相同。一般是草本＞木本；被子植物＞裸子植物；年幼材料＞老年材料；刚分离组织＞已继代的组织；胚＞营养体组织；芽＞胚状体＞愈伤组织。

②培养基及培养条件。培养基及培养条件适当与否对继代培养影响颇大，故常改变培养基和培养条件来保持继代培养。在这方面有许多报道，如在水仙鳞片基部再生子球的继代培

养中,在加活性炭的培养基中再生子球比不加活性炭的要高出一至数倍。胡霓云等报道,在MS 培养基上初次培养的桃茎尖,若转入同样的 MS 培养基则生长不良,而转入降低氨态氮和钙,增加硝态氮、镁和磷的培养基中则能继代繁殖。

③继代培养时间长短。关于继代培养次数对繁殖率影响的报道不一。有的材料长期继代可保持原来的再生能力和增殖率,如葡萄、黑穗醋栗、月季和倒挂金钟等。有的经过一定时间继代培养后才有分化再生能力。潘景丽等进行沙枣愈伤组织继代培养 6 次后才分化苗,保持 2 年仍具有分化能力。而有的随继代时间加长其分化再生繁殖能力降低,如杜鹃茎尖外植体,通过连续继代培养,产生小枝数量开始增加,但在第四或第五代则下降,虽可用光照处理或在培养基中提高生长素浓度可减缓下降速率,但无法阻止。

④季节的影响。有些植物材料能否继代与季节有关。如因夏季休眠,水仙取 6、7 月的鳞茎,生长速度缓慢,而到 8 月,生长速度又加快。百合鳞片分化能力的高低,表现为春季>秋季>夏季>冬季。球根类植物组织培养繁殖和胚培养时,继代培养不增殖的现象是因其可能进入休眠,可通过加入激素和低温处理来克服。唐菖蒲在 MS 培养基上得到的球茎,移植于无机盐和糖浓度减半的 MS 培养基中,并增加萘乙酸用量,可以防止继代中的休眠。

5)继代培养物的不同表现,可能的原因及解决措施

在继代培养过程中,培养物可能会出现不同的表现,其原因和解决措施见表 6.1。

表 6.1   继代培养物的不同表现可能的原因及解决措施

培养物表现	现象产生的可能原因	可供选择的解决措施
苗分化数量少速度慢分枝少,个别苗生长细高	细胞分裂素用量不足;温度偏高;光照不足	增加细胞分裂素用量,适当降低温度
苗分化较多,生长慢,部分苗畸形,节间极度缩短,苗丛密集过微型化	细胞分裂素用量过多;温度不适宜	减少细胞分裂素或停用一段时间,调节适当温度
分化苗较少,苗畸形,培养较久苗可能再次愈伤组织化	生长素用量偏高;温度偏高	减少生长素用量,适当降低温度
叶粗厚变脆	生长素用量偏高;或兼有细胞分裂素用量偏高	适当减少激素用量,避免叶接触培养基
再生苗的叶缘叶面等处偶有不定芽分化出来	细胞分裂素用量过多;亦或该种植物适宜于这种再生方式	适当减少激素用量,或分阶段利用这一再生方式
丛生苗过于细弱,不适于生根操作和将来移栽	细胞分裂素用量过多;温度过高;光照短,光强不足;久不转接,生长空间窄	减少细胞分裂素用量,延长光照,增加光强,及时转接继代,降低接种密度,改善瓶口遮蔽物
带有黄叶死苗夹于丛生苗中,部分苗逐渐衰弱,生长停止,草本植物有时为水浸状、烫伤状	瓶内气体恶化;pH 值变化过大;久不转接糖已耗尽,光合作用不足自身维持;瓶内乙烯含量升高;培养物可能已污染;温度不适	部分措施同上;去除污染,控制温度

培养物表现	现象产生的可能原因	可供选择的解决措施
幼苗生长无力,陆续发黄落叶,组织水浸状煮熟状	部分原因同上;植物激素配比不适,无机盐浓度不适等	部分措施同上;及时继代,适当调节激素配比
幼苗浅绿,部分失绿	未加铁盐或量不足;pH 值不适;铁锰镁配比失调;光过强;温度不适	仔细配制培养基,注意配方成分,调好 pH 值,控制光温条件

6.1.3 试管苗的壮苗生根

离体繁殖产生的芽、嫩梢,一般都需要进一步诱导生根,才能得到完整的植株。而胚状体与原球茎是两极性的结构,诱导长大即可。

试管苗的生根培养是诱导无根苗生根形成完整植株的过程,目的是使中间繁殖体长出浓密而粗壮的不定根,使试管苗能成功地移栽到瓶外。试管苗的生根一般需转入生根培养基中,或直接栽入基质中促进其生根,并进一步长大成苗。

试管苗的生根可分为试管内生根和试管外生根两种方式。

1)试管内生根

在培养材料增殖到一定数量后,就要将丛生苗分离,转接到生根培养基中进行生根培养,并使苗长高长壮便于移栽。一般情况下,草本植物生根 7 d 左右即可,木本植物 10~15 d。

影响试管苗生根的因素如下:

植物离体培养根的发生都来自不定根。根原基的形成和生长素有关,根原基的伸长和生长则可以在没有外源生长素下实现。一般从诱导至开始出现不定根时间,快的只需 3~4 d,慢的则要 3~4 周。影响植物离体培养中生根的因素有材料自身的因素,也有外部的因素。

①植物材料。外植体的来源、部位、年龄对根的分化都有影响。生根难易还与母株所处的生理状态、取材季节和所处环境条件有关。植物生根的一般规律是:成年的比幼年的树难生根,木本植物比草本植物难,乔木比灌木难。试管苗生根和扦插生根一样,一般扦插生根容易的植物,试管苗生根也容易;扦插生根难的植物,试管苗生根也难,如核桃、板栗等。

②基本培养基。试管苗生根是从营养状态进入自养状态的一个变化。利用根系吸收营养和水分是植物一种本能。一般低浓度的无机盐和糖分有利于生根和根系生长,故生根培养基的无机盐浓度及含糖量要降低,在以 MS 为基本培养基的生根培养中大量元素要降到1/2~1/4 左右。

③植物生长调节剂。植物激素中生长素有促进根的分化的作用。一般可以用 IBA、IAA、NAA 等药品单独或者混合使用。胚轴、茎段、花梗等材料分化根时使用 IBA 居多,浓度为0.2~10 mg/L,其中以 1 mg/L 为多。生根培养时,生长素含量也要适当降低。通常的使用方法是将植物生长调节剂预先加入到培养基中,然后再接入材料诱导生根。近年来为促进试管苗的生根,改变了这种做法,而将需生根材料先在一定浓度植物生长调节剂中浸泡或培养一定时间,然后转入无植物生长调节剂培养基中培养,能显著提高生根率。

细胞分裂素能抑制根的形成,所以生根培养基中不添加细胞分裂素。

④其他物质。培养基中加入一些其他物质,如活性炭,有利于生根。

⑤继代培养。新梢生根能力随继代时间增长而增加。如杜鹃茎尖培养,随培养次数的增加,小插条生根数量逐渐增加,第四代最高,最后达100%的生根。

⑥光照。光照强度和光照时数对生根的影响十分复杂,一般认为生根不需要光。

⑦pH 值。试管苗的生根,也要求一定的 pH 值范围,一般在 5.0~6.0。

⑧温度。试管苗在试管内生根,或在试管外生根,都要求一定的适宜温度,一般在 16~25 ℃,过高过低均不利于生根。

2)试管外生根

试管外生根,就是将组织培养中试管苗的生根诱导阶段同驯化培养阶段结合在一起,直接将茎芽扦插到试管外相对无菌基质中,省去了用来提供营养物质并起支持作用的培养基,简化了组培程序,降低了成本,提高了繁殖系数。

对于一些较容易生根的植物,如杨树、菊花、康乃馨、月季、樱桃等树种,可以进行试管外生根。有些植物种类在试管内难以生根,或有根但与茎的维管束不相通,或根与茎联系差,或有根而无根毛,吸收功能极弱,均导致移栽后幼苗不易成活,这就需要采用试管外生根法。

另外,瓶外生根苗避免了根系附着的琼脂造成的污染腐烂,且根系发育正常健壮,根与芽茎的输导系统相通,吸收功能较强,并且试管苗在瓶外生根的过程中已逐步适应了环境,容易成活。

(1)试管瓶外生根方法

试管外生根的方法主要有以下 3 种:

①在试管内诱导根原基后再扦插,首先从继代培养获得的丛生芽中选取生长健壮、长 1~3 cm 的小芽,转入生根培养基中培养 2~10 d,待芽苗基部长出根原基后再取出扦插到营养钵中,由于扦插通气性好,一般 5~6 d 后即可由根原基长出主根、侧根和根毛,形成吸收功能好的完整根系。该方法简便易行,可缩短生产周期,又能显著提高移栽成活率。

②盆插或瓶插生根法。扦插容器内装泥炭或腐殖土与细沙,每瓶插入 10~30 株无根壮苗,插入深度为 0.3~1.2 cm。加入生根营养液,在一定的温度、湿度从及光照条件下进行培养,约 20 d 后即可长出新根,约 30 d 后待二级根长至 8~12 cm 时即进行移栽,这样可提高成活率。

③药物处理后扦插。用生长素处理,所用浓度一般比试管内诱导生根的培养基高 10 倍左右,如草本植物可用 IAA 5 mg/L+NAA 1 mg/L,木本植物可用 IBA 5 mg/L+NAA 1 mg/L,浸泡 1~2 h 后扦插,或用 1 000 mg/L 的 ABT 速蘸扦插。

(2)基质选择

试管瓶外生根的基质可以选择腐殖土(或草炭土)及珍珠岩(或细沙)按 1∶1 或(2~3)∶1配制。也可以是草炭土、蛭石和珍珠岩按 5∶4∶1配制。可以用 1/2 MS 加 IAA 或 IBA 1~5 mg/L 组成营养液加入基质(如沙质基质内)。基质配好后可以装在穴盘、花盆、塑料育苗筐中进行培养。

(3)扦插后管理

扦插后需要进行栽后管理,以保证较高的成活率。环境要保持湿度大于80%,一般要达到 90% 以上饱和状态。宜采用塑料薄膜密封或间歇喷雾的方式保证湿度。温度保持在 20~25 ℃，以品种不同而异，生根持续时间以植物种类不同而异，如丁香和白桦 4~6 周，杜鹃花 6~8 周。

（4）影响试管外生根的因素

①生长素。在植物的组织培养过程中，生长素对根原基的启动和形成起着关键作用，但过高的生长素也会抑制根原基的生长，进而影响根的伸长。而根原基的伸长和生长，则可以在没有外源生长素的条件下实现。试管外生根就是基于上述原理，在生根的起始阶段采用高浓度的生长素刺激根原基的形成，而在根原基的伸长阶段撤掉生长素，解除其抑制作用。如牡丹丛生芽在试管外生根时，只有体内 BA 水平下降、IAA 水平升高后，才有利于不定根的形成。

②环境条件。试管苗瓶外生根过程中的环境条件是成功的关键因素。试管苗一般生长在高湿、弱光、恒温、无菌的环境条件下，出瓶后若不保湿，常常因为失水萎蔫而死亡。在试管外生根前期，需采取覆膜或喷雾等方法，保证空气相对湿度达到 85% 以上，温度起始阶段则控制在 20 ℃ 左右较为适宜，并及时增加光照，以保证幼苗基部的正常呼吸，并防止叶片失水萎蔫，增强其光合作用的能力。在试管外生根后期则需加强通风，以逐渐降低湿度，增强幼苗的自养能力，促进叶片保护功能快速完善，气孔变小，增强抗性以及适应外界环境条件的能力，提高成活率。

6.1.4　试管苗驯化与移栽管理

试管苗移栽是组织培养过程的重要环节，这个工作环节做不好就会造成组培苗培养的前功尽弃。为了做好试管苗的移栽，应该了解试管苗的形态特点，做好驯化移栽工作并相应地进行移栽后的管理，确保整个组织培养工作的顺利完成。

1）试管苗的生活环境特点

试管苗由于是在无菌、有营养供给、适宜光照、温度和近 100% 的相对湿度环境条件下生长的，在生理、形态等方面都与自然条件生长的正常小苗有着很大的差异。

（1）高温且恒温

在植物试管苗整个生长过程中，通常均采用恒温培养，而且温度控制在（25±2）℃，有的植物需将温度控制得更高；而外界环境条件，温度处于不断变化之中，温差较大。

（2）高湿

培养瓶内空气的相对湿度接近于 100%，远远大于培养瓶外的空气湿度，培养瓶内的水分状态直接影响着试管苗的生长和各种生理活性。

（3）弱光

组织培养中的光强与太阳光相比一般很弱，故幼苗生长也较弱，经受不了太阳光的直接照射。

（4）无菌

试管苗所在环境是无菌，不仅培养基无菌，而且试管苗也无菌，在移栽过程中试管苗要经历由无菌向有菌的转换过程。

2) 试管苗的特点

试管苗是在营养丰富的人工合成培养基上生长和发育的,生长完全是异养,光合能力弱,移栽后要由异养转为自养。

(1) 叶片保护组织不发达

自然条件下叶片表面有一层角质层,紧密排列在叶片表面,可以防止或减少水分蒸发,对叶片起保护作用。水分蒸发和气体交换主要靠气孔,而试管苗叶表面角质层薄或蜡质层不发达,叶片没有表皮毛,或仅有较少表皮毛,且试管苗长期在高湿环境条件下生长,气孔结构和功能不健全,缺乏控制水分蒸发的功能,导致试管苗在驯化过程中以及移栽后叶片大量失水萎蔫。

(2) 茎中机械组织支撑能力较差

自然界木本植物木质部发达,茎干直立坚硬,草本植物茎皮层有纤维细胞使茎秆坚硬,而试管苗这些机械组织都发育比较差,茎秆嫩而不坚强,在缺水时容易萎蔫和倒伏。

(3) 根系不发达

根毛少或无根毛,吸水能力弱(瓶内苗靠组织吸水,生根苗靠根毛吸水),不能适应土壤环境。

3) 驯化的方法

(1) 驯化目的

提高组培苗对自然条件的适应性,促其健壮,最终提高移栽成活率。

(2) 驯化原则

从温度、光照、湿度及有无杂菌等环境因素考虑。驯化开始的数天内,创造与培养环境条件相似的条件,后期则创造与预计栽培条件相似的条件,逐步适应。

(3) 驯化方法

具体做法是移栽前将培养物不开口移到自然光照下锻炼 2~3 d,让试管苗接受强光的照射,使其长得壮实起来,然后开口炼苗 1~2 d,经受较低湿度的处理,以适应将来自然湿度的条件。

4) 试管苗的移栽

(1) 基质的选择

适合于栽种试管苗的基质要具备透气性、保湿性和一定的肥力,容易灭菌处理,并不利于杂菌滋生的特点,一般可选用珍珠岩、蛭石、沙子等。为了增加粘着力和一定的肥力,可配合草炭土或腐殖土。草炭土是由沉积在沼泽中的植物残骸经过长时间的腐烂所形成,其保水性好,蓄肥能力强,呈中性或微酸性反应,但通常不能单独用来栽种试管苗,宜与河沙等种类相互混合使用。腐殖土是由植物落叶经腐烂所形成,一种是自然形成,一种是人工制造,人工制造时将秋季的落叶收集起来,然后埋入坑中,灌水压实促其腐烂。第二年春季将其取出置于空气中,在经常喷水保湿的条件下使其风化,然后过筛即可获得。腐殖土上含有大量的矿质营养、有机物质,它通常不能单独使用。掺有腐殖土的栽培基质有助于植株生根。

配制基质时按比例搭配,一般用珍珠岩、蛭石、草炭土(或腐殖土)比例 1∶1∶0.5;也可用沙子∶草炭土(或腐殖土)比例 1∶1。基质混合后需经高压灭菌或熏蒸灭菌才能使用。

（2）苗床准备

草本植物移栽于苗床（宽度 1 m，长度根据温室跨度而定）中，直接在苗床中铺上栽培基质（如蛭石、珍珠岩、草炭等），浇透水即可。木本植物移栽于塑料营养钵中，将营养钵排于苗床中，钵中装填基质至距钵上缘 1 cm 处，最后浇透水。

（3）试管苗出瓶

将试管苗打开瓶口，用镊子把小苗从瓶中取出，放于盛有清水的盆中，注意尽量不伤根。

（4）洗苗

在清水中轻轻洗去黏附在小苗根部的培养基，要洗得干净又少伤根。

（5）移栽

在苗床（按照 5 cm 株距、8 cm 行距）或钵中用竹签打孔，将洗好的小苗插于孔中并在孔周围轻压，以保证根系与基质充分接触，移栽完毕用喷壶浇一遍水。

5）试管苗移栽后管理要点

（1）保持小苗的水分供需平衡

首先，培养基质要浇透水，移栽后搭设小拱棚，以减少水分的蒸发，在移植后 5~7 d 内，定时喷水，保持较高的空气湿度，减少叶面水分蒸发，让小苗始终保持挺拔的状态。喷水时可加入 0.1% 的尿素，或用 1/8 MS 大量元素的水溶液作追肥，可加快幼苗的生长与成活。5~7 d 后，发现小苗有生长趋势，可逐渐降低湿度，减少喷水次数，将拱棚两端打开通风，使小苗适应湿度较小的环境条件。约 10 d 后揭去拱棚的薄膜，并给予水分控制，逐渐减少浇水，促进小苗长得粗壮。

（2）防止微生物滋生

试管苗移出来后难以保证无菌，但应尽量避免菌类大量滋生，以利小苗成活。所以要对基质和小苗喷施一定浓度的杀菌剂，如多菌灵、托布津，浓度稀释 800~1 000 倍，喷药宜 7~10 d 一次。

（3）保证适宜的温度和光照条件

试管苗移植后要保持适宜的温度、光照条件。适宜的生根温度是 18~20 ℃，冬春季地温较低时，可用电热线来加温。温度过低会使幼苗生长迟缓，或不易成活。温度过高会使水分蒸发加快，从而使水分平衡受到破坏，造成微生物滋生。另外，在移栽初期可用较弱的光照，如在小拱棚上加盖遮阳网，以防阳光灼伤小苗和增加水分的蒸发。当小植株有了新的生长时，逐渐加强光照，后期可直接利用自然光照，促进光合产物的积累，增加抗性，促其成活。

任务 6.2 植物组织培养快繁影响因素的调控

6.2.1 培养基的成分

1）矿物盐

MS 培养基可以适用于许多种植物的培养。在大量应用中发现，MS 培养基的无机盐浓度，对某些植物来说已是过高，甚至表现出抑制和毒害。例如，捕虫堇的叶外植体甚至在 1/2

LS 培养基上都要死去,而 LS 培养基与 MS 几乎是一样的,对于捕虫堇的试管繁殖,盐浓度应当减少到 1/5。越橘的嫩茎在 1/4 MS 培养基中生长得极好,而高水平的盐浓度要么有毒,要么并无任何优点。另一种木本植物——桃金娘科的南美稔嫩茎,在 Knop's 培养基上生长和增殖远比在 MS 培养基上要好。因此,对于那些在标准的 MS、LS、SH 等培养基上未能成功的种类,用降低盐浓度的培养基再试一试是很有必要的。

2) 糖浓度

适宜的糖浓度对器官发生很重要,不同品种或遗传背景的烟草愈伤组织分化苗,可能要求不同的糖浓度。糖的作用之一是维护良好的渗透关系,因此,及时转移培养物到新鲜培养基上是组织培养的最基本要求。在糖分被消耗到不能维护正常的渗透势之后,再要让培养物发生理想的形态变化那是不可能的。高水平的糖(90 g/L)将抑制百合产生小鳞茎,在 30 g/L 时茎尖外植体可以 100% 地产生小鳞茎,90 g/L 时 28 个茎尖只有 3 个产生小鳞茎,其余的只产生愈伤组织。蕨类植物的分化也受到蔗糖浓度的调节。如低浓度的蔗糖诱导肾蕨产生配子体,而高浓度蔗糖则诱导孢子体生根。另一种蕨类孢子体的分化也取决于糖浓度。根状茎的发生同苗的诱导情况不同,它受高糖所促进。在百合属中,90 g/L 的蔗糖增加了根的干重。苦苣苔科中的喜阴花采用 30 g/L 的蔗糖浓度,也大大促进了根的形成。

3) 维生素

从烟草愈伤组织的培养中了解到,离体培养的细胞能够自行合成许多必需的维生素。把烟酸、吡哆醇和生物素从培养基中除去,并不影响愈伤组织的生长。核黄素可能抑制生长。叶酸和对氨基苯甲酸(PABA)能促进生长,但并非必要。只有硫胺素对烟草愈伤组织的生长是必需的,通常以 0.1~1 mg/L 的用量加入到培养基中。

4) 生长素和细胞分裂素

通常在最初外植体的培养中,使用较高浓度的生长素,以诱导脱分化和促进愈伤组织生长。在植物的组织培养中,为避免发生变异,大多希望较少产生愈伤组织,能尽快出苗,因此生长素用量宜适当控制。不同种类的生长素效果不大一样,一般认为 2,4-D 用量较高时,会抑制形态发生过程,而且它的后效常维持很久,一般使用较低的浓度或不用。但是在诱导胚状体发生的时候,有不少人认为 2,4-D 是必需因子。用于一般侧芽、不定芽发生或促进生根时,较多地使用 NAA、IBA 和 IAA。

在诱导胚状体发生时使用 2,4-D,常用浓度在 100~2 000 μmol/L,如矮牵牛的茎、叶外植体即可产生出胚。在水仙培养中,如果除去 2,4-D 就不会产生胚,以 0.2 mg/L 和 0.5 mg/L 胚的形成最好。诱导水仙产生苗时也发现 2,4-D 比 NAA 好。但是也有相反的报告,在蛇尾兰属(也称锦鸡尾属,旧称十二卷属,Haworthia)培养中,2,4-D 诱导根形成,而抑制茎的发育。现在认为,单、双子叶植物对 2,4-D 的反应不同,可能是因为单子叶植物能将 2,4-D 代谢分解为一种生理学上无活性的衍生物,而在双子叶植物里 2,4-D 是同氨基酸结合成一种生理上活跃的化合物。已证明 2,4-D 损害中胶层的合成,增加细胞壁单体的合成,影响到微管的活动,这些影响可能就是 2,4-D 所诱导的愈伤组织所具有易碎性的原因。

愈伤组织器官分化受细胞分裂素/生长素比例的控制,但这并不意味着促进腋芽生长和不定芽形成也同样需要生长素和细胞分裂素。多数情况下,只有细胞分裂素一种也可以获得良好的嫩茎增殖。培养物对激素的需要取决于它本身内源激素的水平,这一水平又随植物种类、组织的部位以及生长期等条件而变动。

在通常的情况下，生长素含量过高，培养物表现为发生旺盛生长的愈伤组织，细胞团比较松散，会出现水浸状，显微观察发现细胞较大(外层)，液泡较大，这样的细胞几乎不可能分化出苗。生长素含量不足，表现为组织块几乎不能生长，颜色渐变暗淡，有的植物组织时间稍长还会死亡；有的培养物切口变黑，如叶切块，色素不易保持，显得干巴巴的没有生机。生长素适宜的表现，对不同再生方式的组织块也不一样。以诱导不定芽的类型来说，应当有较明显的增粗、加厚的生长现象；切口断面有适宜的愈伤组织生长，一般希望愈伤组织较紧密，表面多突起，花椰菜状或粗粒状，多处出现半球形的光滑突起等，都是将来可能出苗的好兆头。当然，上面所说的情况都应当配合以一定量的细胞分裂素才能达到。

双子叶植物要求生长素浓度较低，单子叶植物则较高。如属于双子叶植物纲的秋海棠，生长素大多用 NAA 0.2 mg/L 左右，菊花用 NAA 0.2~1 mg/L，月季用 NAA 0.01~0.2 mg/L，倒挂金钟用 NAA 0.5~1 mg/L；而单子叶植物纲的朱蕉用 2,4-D 2~3 mg/L，萱草用 2,4-D 2 mg/L，水仙用 NAA 15 mg/L，虎尾兰属用 NAA 6~10 mg/L。生长素用量过高，易造成形态发生能力迅速丧失，或在较长时间内不能恢复，尤其是 2,4-D 用量太高会杀死植物，因为在农业生产上它是一种除草剂。

有效地诱导一种植物产生苗或促进嫩茎良好地增殖，所要求的细胞分裂素和生长素的种类与数量往往有不少变化。许多植物组织表现出对细胞分裂素的绝对需要，少数种类也能完全不需要细胞分裂素。植物组织和细胞对细胞分裂素的需要量，既取决于遗传因素也取决于后天的因素。有一些报告指出 2-ip(2-异戊烯基腺嘌呤)要比 6-BA 和 KT 更有效力。对于杜鹃，2-ip 是最好的细胞分裂素，6-BA 能维持较低的嫩茎增殖率，并常表现出毒害，在含 6-BA 2.5~20 mg/L 的培养基上，有 40%~70% 的杜鹃嫩茎死亡。在没有 2-ip 的情况下，采用 Zt(玉米素)也有较好的效果。在越橘、大蒜的培养中，也证明 2-ip 是最好的细胞分裂素。但是另有一些植物，2-ip 的效果也有问题，如一种柳树的杂交种和白三叶草，将 2-ip 经高压灭菌或过滤灭菌加入培养基中，用以诱导嫩茎的增殖都完全无效，而用 6-BA 却能维持最好的嫩茎增殖。也常有报告提到 6-BA 比 KT 的效果好，尤其在木本植物方面，如用 6-BA 可以诱导柚愈伤组织产生嫩茎，而 KT 总是失败，在其他的木本植物如杉属、云杉属和松属等都是采用 6-BA 于茎芽分化。此外，如叶子花、变叶木、朱蕉、巴西铁树等，也都采用 6-BA。从现有的文献述评中，仍认为 6-BA 是最有效和最可靠的细胞分裂素，价格也最便宜。

细胞分裂素的浓度范围常在 0.5~30 mg/L，但大多数植物在 1~2 mg/L 时是适宜的。高水平的细胞分裂素倾向于诱导不定芽形成，也使侧芽增生加速，结果形成过于细密的嫩芽，同时嫩茎的质量下降，不利于下一步的生根和种植到土壤或介质中。因此，在不希望产生不定芽而力求提高嫩茎质量兼顾有较多数量的情况下，就必须减少细胞分裂素的用量。

与生长素类的作用不同，细胞分裂素有强烈的诱导芽形成的能力。在植物组织培养中，第一步培养就要用较高的量，以便尽快能分化出苗，通常都是与生长素一同使用。高浓度会抑制芽的发生，使细胞体积因强烈的分裂活动而急剧缩小，已形成的芽也不能萌发生长，节间极度缩短，如竹节秋海棠在 6-BA 2~3 mg/L 时，几乎长期不能生长，分化也难进行，当 6-BA 含量降低到 0.5 mg/L 之后，就能逐渐恢复正常的苗分化与生长。月季 6-BA 用量太高就会使小苗增殖成极短密的丛生芽，生长几乎停止，既不利于嫩茎增殖，也不利于切割嫩茎生根。如果

细胞分裂素用量太低,表现的状况是几乎没有侧芽生长出来,一根独苗长得细高。如果是叶切块、叶柄或茎切段诱导不定芽,细胞分裂素用量太低或没有,就不可能诱导出苗,有些植物还会因缺乏细胞分裂素而加速衰老,逐渐死亡。

不同的植物,同一植物不同的部位,不同的品种,不同的采样季节,都会产生不同的激素要求。只能是在现有的关于细胞全能性的知识、植物激素知识以及已分化成功的同种、同属植物的经验等基础上,用几组不同的激素配比实地进行试验来解决问题。

5) pH 值与培养基支持体

试管苗的增殖都要一定的 pH 值。如果 pH 值不适,则直接影响试管苗对营养物质的吸收,从而影响到生长和繁殖。除特殊要求外,一般培养基 pH 都在 5.6~6.0。培养基的硬度主要是由培养基支持体的用量决定的。常用的培养基支持体有琼脂,另外还有蛭石、珍珠岩、多微孔聚丙烯膜和岩棉等。培养基支持体是起凝固和支撑的培养基材料。

6) 活性炭

活性炭是木材在高温和气流存在下碳化,然后进行纯化除去杂质制成的。由于活性炭内部形成无数微小网孔,具有很大的内表面积,具有强大的吸附能力。它主要吸附培养物产生的气体及抑制物质,可能减少一些有害物质的影响,避免或减轻培养中的褐变现象。但活性炭的吸附无选择性,它也吸附培养基中的一些生长素类和细胞分裂素物质,也会使琼脂凝固性降低。

6.2.2　外植体

1) 植物不同的器官和组织

植物不同的器官和组织对离体培养的反映是不同的,其形态发生的能力也是不同的。外植体的种类是影响组织培养效果的主要因素之一。即使是相同的器官,由于其生理学或发育年龄的差异,也会影响形态发生的类型及方式。

同一植株上不同器官的再生能力有所不同。许多植物茎段愈伤组织诱导率高于叶片。最适的为茎尖、带芽茎段,也可以利用叶片、子叶、根段、花器官等。

2) 外植体脱分化难易程度与其生理状态有关

外植体的年龄对组织的再生能力有很大的影响。通常选取植株的幼嫩组织,如胚、子叶、实生苗的嫩茎和嫩芽、幼龄植株上的组织作为外植体要比老龄化植株上的组织容易诱导成功。

一般情况下,外植体越幼嫩就越容易获得再生植株。外植体的选择和处理对褐变有较大影响。幼龄材料酚类化合物含量少,而成龄材料比较多。

不同季节取材,对植株的再生能力影响差异很大,通常春季是植物生长旺季,植株再生能力也最强。

3) 生理学上的年龄

生理学上的(或发育的)年龄,影响到它的形态发生类型和进一步的发展。按植物生理学的基本观点,沿植物体的主轴,越向上的部位其生长时间越短,即形成得较晚的组织,其生理(或发育的)年龄越老,即越接近发育上的成熟,越易形成花器官。这一规律在用烟草植株不同部位的表层细胞进行培养时,也表现出同样的规律,即植株下部的细胞产生营养芽,而越向上形成花芽的比例逐渐增多。木本植物中,胚和实生苗组织具有较高的再生能力。杜鹃茎切段产生茎的能力,随着茎的年龄增加而削弱。常春藤幼年期的组织、胚和胚器官,具有较高的再生能力,而成熟组织则不具有。这里所指的再生能力是先发生愈伤组织,再从它诱导形态发生的过程。一般情况下,幼年的组织都比老年的组织具有较高的形态发生能力,这也是重要的规律性之一。采用不适宜的外植体在限定的条件下,可能会使培养失败。

在树木组织培养中,外植体的生理年龄对培养结果的影响尤其较大,离体培养时应选取生理年龄较短的外植体(图6.9)。

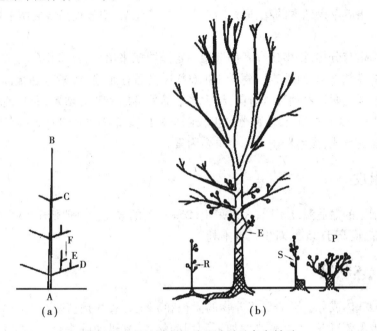

图 6.9 针叶树和几种阔叶树幼年期模型

(a)针叶树幼年期模型。幼年期程度与根颈(A)和茎尖分生组织之间的距离(沿主茎干和侧枝)成反比。就 AB、AE、AF 的距离来说,茎尖分生组织 B 最成熟,而 F 最幼年。

(b)几种阔叶树幼年期模型。交叉阴影线密度表示幼年程度。隐芽萌发枝 E,根蘖 R,桩蘖 S,重修剪树 P 处于幼年状态。幼年期区域的形态特征是,主杆不分叉、冬季靠近主干的叶片宿存和分枝角度大。成年区域的特征是,主干分叉和侧枝分枝角度小。

4)外植体大小

不能太小,否则影响成活率。除非是用于脱毒苗的生产。

6.2.3 光照

光对试管苗生长增殖也有明显影响,表现在光照时间、光照强度和光周期等方面。

1)光照时间

对于大多数的植物来讲,14~18 h/d 的光照时间即可满足生长发育的需要。但不同的植株及不同的培养目的,其光照也有一定的差异。苹果在 16~24 h/d 的光照时间下会降低增殖率,而多数葡萄品种的试管苗在连续的光培养下可提高增殖系数,而且苗的生长更为健壮。

2）光照强度

对细胞、组织的增殖和器官的分化研究尚少，因此看法不一致。光照主要是满足植物形态建成的需要，300～500 lx 的光照强度已经可以保证，但对绝大多数花卉来说，2 000～3 000 lx 比较合适。在一些植物（如荷兰芹等）的组织培养中，发现器官形成不需要光；而另一些植物（如菊芋、卡里佐枳橙）的组织培养中，则发现光对器官的形成有重要作用。据报道，用黑暗、2 200 lx 和 5 700 lx 等不同光照处理卡里佐枳橙的茎尖培养，茎尖分化新梢数随着光照强度增加而增加，分别增加 153.8% 和 238.5%。吴绛云发现，光照显著促进黑穗醋栗幼苗的增殖。而王际轩等培养苹果砧木的芽，通过暗培养产生黄化苗，明显提高茎尖增殖率。

3）光周期

试管苗的增殖与分化，许多研究者都选用一定光周期来培养，最常用的光周期是 16 h 光照、8 h 黑暗。菊芋块茎器官的分化，每天 1 h、600 lx 光照有促进，到 12 h 达最高限度，再增加则无作用。用连续光照培养葡萄试管苗，绝大多数品种可加快苗的增殖，而且使苗生长健壮。一月以上每日 10 h 以下光照，会使部分苗生长停止和封顶，若延长至 12～16 h，则可消除。如果诱导试管内花的形成，光周期则是一个重要因素。

6.2.4　温度

不同植物增殖的最适温度不同，大多采用（25±2）℃的温度。一般低于 15 ℃时，培养的组织生长出现停滞，而高于 35 ℃对生长也不利。

6.2.5　气体状况

培养瓶中的气体成分会影响到培养物的生长和分化。氧气是植物组织必需的。组织培养的外植体呼吸需要氧气，所以需要增加可利用的氧气，并迅速除去释放出来的 CO_2。要求培养基及培养瓶通气良好，同时及时转接。液体培养要求振荡培养，促进气体交换。

6.2.6　湿度

培养容器内的相对湿度几乎可达 100%，而环境中的湿度会影响培养基湿度，培养室湿度太低，培养基易失水、干裂，影响生长，过高则易引起棉塞长霉，造成污染。一般要求在 70%～80%的相对湿度，过低应增湿，过高应通风除湿。

任务 6.3　植物组培快繁中出现的问题与解决途径

6.3.1　污染

污染是组织培养最常见和首要解决的问题。所谓污染是指在组织培养过程中，由于细菌、真菌等微生物的侵染，在培养基的表面或内部滋生大量菌斑，造成培养材料不能生长和发育的现象。

1）污染的类型与症状

引起污染的微生物主要有芽胞杆菌、大肠杆菌等细菌和毛霉、根霉、青霉等真菌，与此相对应的污染类型就分为细菌性污染和真菌性污染。细菌性污染的症状是菌落呈黏液状，颜色多为白色，与培养基表面界限清楚，一般接种后 1～2 d 就能发现；而真菌性污染的症状是菌落多为黑色、绿色、白色的绒毛状、棉絮状，与培养基和培养物的界限不清，一般接种后 3～10 d 后才能发现。实际生产中要明确辨认出是何种污染类型，以便有针对性地采取防治措施，提高组培成功率。

2）造成污染的因素

①培养基及各种使用器具消毒不彻底。

②外植体灭菌时不彻底，有杂菌残存在外植体表面。

③操作时人为因素带入。

④环境不清洁。

⑤超净工作区域污染。

3）控制污染的措施

（1）培养基及器械灭菌

在生产中，无菌操作首先面临的是培养基的灭菌，它需要在 121 ℃下灭菌 20～30 min，灭菌效果取决于灭菌温度及其持续时间、压力，重要的是在压力上升前将冷空气排出。所有接种器械均需进行高温灭菌后才能使用，而且在接种的过程中，每使用一次，还需要蘸酒精后在酒精灯火焰上彻底灼烧灭菌，特别是在不慎接触到污染物时，必须进行彻底的灼烧灭菌，否则极易引起器械污染，进而引起交叉污染。

（2）外植体

①做好接种材料的室外采集工作。最好春秋采集外植体，晴天下午采集，阴雨天勿采。优先选择地上部分作为外植体。外植体采集前喷杀虫剂、杀菌剂或套袋等。

②接种前在室内对材料进行预培养，从新抽生的枝条上选择外植体。

③外植体严格灭菌，在大规模组培生产前一定要进行灭菌效果试验，摸索出最佳的灭菌方法。对于难于灭菌彻底的材料，可以采取多次灭菌和交替灭菌的方法。

④及时淘汰污染的材料，防止在培养室内交叉污染。

（3）接种操作

在接种时，很容易由于人为的因素将各种微生物带入，引起比较严重的污染。

①接种人员注意个人卫生，洗手后进入接种室，接种时经常用75%酒精擦拭双手。

②在酒精灯火焰的有效控制区域内操作；在操作规范的前提下，尽量提高接种速度。

③接种时，接种员双手不能离开工作台，如果离开工作台必须用酒精擦手后再接种。

④接种时开瓶和封口动作都要轻，接种后旋转灼烧培养瓶口。

⑤避免任何部位如手、衣袖等在接种用具、培养皿和揭开的培养瓶口上方移动。

⑥各种器皿、容器、用具等，在放入超净工作台前用酒精擦拭，包括未接种的培养基瓶、待转接材料瓶、烧杯、酒精灯等。

⑦操作区内不要放入过多物体，避免气流被扰乱。

（4）环境条件

在大规模的组培生产中,大环境的污染也会使各个环节的污染明显增加,严重时会使生产无法进行。

在接种室和培养室内,要进行定期的熏蒸消毒,一般使用高锰酸钾和福尔马林,这种方法效果好,但对人体有一定的危害。平时还需用紫外灯进行照射消毒,也可用臭氧灭菌机灭菌,对大环境消毒效果较好,而且使用灵活方便,对人体的危害也相对较小。

（5）超净工作台

为了使超净工作台有效工作,防止操作区域本身带菌,要定期对初过滤器进行清洗或更换,对内部的超净过滤器不必经常更换,但每隔一定时间要进行操作区的带菌试验,如果发现失效,则要整块更换,此外还需要测定操作区的风速,使其达到 20~30 m/ min。另外,在每次使用时应提前 15~20 min 打开机器预处理,并对操作台面用 70%的酒精进行喷雾消毒。

4）组培苗污染的处理

①真菌污染后,即使仅形成菌丝,菌丝也能够达到材料内部,因此,真菌污染是灭绝性的。污染的组培材料,必须经高压灭菌后再进行清洗。但若细菌污染,由于细菌繁殖是靠芽孢,细菌不会弥散整个空间,因此只要及时发现,将材料上部未感菌的部分剪下转接,材料仍可以用。

②用抗生素等杀菌药剂的处理,虽有不少报道,但至今还未发现哪种抗生素能够对各种菌都有效,并且抗生素常常也会影响植物材料的正常生长分化。另一些药剂,虽有的杀菌效果好,但往往容易引起盐害,也无法利用。

③对一些特别珍贵的材料,可以取出再次进行更为严格的灭菌,然后接入新鲜的培养基中重新培养,但灭菌时间不好控制,易造成药剂伤害致死。

6.3.2　褐变

褐变是指在组培过程中,由培养材料向培养基中释放褐色物质,致使培养基逐渐变成褐色,培养材料也随之慢慢变褐而死亡的现象。它的发生是由外植体中的酚类化合物被多酚氧化酶氧化形成褐色的醌类化合物,醌类化合物在酪氨酸酶的作用下,与外植体组织中的蛋白质发生聚合,进一步引起其他酶系失活,导致组织代谢紊乱,生长受阻,最终逐渐死亡。

1）引起褐变的原因

包括外植体本身、培养基及培养条件等方面的影响。它的出现是由植物组织中的多酚氧化酶被激活,而使细胞的代谢发生变化所致。

（1）种类和品种

在不同植物或同种植物不同品种的组培过程中,褐变发生的频率和严重程度存在很大的差异,一般木本植物更容易发生褐变现象,在已经报道的褐变植物中多数为木本植物,例如美国红栌、马褂木等。在蝴蝶兰组培的原球茎诱导阶段,褐变较生根培养时严重。此外,本身色素含量高的植物组培时也容易褐变。

（2）材料的年龄和大小

外植体的生理状态不同,褐变程度也有所不同。

一般来说,取自处于幼龄期植物的材料褐变程度较浅,而从已经成年的植株采收的外植体,由于含醌类物质较多,因此褐变较为严重。幼嫩的组织在接种后褐变程度并不明显,而成熟的组织在接种后褐变程度较为严重。

外植体大小对褐变的影响表现为,小的材料更容易发生褐变,相对较大的材料则褐变较轻;另外,切口越大褐变程度就会更严重,损伤有加剧褐变发生的作用。

（3）取材时间和部位

由于植物体内酚类化合物含量和多酚氧化酶的活性在不同的生长季节并不相同,一般冬春季取材褐变死亡率最低,其他季节取材则不同程度地加重。在取材部位上存在幼嫩茎尖较其他部位褐变程度低的现象,木质化程度高的节段在进行药剂消毒处理褐变现象更严重。

另一些种类如蝴蝶兰、香蕉等,随着培养时间的延长,褐变程度会加剧,甚至在超过一定时间不进行转瓶继代,褐变物的积累还会引起培养材料的死亡。

（4）光照

在采取外植体前,如果将材料或母株枝条进行遮光处理,然后再切取外植体培养,能够有效地降低褐变的发生。将接种后的初代培养材料在黑暗条件下培养,对抑制褐变发生也有一定的效果,但不如在接种前处理有效。如果光照过强、温度过高、培养时间过长等,均可使多酚氧化酶的活性提高,从而加大外植体的褐变程度。

（5）温度

温度对褐变有很大的影响,温度高褐变严重。

（6）培养基成分和培养方式

培养基无机盐浓度过高会使某些观赏植物的褐变程度增加。此外,细胞分裂素（如 6-BA）的水平过高也会刺激某些外植体的多酚氧化酶的活性,从而使褐变现象加重。

2) 缓解和减轻褐变现象的措施

一般来说,最好选择生长处于旺盛的外植体,这样可以使褐变现象明显减轻。

①外植体和培养材料进行 20～40 d 的遮光培养或暗培养,可以减轻一些种类的褐变程度。

②选择适宜的培养基,调整激素用量,控制温度和光照,尽量降低温度,减少光照。

③宜选择年龄适宜的外植体材料进行组培。

④在培养基中加入抗氧化剂和其他抑制剂,如抗坏血酸、硫代硫酸钠、有机酸、半胱氨酸及其盐酸盐、亚硫酸氢钠、氨基酸等,可以有效地抑制褐变。

⑤连续转移,对容易褐变的材料可间隔 12～24 h 的培养后,再转移到新的培养基上,这样经过连续处理 7～10 d 后,褐变现象便会得到控制或大为减轻。

⑥添加活性炭等吸附剂（0.1%～0.5%）,这是生产上常用的降低褐变的有效方法。

6.3.3 玻璃化现象

玻璃化是试管苗的一种生理失调症状,当植物材料进行离体繁殖时,有些组培苗的嫩茎、叶片往往会出现半透明状和水渍状,这种现象即为玻璃化。呈现玻璃化的试管苗,其茎、叶表面无蜡质,细胞持水力差,植株蒸腾作用强,无法进行正常移栽。

实验结果表明,玻璃化苗是在芽分化启动后的生长过程中,由碳水化合物、氮代谢和水分状态等发生生理性异常所引起,它由多种因素影响和控制。

1)产生玻璃化的主要原因

（1）激素浓度

激素的影响包括生长素和细胞分裂素，一方面指细胞分裂素的浓度，另一方面是以上两种激素的比例平衡。高浓度的细胞分裂素（尤其是 6-BA）有利于促进芽的分化，也会使玻璃化的发生比例提高，每种植物发生玻璃化的激素水平都不相同，有的品种在 6-BA 0.5 mg/L 时就有玻璃化发生，如香石竹的部分品种；细胞分裂素与生长素的比例失调，细胞分裂素的含量显著高于两者之间的适宜比例，使组培苗正常生长所需的激素水平失衡，也会导致玻璃化的发生。

（2）温度

温度主要影响苗的生长速度，温度升高时，苗的生长速度明显加快，高温达到一定限度后，会对正常的生长和代谢产生不良影响，促进玻璃化的产生；变温培养时，温度变化幅度大，忽高忽低的温度变化容易在瓶内壁形成小水滴，会增加瓶内湿度，提高玻璃化发生率。

（3）湿度

湿度包括瓶内的空气湿度和培养基的含水量。瓶内湿度与通气条件密切相关，通过气体交换瓶内湿度降低，玻璃化发生率减少。相反，如果不利于气体的交换，瓶子内处于不透气的高湿条件下，苗的生长势快，但玻璃化的发生频率也相对较高。一般来说，在单位容积内，培养的材料越多，苗的长势越快，玻璃化出现的频率就越高。

（4）培养基的硬度

随着琼脂浓度的增加，玻璃化的比例明显减少，但过多时培养基太硬，影响养分的吸收，使苗的生长速度减慢。

（5）光照

增加光照强度可以促进光合作用，提高碳水化合物的含量，使玻璃化的发生比例降低。光照不足再加上高温，极易引起组培苗的过度生长，加速玻璃化发生。

（6）培养基成分

一般认为，提高培养基中的碳氮比可以减少玻璃化的比例。

2)解决试管苗玻璃化的措施

①利用固体培养，增加琼脂浓度，降低培养基的水势，造成细胞吸水阻遏。提高琼脂纯度，也可降低玻璃化。

②适当提高培养基中蔗糖含量或加入渗透剂，降低培养基中的渗透势，减少培养基中植物材料可获得的水分，造成水分胁迫。

③适当降低培养基中细胞分裂素和赤霉素的浓度。

④控制温度，适当低温处理，避免过高的培养温度，在昼夜变温交替的情况下比恒温效果好。

⑤增加自然光照，可降低玻璃化苗率。

⑥增加培养基中 Ca、Mg、Mn、K、P、Fe、Cu 元素含量，降低 N 和 Cl 元素比例，特别是降低氨态氮浓度，提高硝态氮含量。

⑦改善培养容器的通风换气条件，如用棉塞或通气好的封口材料封口，降低培养容器内部环境的相对湿度。

⑧在培养基中添加其他物质。在培养基中加入间苯三酚或根皮苷或其他添加物,可有效地减轻或防治试管苗玻璃化,如添加马铃薯法可降低油菜玻璃苗的产生频率,用 0.5 mg/L 多效唑或 10 mg/L 的矮壮素,可减少重瓣丝石竹试管苗玻璃化的发生;而添加 1.5~2.5 g/L 的聚乙烯醇也成为防治苹果砧木玻璃化的措施。在培养基中加入 0.3% 的活性炭还可降低玻璃化苗的产生频率。

6.3.4　体细胞无性系变异

遗传稳定性问题,即保持原有良种特性问题。虽然植物组织培养中可获得大量形态、生理特性一致的植株,但通过愈伤组织或悬浮培养诱导的苗木,经常会出现一些体细胞变异个体,有些是有益变异,但更多的是不良变异。诸如观赏植物不开花、花小或花色不正,果树不结果、抗性下降或果小、产量低、品质差等问题,在生产上造成很大损失,引起经济纠纷。

1)影响无性系变异频率的因素

组培快繁过程中,外植体的来源、培养基的组成、外植体的年龄和植株再生的方式等,均与变异频率有关。

（1）基因型

不同物种再生植株的变异频率有很大差别。

同一物种的不同品种,无性系变异的频率也有差别。在玉簪中,杂色叶培养的变异频率为 43%,而绿色叶仅为 1.2%。甘蔗品系 H37-1933 和 H50-7209 中得到的再生植株,分别有 12.1% 和 34.8% 变异。香龙血树愈伤组织培养再生植株全部发生变异。

同一植株不同器官的外植体,对无性系变异率也有影响。在菠萝上,来自幼果的再生植株几乎 100% 出现变异,而冠芽的再生植株变异率只有 7%,这似乎表明从分化水平高的组织产生的无性系比从分生组织产生的更容易出现变异。这种现象在其他植物上也有过报道。

（2）外源激素

许多研究者指出,培养基中的外源激素是诱导体细胞无性系变异的重要原因之一。关于组培苗的多倍性与培养基中 2,4-D 之间的关系,既有正相关的报道,也有负相关的报道。

与 2,4-D 相似,较高浓度的 NAA 也能有选择地促进二倍体细胞的有丝分裂。在每升含有 0.02 mg 激动素和 1 mg NAA 的培养基上建立起来的纤细单冠毛菊幼苗愈伤组织,在保存了 80 d 以后,其中多数细胞为二倍体,少数为四倍体,八倍体细胞十分罕见。

在高浓度的激素作用下,细胞分裂和生长加快,不正常分裂频率增高,再生植株变异也增多。

（3）继代培养的时间

根据报道,试管苗的继代培养次数和时间影响植物稳定性,是造成变异的关键因素。一般随继代次数和时间的增加,变异频率不断提高。

蝴蝶兰连续培养 4 年后,植株退化、不开花。经长期继代培养的烟草愈伤组织再生植株,其花和叶的不正常性是很普遍的,而短期组培苗却未发现变异。各种变异发生的频率随组织培养时间的增加而提高。长期营养繁殖的植物变异率较高,可能是由于在外植体的细胞中已经积累着遗传变异。

（4）再生植株的方式

离体材料的形态发生以茎尖、茎段等诱导丛生芽形成的方式进行繁殖不易发生变异或变异率极低。用菊花茎尖、腋芽培养，变异较低，而从花瓣诱导的变异较高。通过愈伤组织和悬浮培养分化不定芽的方式获得再生植株变异率较高。通过胚状体途径再生植株变异较少，通过茎尖诱导侧芽增殖可以保持基因型不变。

（5）外植体细胞中预先存在的变异

有些体细胞无性系变异发生在组织培养之前，在接种的外植体中包含了一些已经变异的细胞，这些细胞经过组织培养再生为变异的植株。在二倍体植株的组织中包含一些多倍体细胞和非整倍体细胞，由它们再生出多倍体或非整倍体植株。

综上所述，以分化程度较高的组织或细胞作为外植体，在一定的植物激素浓度下诱导愈伤组织，并经过较长时期的继代培养，诱导分化出再生植株，体细胞无性系变异的频率有可能会提高。

2）提高遗传稳定性，减少变异的措施

在进行植物快速繁殖时，应尽量采用不易发生体细胞变异的部位和增殖途径，以减少或避免植物个体或细胞发生变异。如采用生长点、腋芽生枝、胚状体繁殖方式，可有效地减少变异；缩短继代时间，限制继代次数；取幼年的外植体材料；采用适当的生长调节物质种类和较低的浓度；减少或不使用培养基中容易引起诱变的化学物质；定期检测，及时剔除生理、形态异常苗，并进行多年跟踪检测，调查再生植株开花结实特性，以确定其生物学性状和经济性状是否稳定。

任务 6.4　植物组织培养快繁试验方案的设计与实施

任何一项能带来经济和生态效益的植物组培技术，都是通过反复的组培试验来开发完成的。组培方案是确保组培试验成功的前提。在离体培养时，来源于不同植物种类、同一种植物不同部位的外植体，对营养物质和培养条件的要求均不相同，所以我们要在对某种植物进行离体培养前，必须首先制订出一个科学合理的试验方案，然后按照试验方案进行试验，以期揭示其离体生长发育的规律，筛选适合其生长发育和增殖要求的各项指标，指导组培苗木规模化生产。

6.4.1　相关文献资料的分析

1）确定目标植物

目标植物的确定是由组培试验的目的来决定的，也往往是由企业生产任务决定的。

2）收集、分析文献

培养目标确定后，需要了解目标植物离体培养方面的研究进展，增强感性认识，以便试验设计更具针对性和科学性。参考文献获得的途径有：

①植物组织培养技术方面的专著、教材、专业期刊等。

②一些专业网站（如中国组培网等）、数据库（如中国知网的《中国学术期刊网络出版总库》、《中国博士学位论文全文数据库》，维普资讯网的《中文科技期刊数据库》）等。当培养对

象缺乏文献可查阅时,可参阅同属或同种不同品种的植物组培研究文献。

植物离体培养经常受很多未知因素或变量困扰,一次试验获得的结果有时很难在下一次试验中重复,或者一个实验室取得的研究成果难以在另一个实验室进行重新实现,且实验室中研究成功的方法需要加以调整才能在规模化生产中产生类似的结果。

因此,在设计植物组培试验方案时,首先要对已收集到的所有文献进行认真甄别、去伪存真,然后再对可信度较高的文献进行认真研读、分析,获取必要的组培技术信息,以备设计组培试验时参考。

分析研读组培文献时,首先要注意收集以下几方面的技术信息:

①被选择的植物基因型、外植体来源部位、生理状态、发育年龄、取材季节、处理方法(包括预处理和消毒)、剪取大小、接种方式、污染、褐化及其成苗途径等内容。

②离体培养各阶段所选用培养基的基本类型、配方改良及筛选方式方法,尤其是培养基中添加植物生长调节剂的种类和使用剂量。

③外植体培养条件的选择与调控情况。

④试管苗驯化条件及移栽基质的配制方法。

其次,对收集到的各种技术信息进行深入分析整理,归纳总结出影响目标植物离体培养各个环节的主要因素。

6.4.2 植物组织培养试验方案的设计及实施

植物离体培养的方案设计及实施,一般包括试验设计、试验实施、数据分析和验证试验 4个步骤。

1)试验设计

试验设计是进行组培方案设计的重要环节,试验设计合理与否不仅直接关系到能否获得所需要的数据资料,而且还直接影响数据资料的质量。植物离体培养的试验设计一般采用单因素试验、多因素试验等方法。在组织培养的试验方案中,要考虑的因素主要有基本培养基、植物激素配比、糖浓度、pH 值等。

单因子试验中,各项条件和因素都维持在一般水平上,只变动一个因子,以找出这一因子对试验的影响和影响程度。例如,调节细胞分裂素与生长素的用量是快繁中最重要的一环。采用 MS 培养基,细胞分裂素用 6-BA,生长素用 NAA,用量上 6-BA 暂定为 2 mg/L,NAA 暂定为 0.1 mg/L 或 0.2 mg/L。培养温度为 24~26 ℃,每天光照 14 h。这种培养基和条件已使比较容易再生的上百种植物顺利分化和增殖。

培养一段时间以后,可以根据大多数培养物及其中少数组织块的表现,来修订下次培养基中植物激素的用量。这一过程,也就是收集培养物对培养基及培养条件的"意见"。

如培养物反应不理想,可以查阅、参考近似科、属和属内其他种的培养条件。选取不同激素用量也可以用两组单因子试验来进行:第一组找出适宜的 6-BA 用量,第二组找出适宜的NAA 用量。

$$
第一组\begin{cases} 1-1, MS+6\text{-}BA\ 1\ mg/L+NAA\ 0.1\ mg/L; \\ 1-2, MS+6\text{-}BA\ 2\ mg/L+NAA\ 0.1\ mg/L; \\ 1-3, MS+6\text{-}BA\ 4\ mg/L+NAA\ 0.1\ mg/L。 \end{cases}
$$

在这组试验中 NAA 的用量不变,注意观察 6-BA 对培养物的影响。

第二组 $\begin{cases} 2-1,MS+6\text{-}BA\ 2\ mg/L+NAA\ 0.05\ mg/L; \\ 2-2,MS+6\text{-}BA\ 2\ mg/L+NAA\ 0.1\ mg/L; \\ 2-3,MS+6\text{-}BA\ 2\ mg/L+NAA\ 0.5\ mg/L。 \end{cases}$

在这组试验中 6-BA 的用量不变,注意观察 NAA 对培养物的影响。

像这样比较简单的试验,就用不着 6-BA 和 NAA 两个因子都同时变。从试验结果中可以选出较优的一两种处理,或可预示在上两组试验中未曾出现的组合,需要调整后再继续试验。比如上述试验中 1-2 较好、2-3 较好,重新试验时,就可以选 MS+6-BA 2 mg/L+NAA 0.5 mg/L 的激素配比。对于许多植物来说,这样的试验已足够了。特殊情况下,如解决不了问题,就可进一步选用 KT、ZT、2-iP 等其他细胞分裂素,以及 IAA、IBA、2,4-D 等其他生长素,并试用正交试验法安排多因子的或单因子的试验。

多因素试验则是指在一项试验中有两个或两个以上的试验因素同时设置为若干不同水平的试验。在多因素试验设计时,常用的设计方法有正交试验设计。例如,采用正交设计,在使用 L_9 表时就可以安排 4 个因子,3 种水平的试验,一共做 9 种不同搭配的试验,其结果相当于做了 27 次搭配的试验。正交试验虽然是多因素搭配在一起的试验,但是在试验结果的分析中,每一种因素所起的作用却又能够明白无误地表现出来。在植物快速繁殖研究中,可用于同时探求培养基中适宜的几种成分的用量,如细胞分裂素、生长素、糖和其他成分的用量。当培养物有切实可靠的指标便于观察计算,即比较容易进行定量化处理的情况下,采用多因子试验能起到推进试验进程的作用,得到事半功倍的效果。比如出苗数量、苗的高度、生根数量、根长度、移栽成活率等数据的统计。

如探究培养基类型、植物生长调节剂等因素对植物离体繁殖体系建立所产生的影响时,一般采用正交试验法进行多因素试验(表 6.2)。

表 6.2 培养基及外源植物激素对菊花腋芽诱导影响的 $L_9(3^4)$ 正交设计试验安排

处理号	因素及水平			
	基本培养基	6-BA/(mg·L^{-1})	NAA/(mg·L^{-1})	KT/(mg·L^{-1})
1	MS	1(0.2)	1(0.1)	1(0.1)
2	MS	2(0.5)	2(0.2)	2(0.2)
3	SM	3(0.8)	3(0.3)	3(0.3)
4	1/2 MS	1(0.2)	2(0.2)	3(0.3)
5	1/2 MS	2(0.5)	3(0.3)	1(0.1)
6	1/2 MS	3(0.8)	1(0.1)	2(0.2)
7	White	1(0.2)	3(0.3)	2(0.2)
8	White	2(0.5)	1(0.1)	3(0.3)
9	White	3(0.8)	2(0.2)	1(0.1)

注:表中各个培养基均添加蔗糖 30 g/L、琼脂 6.5 g/L,pH 5.8。

在各组处理项目上,通常要用一定数量的试验材料,因此必须有一定数量重复。随试验规模和要求不同,大多每个项目要有 4~10 瓶,每瓶至少 3 块培养物或 3 丛小幼苗。这些材料接入的数量和质量都应尽可能保持一致。设置的重复数量越大,所取得的结果也就越可靠。所得到的试验结果都应经过适当的数学处理,以便能够比较客观地评判试验结果的准确度与可信度。

2) 实施试验

实施试验就是将设计好的试验方案付诸于实践,并对试验指标进行记录的过程。组培试验的实施步骤一般分为试验准备(包括试验设备的校准、器具的洗涤、干燥与灭菌、药品试剂准备、植物材料的采集与处理等)、试验操作(包括培养基母液的配制、培养基的配制与其灭菌、外植体消毒与接种、外植体的培养等)、试验指标的观察与记录等环节。

3) 试验数据分析

试验数据分析就是运用科学统计方法对收集的试验数据进行详细研究和概括总结,以求提取有用信息和形成结论的过程。组培试验的目的不同,试验设计方法不同,所设定的试验指标也就不同,那么,对试验取得数据的分析方法也就不同,正交试验获得的试验数据一般采用方差分析或极差分析。

4) 验证试验

验证试验就是对上述试验的分析结论进行检验以判断其正确与否的试验活动。旨在对其试验方案进行进一步修正和完善,以求获得最佳试验结论,必要时需要对所选择的最佳方案进行重新离体培养,加以验证。

数理统计理论介入植物组培试验设计至关重要,为了最大限度地避免非试验因素对试验结果的不利影响,确保试验数据的准确性,组培试验设计应遵循随机性、可重复性和对照性三大原则。

随机性原则:是指分配于各试验处理的试验对象(样本)是从总体试验材料中任意抽取的。若在同一试验中存在数个试验因素,则各试验因素施加顺序的机会也是随机的和均等的。通过随机化,一是尽量使抽取的样本能够代表总体,减少抽样误差;二是使各试验处理样本的条件尽量一致,消除或减少各处理间的人为误差,使试验因素产生的效应更加客观,以便获得正确的试验结果,如在愈伤组织诱导试验研究中,将来源不同的外植体随机接种到不同配方的培养基上。

可重复性原则:同一试验处理在整个试验过程中出现的次数称为重复。植物组培试验多采用平行重复设计(即控制某种因素的变化幅度,在同样条件下重复试验,观察其对试验结果影响的程度)。设置重复试验的作用有二,一是降低试验误差,扩大试验的代表性;二是估计试验误差的大小,判断试验可靠程度。

对照性原则:试验中的非试验因素很多,必须严格控制,要平衡和消除非试验因素对试验结果的影响,设置对照试验是行之有效的好方法。一般地,在植物组织培养试验设计时,设置对照试验常用的方法有两种:

①空白对照(又称对照试验):是指没有施加或减除试验因素的常态试验处理,如在"抗坏血酸抑制某植物外植体褐化"的试验中,试验组分别添加一定体积不同浓度的抗坏血酸溶液,而对照组只加了等体积的蒸馏水,起空白对照。

②相互对照(又称对比试验):是指不单独设置对照组,而是用不同方式或不同物理量的

试验因素处理的两个或几个试验组互为对照。如在"光对某植物外植体愈伤组织诱导影响"试验中,利用若干组外植体的不同条件处理的试验组之间进行对照,研究光照与外植体愈伤组织形成之间的关系。

★知识链接

1)试管微茎

（1）试管微茎的概念和意义

试管微茎是利用植物细胞全能性原理,在离体培养条件下,通过对培养条件及培养基的调整,诱导植物的离体组织或试管苗在容器内形成微型变态茎的离体培养技术。Kim(1982)首先报道了马铃薯试管微薯的诱导方法。20世纪90年代,各国学者通过对试管微薯形成机理的研究及培养条件的改良,使马铃薯试管薯作为一种重要的试管微繁方式走向应用。近年来,一些重要植物特别是药用植物,试管微茎的诱导和利用研究有了长足的发展,百合试管小鳞茎、半夏试管茎、魔芋试管微球茎、郁金香试管鳞茎、马蹄莲试管块茎、怀山药试管块茎、芋试管球茎、试管姜等相继诱导成功。

试管微茎的诱导有着特殊的意义,对于大多利用地下茎(根茎、块茎、鳞茎、球茎等)进行繁殖的植物,生产上用种量大,繁殖效率低(如传统莲藕繁殖系数为1∶10),运输成本高,优良品种繁殖速度慢。而且长期的无性繁殖使病毒在植物体内累积,导致种性的退化和减产。尽管人们通过茎尖脱毒进行脱毒苗繁殖,但大量试管苗在生产上存在着运输难的问题。而试管微茎可以由脱毒苗形成,具有试管微繁的所有特点,同时更方便运输。

（2）试管微茎诱导的一般方法

兰科植物、郁金香、百合等名贵花卉,外植体在固体诱导培养基上即可形成原球茎、试管鳞茎等。马铃薯试管薯的诱导,首先是利用试管脱毒、微繁殖建立起试管苗繁育系统,在此基础上诱导出生长健壮、来源一致的试管苗,剪取生长健壮的试管苗茎段用于试管薯的诱导。试管薯的形成一般有3种培养体系:液体培养体系、固液双层培养体系和固体直接诱导培养体系。

①液体培养体系。将茎段在液体MS培养基(MS+蔗糖2%～3%)中浅层静置培养21 d[光强2 000 lx,光周期16 h/d,(25±1)℃]。然后转入液体诱导结薯培养基(MS+6-BA 5 mg/L+CCC 500 mg/L+蔗糖8%)中,全黑暗条件下诱导结薯。

②固液双层培养体系。茎段在固体MS培养基(MS+蔗糖3%+琼脂0.8%)中培养21 d[光强2 000 lx,光周期16 h/d,(25±1)℃]后,转入液体诱导结薯培养基(MS+6-BA 5 mg/L+CCC 500 mg/L+蔗糖8%),全黑暗条件下诱导结薯。

③固体直接诱导培养体系。固体诱导结薯培养基(MS+6-BA 5 mg/L+CCC 500 mg/L+蔗糖8%+琼脂0.8%)中,全黑暗条件下直接诱导结薯。

液体和固液双层培养体系诱导培养60 d,固体直接诱导培养30 d后,可以获得试管微薯。从培养方式看,液体诱导培养是当前马铃薯试管薯诱导的主要方式,试管薯产量高而且相对节约成本,但培养后期试管苗易出现茎叶黄化甚至枯萎现象。固液双层培养,试管苗茎叶鲜绿,生长健壮,成薯指数和试管薯产量也较高,但需使用琼脂,成本相对较高。固体直接诱导,结薯数量、鲜重、平均直径等都相对较小,但结薯时间短,试管薯之间差异小,成熟整齐一致,易于准确判断其发育时期。

2) 无糖培养技术

植物无糖组培快繁技术，又称为光自养微繁殖技术，是指在植物组织培养中改变碳源的种类，以 CO_2 代替糖作为植物体的碳源，通过输入 CO_2 气体，并控制影响试管苗生长发育的环境因子，促进植株光合作用，使试管苗由兼养型转变为自养型，进而生产优质种苗的一种新的植物微繁殖技术。

这一技术概念是在 1980 年提出的，其技术发明人是日本千叶大学的古在丰树教授。20世纪 90 年代以后，无糖组织培养技术也在各国开始得到推广应用。特别是近几年来，从事这一技术领域研究的科技人员越来越多，这一技术也逐渐成熟，并开始应用于植物微繁殖工厂化生产。

(1) 植物无糖组培快繁的技术特点

① CO_2 代替了糖作为植物体的碳源。在一般的有糖培养微繁殖中，小植物是以糖作为主要碳源进行异养或兼养生长，糖被看作是植物组织培养中必不可少的物质添加到培养基中。而无糖培养微繁殖是以 CO_2 作为小植株的唯一碳源，通过自然或强制性换气系统，供给小植株生长所需 CO_2，促进植物的光合作用进行自养生长。

② 环境控制促进植株的光合速率。在传统的组织培养中，很少对植株生长的微环境进行研究，研究的重点是放在培养基的配方以及激素的用量和有机物质的添加上；而无糖组织培养技术是建立在对培养容器内环境控制的基础上，根据容器中植株生长所需的最佳环境条件（如光照强度、CO_2 浓度、环境湿度、温度、培养基质等），来对植株生长的微环境进行控制，最大限度地提高小植株的光合速率，促进植株的生长。

③ 使用多功能大型培养容器。在传统的组织培养中，由于培养基中糖的存在，为了防止污染，一般使用或者说只能使用小的培养容器。而无糖培养在培养过程中不使用糖及各类有机物质，极大地避免了污染的发生，可以使用各种类型的培养容器，小至试管，大至培养室。

④ 多孔的无机材料作为培养基质。在传统的组织培养中，通常使用琼脂作为培养基质，而无糖培养主要是采用多孔的无机物质作为培养基质，如蛭石、珍珠岩、纤维、Florialite（一种蛭石和纤维的混合物），可以极大地提高小植株的生根率和生根质量。

⑤ 闭锁型培养室。传统组织培养中的培养室是半开放的，有许多的窗户以利于阳光直接进入培养室，但自然光在进入培养室的同时也增加了降温的成本，光的强度和分布是不均匀的。而无糖培养采用的是闭锁型的培养室，通过人工或自动调控整个培养室环境，能周年进行稳定的生产。

(2) 植物无糖组培快繁技术的限制因素

① 需要相对复杂的微环境。植物无糖组织培养微繁殖的研究和试验已经非常成功，但实际应用还是受到一定的限制，一个主要原因就是需要应用微环境控制方面专业的技术。没有充分理解容器中小植株的生理特性、容器内的环境、容器外的环境、培养容器的物理或构造特性之间的关系，将不可能成功地应用光自养微繁殖系统，使用最少的能源和原料生产高品质的植株。光自养微繁殖控制系统的复杂性会导致设施设计的失败，必须在充分认识和理解了光自养微繁殖的原理后，才能取得成功。

② 培养的植物材料受到限制。与一般的微繁殖相比，光自养微繁殖需要较高质量的芽和茎，外植体需具有一定的叶面积，带绿色子叶的体细胞胚也可进行光自养生长。外植体的质

量越好培养效果越佳。

无糖组织培养微繁殖技术作为一项高新技术,在基础科学研究和实践生产中均具有广阔的应用前景。

实训 6.1　试管苗继代转接技术

1) 目的要求

(1) 熟练掌握无菌短枝型试管苗继代培养过程中无菌操作技术。

(2) 掌握无菌短枝型试管苗的继代转接技术。

(3) 掌握原球茎型试管苗转接技术。

2) 基本内容

(1) 转接马铃薯试管苗,进行马铃薯试管苗的繁殖。

(2) 继代转接原球茎型试管苗,进行兰花试管苗的繁殖。

3) 材料与用具

无菌转接操作间、超净工作台、70% 的酒精、95% 的酒精、盛有培养基的培养瓶、接种器材(解剖刀、接种剪、镊子、盘子等)、酒精灯、接种器械灭菌器、马铃薯试管苗、兰花原球茎试管苗等。

4) 操作步骤

(1) 转接马铃薯试管苗,进行马铃薯试管苗的繁殖。

①操作前 20 min,打开超净工作台风机开关和超净工作台内紫外灯开关。

②照射 20 min 后关闭紫外灯。

③用水和肥皂洗净双手,穿上灭过菌的专用试验服、帽子与鞋子,进入无菌操作车间。

④用 70% 的酒精棉球擦拭工作台和双手。

⑤用蘸有 70% 酒精的纱布擦拭装有培养基的培养器皿,放进工作台。

⑥把经过灭菌的器械架包装纸打开,注意绝不能用手碰到器械架的横梁部分。将镊子与剪刀灼烧灭菌后放在支架上冷却。

⑦把待转接的试管苗瓶外壁先用蘸有 70% 酒精的干净纱布擦干净,然后取下封口材料,在酒精灯火焰处灼烧瓶口,转动瓶口使瓶口的各个部位均能烧到。

⑧按照同样的方法对培养基瓶进行擦拭消毒并打开封口材料灼烧瓶口。

⑨左手拿接种瓶,右手拿弯头剪,从待转接的试管苗瓶中剪下 1~1.5 cm 的茎段,迅速用无菌镊子插植到新鲜增殖培养基中,使无菌短枝在培养基中直立并均匀分布,每瓶接种的具体数目应根据培养容器的大小及要求而定。

注意:在接种过程中,手绝不能从打开的接种瓶上方经过,以免灰尘和微生物落入造成污染。

⑩一瓶转接完成,培养瓶在封口之前,再用酒精灯的火焰灼烧瓶口,转动瓶口使瓶口的各个部位均能烧到,然后再盖上封口材料。再按同样的方法转接下一瓶,直到试管苗全部转接完成。

⑪在接好种的培养瓶上标注植物品种名称、培养基种类、接种时间、接种人的代号等。

⑫接种结束后,把试管苗放到植物培养车间中培养,清理和关闭超净工作台。

⑬定期到植物培养车间中观察、记录试管苗的生长状况。

(2)原球茎型试管苗继代转接技术。

①—⑧步同上。材料为兰科植物的试管苗。要注意的是,材料中既有原球茎,也有已经萌发的幼苗。

⑨左手拿接种瓶,右手拿镊子,从待转接的试管苗瓶中取出材料放在无菌滤纸上,用镊子、接种刀把原球茎和兰花幼苗分别放置,分别把原球茎迅速转移到新鲜增殖培养基表面,把兰花幼苗迅速转移到新生根培养基中。

注意:在接种过程中,手绝不能从打开的接种瓶上方经过,以免灰尘和微生物落入造成污染。

⑩按照这种方法增殖培养基均匀接种 20 块左右,兰花幼苗根据情况确定接种数量。

定期到植物培养车间中观察、记录试管苗的生长状况。

5)思考与分析

(1)不同试管苗如何选择适宜的方式进行转接?

(2)如何提高试管苗的成活率、降低污染率?

实训 6.2　试管苗的生根转接技术

1)目的要求

(1)掌握如何选择合适的生根培养基配方。

(2)掌握试管苗生根转接的方法。

2)基本内容

(1)试管苗生根转接。

(2)试管苗生根状况观察记载。

3)材料与用具

超净工作台、70%的酒精、盛有培养基的培养瓶、接种器材(主要是指解剖刀、接种剪、镊子、盘子等)、酒精灯、接种灭菌器、试管苗等。

4)操作步骤

(1)准备生根培养基。

(2)转接操作前的准备工作见前面实验。

(3)生根转接操作。

生根转接操作与继代增殖操作的主要区别在于接种材料的选择上,生根转接选用的材料为在继代培养中形成的无根小苗。接种时一手持镊子,一手持解剖刀,将植物材料进行分割,目的是使无根小苗一个一个独立分开。分割时,应尽可能使单株上的茎、叶保持完整。若材料具有根,切去原来的变褐根,仅留色白、幼嫩的根。依照形态学上端向上、形态学下端向下的原则,将材料垂直插于生根培养基中,每瓶可适当多接材料,分布要均匀。接种时宜将大小

较一致的材料接种于同一瓶中,以便移栽时每瓶中材料大小一致。在标签上写上植物编号、日期、接种人代码,贴在培养瓶上,并置于培养架上培养。

(4)对所培养的生根试管苗进行随机观察,并做好记录。及时发现并解决问题。

5)思考与分析

(1)根据试管苗生根状况,分析培养基中的激素添加是否必要,量是否合适。

(2)影响试管苗生根的因素有哪些?

实训 6.3　试管苗的移栽驯化

1)目的要求

试管苗的驯化是组织培养快速繁殖技术的最后关键技术,掌握试管苗的出瓶种植与管理技术至关重要。

2)基本内容

(1)准备移植苗床或营养钵。

(2)试管苗的洗涤。

(3)试管苗的栽植。

(4)试管苗的栽后管理。

3)材料与用具

智能型连栋大棚或日光温室、苗床、营养钵、园土、蛭石、珍珠岩、喷壶、遮阴网、棚膜、地膜、竹坯、打孔器、水盆、镊子、试管苗等。

4)方法步骤

(1)准备好各种试管苗、水盆、镊子等用具。

(2)准备苗床。把苗床平整好、踏实,铺上一层 5~10 cm 厚的蛭石,浇透水备用。

(3)营养钵准备。营养钵的底部铺一层园土,约占整个营养钵高度的 1/2,园土上面装入蛭石,离营养钵口 1~2 cm,浇透水备用。

(4)用镊子把试管苗从培养瓶中轻轻地提出来,放在加了水的盆中,把组培苗上的培养基清洗干净,把黄叶以及多余的根清理掉,摆放整齐。

(5)按一定的株行距把苗床用打孔器打孔,把洗净整理好的组培苗定植在苗床内,不能埋住试管苗的苗心,然后喷透水,插上竹坯,盖上地膜,再在小拱棚上盖上遮阴网,做好保湿和遮阴工作。

(6)清理移栽场所。

(7)试管苗的定植。一般 20~30 d 试管苗长出新根、发出新叶,高度 5~10 cm 时就可以定植。

5)思考与分析

(1)试管苗有何特点? 怎样提高试管苗的移栽成活率?

(2)怎样准备苗床? 选择何种基质?

(3)试管苗移栽后如何管理?

·项目小结·

本项目介绍了植物组织培养快繁的基本步骤,主要有初代培养、继代培养与增殖、试管苗的壮苗生根、试管苗驯化与移栽管理;在组培过程中,污染、褐变、玻璃苗、遗传稳定性等问题困扰着生产者,植物组织培养快速繁殖的影响因素非常多,包括培养基的成分、外植体、光照、温度、气体状况等,对组培快繁的效率都有影响;植物组织培养快繁技术是一项非常细致复杂的工作,快繁试验方案的制订显得非常重要,试验方案的设计要遵循随机性、可重复性和对照性三大原则。

 复习思考题

1.如何提高试管苗移栽的成活率?

2.与常规苗相比,试管苗具有哪些特点?

3.影响离体根生长的因素有哪些?

4.植物快繁的器官再生主要类型有哪些?

5.植物快繁的程序是什么?

6.组培苗基质选配的原则是什么?

7.褐化现象的产生原因和预防措施各是什么?

8.在植物组织培养中,造成组培材料污染的因素都有哪些? 如何采取相应的措施防止或降低污染?

9.简述培养物的玻璃化现象及其预防措施。

10.在组培快繁过程中,外植体的选择、增殖方式的选择对降低无性性变异有何影响?

项目 7

植物组织培养脱毒技术

📖【项目描述】
- 阐述植物组织培养脱毒的意义、方法和检测方法,以及脱毒苗的繁殖技术。

📖【学习目标】
- 了解植物脱毒的基础知识与原理。
- 掌握脱毒苗的管理知识。

📖【能力目标】
- 能利用植物茎尖分生组织培养等方法进行脱毒工作。
- 能正确地管理、生产各级脱毒苗,预防病毒再次侵染。

任务 7.1 植物组织培养脱毒的认知

7.1.1 植物组织培养脱毒的意义

15世纪以前，人们发现了连年种植的马铃薯产量逐年降低，植株变得矮小并伴有花叶、卷叶等异常现象。直到18世纪初，美国学者Orton研究确认病毒病是导致马铃薯退化的主要因素。1935年，美国生化学家Stanley第一次提纯了烟草花叶病毒(TMV)，并将其结晶出来。随着研究的深入，人们发现许多植物，特别是无性繁殖的植物极易受到多种病毒侵染，造成严重的品种退化，产量降低，品质变差。世界范围内病毒病的发展愈来愈严重，给粮食作物、园艺作物、经济作物和林木生产带来了很大的损失。有研究表明，由于病毒危害，每年造成生产上大面积减产10%~20%，并限制了栽培面积的进一步扩大。

危害植物的病毒，迄今为止有文献记录的为300多种(不包括不同株系)，受病毒危害的植物很多，多数的农作物，特别是无性繁殖作物，都受到一种或一种以上病毒的侵染。植物病毒的侵入与昆虫及动物病毒的侵入不同，与细菌病毒噬菌体的侵入亦不同。植物病毒只能通过不至于造成寄主细胞死亡的微小伤口才能完成侵入，有些病毒是通过在寄主的细胞壁上机械地造成微伤而侵入的，有些却需要特定的昆虫刺吸式口器，把病毒输入寄主的薄壁组织或韧皮部中，并建立寄主关系。据研究报道，植物病毒完成侵入后，必须通过细胞壁上的胞间连丝进入原生质后，与原生质接触才能发生植物病毒的增殖而产生侵染。当植物受到病毒侵染以后，由于寄主植株本身的正常新陈代谢等生理机能受到干扰，使叶绿体的合成、花青素生产和激素的合成分配等受到显著影响，从而使寄主植株的外观也表现出不正常状态。如植株矮小、叶片失绿或变色、分蘖及枝芽增加，以及果、叶畸形等。园艺植物中有相当多的种类是采用无性繁殖法，即利用茎、根、枝、叶、芽等，通过嫁接、分株、扦插、压条等途径进行繁殖，病毒通过营养体传递给后代，使危害逐年加重，而且园艺植物通常呈规模化集约栽培，易造成连作危害，加重了土壤传染性和线虫传染性病毒的危害。

病毒病害与真菌和细菌病害不同，不能通过化学杀菌剂或抗生素予以防治。现虽有人从事病毒抑制剂的研究，但由于病毒的复制增殖是在寄主体内完成，与寄主植物正常的生理代谢过程密切相关，而且现有的病毒抑制剂对植物也都有害，同时抑制剂不能治愈植物全株，当药效消失时病毒就很快恢复到原来的浓度。用化学杀虫剂消灭传播媒介昆虫(蚜虫、叶蝉、线虫、螨类等)，能减轻一些病毒的蔓延，但对于机械传播，用化学杀虫剂则不能控制这类病毒病。

脱毒苗的培育，无疑满足了农作物和园艺植物生产发展的迫切需要。自从20世纪50年代发现，通过茎尖分生组织培养的方法，可以脱除患病毒病植物的病毒，恢复种性，提高产量、品质，组织培养脱毒技术便在生产实践中得到广泛应用，不少国家和地区已将其纳入常规良种繁育体系，有的还专门建立了大规模的脱毒苗生产基地。我国是世界上从事植物脱毒和快繁最早、发展最快、应用最为广泛的国家，目前已建立了马铃薯、甘薯、草莓、苹果、葡萄、香蕉、

番木瓜、甘蔗等植物的脱毒苗生产基地,每年可提供几百万株各类脱毒苗。

这里所说的"脱毒苗",是指不含该种植物的主要危害病毒,即经检测主要病毒在植物体内的存在表现阴性反应的苗木。要脱除植物体内所有病毒包括未知病毒是不可能的。

7.1.2 植物组织培养脱毒方法

1)茎尖分生组织培养脱毒

茎尖培养在植物组织培养中应用最早,也是组织培养中应用较多的一个取材部位。1934年,White对烟草根中的病毒进行研究,发现病毒在体内的分布是不均匀的,越靠近根尖区病毒含量越低,根尖的顶端(生长点)不含病毒,但不含有病毒的部分不超过0.1~0.5 mm。Morel等根据病毒在寄主植物体内分布不均匀的特点,尝试建立了茎尖培养脱毒方法。1952年,Morel等通过大丽花茎尖组织培养获得了第一株植物脱毒苗,1955年他们又获得了马铃薯脱毒苗。如今,茎尖脱毒技术在生产上已广泛应用,并将其纳入良种繁殖的一个重要程序。

(1)茎尖脱毒的原理

研究表明,植物茎尖培养能脱毒是由于感染病毒的植株的幼嫩及未成熟的组织和器官中病毒含量较低,生长点(0.1~0.5 mm区域)则几乎不含病毒或含病毒很少。植物茎尖分生组织中不含或很少含有病毒,推测有多种原因:

①植物茎尖分生组织中胞间连丝发育不完全或太细,使病毒在细胞之间的扩散作用受到抑制。

②病毒复制、运输速度与茎尖细胞生长速度不同,病毒向上运输速度慢,而分生组织细胞繁殖快,使茎尖区域部分的细胞没有病毒。

③植物细胞生长点细胞中缺少病毒增殖的感受点,导致复制过程不能进行。

④茎尖分生组织中存在抑制、钝化病毒的物质。

⑤ 茎尖或其他组织在培养过程中病毒被钝化和抑制。

(2)茎尖分生组织脱毒的方法和程序

茎尖培养的工作程序一般可分为无菌培养的建立、外植体增殖(即茎尖增殖新梢的过程)、诱导生根以及试管苗的移栽驯化4个阶段(图7.1)。

①无菌培养的建立

建立供试植物的无菌培养,这一阶段工作的好坏直接影响到以后工作的开展。因此,一定要注意严格掌握有关条件,以保证初代培养的成功,为之后的继代培养、扩大繁殖奠定基础。

a.要选择适宜的品种。不同品种产量、品质特性及对病毒浸染的反应不同,直接影响到去除病毒后植株的增产效果和应用年限。要选择品质好、产量高、适应性强、抗病毒能力强的品种。外植体母株品种纯度是生产纯度高、优质种苗的基础,要注意避免品种混杂,提高劳动效率。

b.要挑选杂菌污染少、刚生长不久的茎尖。果树、林木和木本花卉植物,可在取材前将茎尖预先喷几次杀菌药,以保证材料无菌或少带菌。

c.对材料进行表面消毒。剪取植株上部枝梢段2~3 cm,去除较大叶片,用自来水冲洗干净,在超净工作台内,用70%~75%的酒精浸泡30 s,再用10%漂白粉上清液或1%~3%次氯酸钠消毒 10~20 min, 也可用 0.1% 升汞 (HgCl$_2$) 消毒数分钟, 最后用无菌水冲洗 4~5 次。不同植物消毒剂、消毒时间亦不同, 要严格掌握时间和剂量, 以免对材料造成损伤。

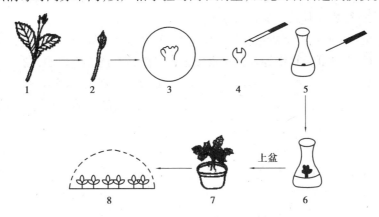

图 7.1 植物脱毒及繁殖示意图

1—采样; 2—去外叶; 3—剥离茎尖; 4—切取分生组织; 5—茎尖培养;

6—茎尖再生植株; 7—病毒鉴定; 8—防虫网内繁殖脱毒苗

d. 茎尖剥离与接种。剥取茎尖要在超净工作台上进行。微小的茎尖组织很难靠肉眼操作, 需用一台带有冷光源的解剖镜 (8~40×)。

在剖取茎尖时, 把茎芽置于解剖镜下, 一手拿细镊子将其按住, 另一手执解剖针将叶片和外围叶原基逐层剥掉。当一个闪亮半圆球的顶端分生组织完全暴露出来之后 (图 7.2), 用解剖刀片将带有 1~2 个叶原基的分生组织切下来, 使茎尖顶部向上接种到培养基上, 每个培养容器接 1 个茎尖。因切取茎尖分生组织时, 切下的组织粘在刀尖上, 应直接用解剖刀接种, 不可换用镊子等工具接种。

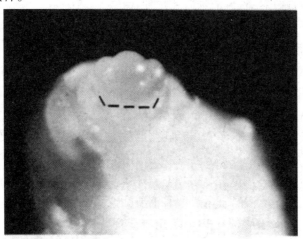

图 7.2 康乃馨茎尖 (虚线为离体培养的部位)

剥离茎尖时, 应尽快接种于培养基上, 茎尖暴露的时间越短越好, 以防茎尖变干。可在一个衬有无菌湿滤纸的培养皿内进行操作, 有助于防止茎尖变干。

接种的茎尖, 一般需要 3 个月才可长大成苗, 有的需要更长的时间, 如 6 个月。其间, 需要更换培养基。

②外植体的增殖。茎尖培养新梢的诱导增殖,受到基因型、外植体来源、生长素和细胞分裂素的种类、浓度水平、培养基成分、蔗糖浓度、光照强度等多种因素的影响。为了达到较高的增殖率,必须进行培养基及添加物筛选试验。

③诱导生根。一些植物茎尖培养形成绿芽后,基部很快发生不定根。但有些植物不易产生不定根,必须将无根绿苗再诱导才能生根成为完整植株。诱导生根的方法是,将2~3 cm高的无根苗转入生根培养基,继续培养半个月即可形成根。一些植物茎尖离体培养极难生根,即使转入生根培养基诱导也难奏效(如桃、苹果),这类植物的无病毒绿芽可通过微体嫁接法获得完整植株。如果取茎尖脱毒试管苗的茎尖(可大于第一次切取的茎尖)再培养,即二次茎尖培养,脱毒率可提高,甚至可达100%。

④试管苗的移栽驯化。试管苗移栽是组织培养过程的重要环节,这个工作环节做不好,就会造成前功尽弃。为了做好试管苗的移栽,应该选择合适的基质,并配合以相应的管理措施,才能确保整个组织培养工作的顺利完成。

试管苗由于是在无菌、有营养供给、适宜光照和温度、相对湿度大的环境条件下生长,因此在生理、形态等方面,都与自然条件生长的小苗有着很大的差异。所以必须通过炼苗,例如通过控水、控肥、增光、降温等措施,使其逐渐地适应外界环境,从而使生理、形态、组织上发生相应的变化,使之更适合于自然环境,只有这样才能保证试管苗顺利移栽成功。用泥炭土、珍珠岩、腐熟的树皮按1∶1∶1的比例配制的营养土,对大多数试管苗的生长有利。试管苗移栽后,温度的高低对成活率影响也较大。最适宜的温度一般为16~20 ℃,温度升高,成活率下降,超过22 ℃时,成活率则显著下降。

(3)茎尖脱毒培养所用培养基和培养条件

①培养基。正确选择培养基,可以显著提高茎尖组织培养的成苗率。培养基是否适宜,主要取决于它的营养成分、生长调节物质和物理状态。

目前,茎尖培养所用的培养基一般在 White、Morel 和 MS 培养基的基础上进行改良。有研究表明,适当提高钾盐和铵盐的含量有利于茎尖的生长,反之则有利于生根或根生长。用 MS 培养基对某些植物的茎尖培养时,其中有些离子浓度过高应予以稀释。植物激素的种类与浓度对茎尖生长和发育具有重要的作用,双子叶植物内源激素大概是在第 2 对最年幼的叶原基中合成,所以茎尖的圆锥组织生长激素不能自给,必须提供适当浓度的生长素(0.1~0.5 mg/L)与细胞分裂素。在生长素中应避免使用易促进愈伤组织化的 2,4-D,宜换用稳定性较好的 NAA 或 IBA,细胞分裂素可用 KT 或 BA。GA$_3$ 对某些植物茎尖培养是有用的。有时茎尖培养添加活性炭。需要注意的是,不同植物的茎尖对植物激素的反应各不相同,需反复试验以获得最理想的效果。

茎尖组织培养可用液体或固体培养基。液体培养基可有效减少外植体排出的有害物质,提高透气性,培养效果优于固体培养基。在进行液体培养时,需制作一个滤纸桥(图 7.3),把桥的两臂浸入试管内的培养基中,桥面悬于培养基上,外植体放在桥面上。

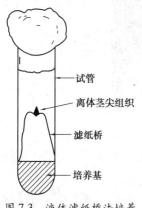

图 7.3　液体滤纸桥法培养

离体茎尖组织
滤纸桥
培养基
试管

②培养条件

a.温度。茎尖组织培养时,主要依据植物种类、起源和生态类型来控制温度。茄科、葫芦科、兰科、蔷薇科、禾本科等喜温性植物,一般温度控制在 26~28 ℃;十字花科、百合科、菊科等喜凉性植物,温度控制在 18~22 ℃ 或 25 ℃ 以下。

b.光照。茎尖组织培养时,一般光照培养比暗培养效果好。大多数植物在 10~16 h/d、1 500~5 000 lx 的光照条件下培养。由于在低温和短日照下茎尖有可能进入休眠,因此必须保证较高的温度和充足的光照时间。

c.湿度。周围环境的湿度对茎尖培养无直接影响,但是它会影响培养基水分、细菌生长等,从而间接制约茎尖培养的顺利进行。一般周围环境相对湿度为 70%~80%。

2) 热处理脱毒

1889 年印度尼西亚爪哇人发现,患枯萎病的甘蔗(现证明为病毒病),放在 50~52 ℃ 的热水中保持 30 min,甘蔗就可去病生长良好。以后这个方法得到了广泛的应用,每年在种植前把大量甘蔗茎段放到大水锅里进行处理。自 1954 年 Kassanis 用高温处理防治马铃薯卷叶病以后,这一技术即被用于防治多种植物的病毒病,热处理对其他很多病毒也有效。

(1)热处理脱毒的原理

热处理是利用病毒病原与植物的耐热性不同,病毒受热后的不稳定性导致病毒钝化失去侵染正常植物细胞的能力;另外,高温可延缓病毒扩散速度和抑制其增殖,不能生成或生成很少,致使病毒浓度不断降低,这样持续一段时间,病毒即自行消失而达到脱毒的目的。

(2)热处理脱毒的方法

①温汤浸渍法。将需要脱除病毒的材料在 50 ℃ 左右的温水中浸渍数分钟至数小时,使病毒失去活性。此方法简便易行,但对植物体的损害较大,有时会导致植物组织窒息或呈现水渍状,要严格控制处理温度和时间。此方法适用于休眠器官、剪下的接穗和种子等。

②热空气处理法。将生长旺盛的植物材料在热空气中暴露一定时间,热空气处理对活跃生长的茎尖效果较好。处理时间的长短,因植物、病毒种类不同而有差异,短则几十分钟,长可达数月。

(3)影响热空气处理的因素

①温度与时间。热处理法中,最主要的影响因素是温度和时间。在热空气处理过程中,通常温度越高、时间越长,脱毒效果就越好,但是植物的生存率却呈下降趋势。所以,温度选择应当考虑脱毒效果和植物耐性两个方面。采用变温方法,既可消除病毒,又可以减少高温对植物材料的损伤。如连续 40 ℃ 高温即杀死马铃薯的芽眼,但每天 40 ℃ 处理 4 h 或 16~20 ℃ 处理 20 h,可清除芽眼中的马铃薯卷叶病毒,而且保持了芽眼的活力。

②湿度和光照。热空气处理中,热处理箱中相对湿度应保持在 70%~80%。光照以自然光为宜,若不能满足时可适当补充人工光照,利于脱毒。

③预处理。热空气处理前进行适当的预处理,可提高植物的耐热性,延长植物在热处理中的生存时间。预处理的方法是,将待脱毒材料在 27~35 ℃ 下处理 1~2 周后,再进行热处理。

热空气处理对设备要求不高,操作简单,应用广泛,但不能脱除所有病毒。一般来说,对于球状病毒和类似纹状的病毒以及类菌质体所导致的病害才有效,对杆状和线状病毒的作用

不大。所以,热处理再结合其他脱毒方法效果更佳。

3) 热处理结合茎尖培养脱毒

将热处理与茎尖分生组织培养结合起来,可以取稍大的茎尖进行培养,这样能够大大提高茎尖的成活率和脱毒率。

热处理结合茎尖培养法是在单独使用热处理或单独使用茎尖培养都不奏效时使用。尽管分生组织常常不带病毒,但也有一些植物茎尖带有病毒。在麝香石竹 0.1 mm 的茎尖培养中,33% 的材料带有麝香石竹斑驳病毒。在菊花茎尖培养中,由 0.3~0.6 mm 长的茎尖愈伤组织形成的植株全部带有病毒。已知能侵染茎尖分生组织区域的其他病毒还有马铃薯花叶病毒(TMV)、马铃薯 X 病毒(PVX)以及黄瓜花叶病毒(CMV)。在这种情况下,把茎尖培养和热处理结合起来,能明显提高脱毒率。

侵染菊花的病毒有 10 余种,像菊花矮缩病毒(CSV)和菊花番茄不孕病毒(TAV)就可以通过使植物在 35~38 ℃条件下处理 2 个月来达到经热处理使病毒失活的去病毒效果(不经组织培养)。如果要去除或尽量削弱退绿斑驳病毒、轻斑驳病毒、B 病毒等,则单用热处理难以奏效,必须通过茎尖培养结合热处理来实验脱毒效果。如在 38 ℃下处理 140 d,未能去除康乃馨蚀环病毒,结合茎尖培养则可以除去。

Qunk(1957,1961)将康乃馨用 40 ℃高温处理 6~8 周,以后再分离 1 mm 长的茎尖培养,则成功去除了病毒。因此,热处理结合茎尖培养的方法可有效去除病毒。

4) 其他脱毒方法

(1)离体微型嫁接脱毒

离体微型嫁接脱毒技术是组织培养与嫁接方法相结合、培养脱病毒苗木的一种方法。它是将 0.1~0.3 mm 的茎尖作为接穗,嫁接到由试管苗培育出来的无菌实生砧木上,继续无菌培养,愈合后成为完整植株。常用于营养繁殖难以生根的植物种类或品种,使茎尖培养后的植株容易生根,且采用茎尖分生组织作接穗,获得的便是脱毒植株。

离体微型嫁接的程序:无菌砧木培养→茎尖准备→嫁接→嫁接苗培养→移植。

①砧木培养。种子去种皮后接种子含 MS 无机盐的无激素琼脂培养基上,在(25±2)℃下暗培养 2 周,再转光照培养。

②茎尖准备。供体株多用热处理或温室培养植株,对采集的嫩梢消毒和剥取茎尖。

③嫁接。从试管中取出砧木,切去过长的根,保留 4~6 cm 根长,切顶留 1.5 cm 左右茎。在砧木近顶处一侧切一个"U"形切口,深达形成层,用刀尖挑去切口部皮层。将茎尖移置砧木切口部,茎尖切面紧贴切口横切面。

④嫁接苗培养。微尖嫁接苗一般采用液体滤纸桥方式培养。事先在纸桥中开一小孔,将砧木的根通过小孔植入液体培养基,按常规光照培养管理。开始可用较低光强 800~1 000 lx。长出新叶后可提高光强。

⑤移栽嫁接苗。培养 3~6 周,具 2~3 片叶时,按一般试管苗移植方式移入蛭石、河沙、椰壳等基质中培养。

离体微型嫁接脱毒主要应用在果树方面。Navarro(1972)最先采用柑橘脱毒茎尖微芽嫁接方法,之后在苹果、杏、酿酒葡萄、桉树、山茶、桃、苹果等植物上也获得了成功。目前,在苹果和柑橘脱毒上已经发展成一套完整的技术,在生产上已广泛应用。

影响微体嫁接成活的因素主要是接穗的大小和取样时间。试管内嫁接成活的可能性与接穗的大小呈正相关,而脱毒植株的培育与接穗茎尖的大小呈负相关。有研究表明,一年中不同时期从田间取样作接穗嫁接的成活率也不同:在 11 月到 3 月期间进行嫁接,成活率为 10%;5 月进行嫁接成活率为 70%,6—10 月嫁接则每个月下降 10%。在采用离体培养的茎尖新梢做接穗时,成活率为 60%,而与月份无关。

微体嫁接技术难度较大,不易掌握,但随着新技术的发展与完善,离体微型嫁接技术在不同植物脱毒方面发挥更大的作用。

(2)花药或花粉培养脱毒

由花粉培育出愈伤组织再分化出的完整植株,含有的病毒很少或几乎不含病毒。大泽胜次(1974)等利用草莓花药培养法获得了无病毒植株,证明花药或花粉培养法可获得脱毒苗。高庄玉等(1993)用草莓花药组培,其脱毒率高于用幼叶和茎尖产生的脱毒苗。所以,用花药培养途径所获的植株脱毒率最高,也较可靠,而且花药培养过程中大约有 2%的变异多属高产类型。

花药培养脱毒法中,选择合适大小的花蕾非常关键,尽量选取处于密封状态的小花蕾,此时的花粉发育期为单核靠边期。许多研究表明,不同基因型的花药培养效果不一样,对培养基成分、培养条件等的要求亦各不相同。

利用花药培养脱毒苗,不仅可快速繁殖出大量脱毒植株,还可省去病毒鉴定工作,在育种与生产应用上可谓一举两得。但大多数植物是杂合体,而花药培养获得的植株是纯合体,改变了作物的遗传背景,可能导致产量和品质下降。所以,这种方法一般适于自交亲合作物或自交不亲合作物优良无病毒育种原始材料。

(3)愈伤组织培养脱毒

以植物各器官或组织为外植体诱导产生的愈伤组织,经过多次继代并结合热处理分化形成的小植株,有可能得到脱毒植株。

愈伤组织如何脱毒的机理,目前还没有得到统一的认识,有推测认为,愈伤组织在多次的继代培养中病毒质粒会逐渐减少或消失。愈伤组织脱毒法会导致植株遗传的不稳定性,可能会产生变异植株。对于无性繁殖作物,为保持其优良特性,在病毒脱毒方面一般不建议采用该法。但关于变异也有不同观点,有研究表明,草莓花药愈伤组织培养产生的无病毒植株比对照的产量增加 50%~70%。

(4)珠心胚培养脱毒

此法多用在果树作物上,尤其在柑橘类上应用广泛。植物受精产生的种子绝大多数只形成一个胚,而柑橘的种子常形成多胚,如温州蜜柑、甜橙、柠檬等 80%以上的种类都具有多胚现象。多胚中只有一个胚是受精后产生的有性胚,而其余是珠心细胞形成的无性胚,一般称珠心胚。通过珠心胚培养可以得到无病毒的珠心胚苗。但珠心胚大多是不育的,必须分离培养才能发育成正常的幼苗。用此技术对柑橘的主要病毒与类病毒病原体,包括不能被温热疗法除去的病毒,如引起银屑病、叶脉突出症、柑橘裂皮病、衰退病等的病毒,均十分有效。其原因是,珠心与维管束系统无直接联系。

任务 7.2　脱毒苗的鉴定

通过不同脱毒方法获得的植物材料,必须经过严格的病毒检测,证明其体内确实不含有要脱除的病毒,才是真正的脱病毒苗,方可在生产上应用。

7.2.1　指示植物病毒鉴定法

指示植物病毒鉴定法是最早应用于病毒检测的方法。早在 1929 年,美国的病毒学家 Holmes 用感染 TMV 的普通烟叶的粗汁液和少许金刚砂相混合,然后在烟叶子上摩擦,一段时间后叶片上出现了局部坏死斑。每种植物病毒都有一定的寄主范围,并在某些寄主上表现特定的症状,借此可作为鉴别病毒种类的标准。对某种或某几种病毒,即类似病原物或株系具敏感反应并表现明显症状的植物,称为指示作物。这种病毒鉴定方法就叫指示植物检测法。

常用的指示植物有木本和草本两类。一种理想的指示植物具备的特质是:能快速生长;具有适宜接种的大叶片,且能在较长时间保持对病毒的敏感性,易接种。在较广范围内具有同样的反应。可作为病毒检测的指示植物有千日红、曼陀罗、野生马铃薯、黄花烟、心叶烟和豇豆等。

用草本指示植物检测植物病毒通常采用汁液涂抹法(图 7.4),即通过外力在指示植物体表面(如叶片)造成微小伤口,使病毒从伤口进入植物细胞引起被接种植株发病的方法。具体操作是:从待鉴定植物上取几片幼叶,在研钵中加少量水及等量 0.1 mol/L 磷酸缓冲液(pH 7.0),研碎后用两层纱布滤去渣滓,再在汁液中加入少量的 500~600 目金刚砂作为摩擦剂,取汁液在指示植物叶面上轻轻涂抹,轻轻摩擦,使叶面造成小的伤口进行接种,5 min 后用清水冲洗叶面。接种时,可用手指涂抹或纱布或喷枪等来进行。接种后,将指示植物放在半遮蔽、温度为 20~25 ℃条件下,定期观察并记录指示植物症状,根据其症状的有无即可判断待检测样品是否带有已知病毒。

此外,有些草本植物(如草莓)的病毒还可以采用嫁接接种法检测(图 7.5)。取待检植物(如草莓)幼嫩的成叶,切去左右两片小叶,把中间小叶削成带有 1~1.5 cm 叶柄(叶柄切面成楔形)的接穗;同时,除去指示植物上中间的小叶,在叶柄的中央部分切一个 1~1.5 cm 的楔形口,插入接穗,包扎接合部。罩上聚乙烯塑料袋,或放在喷雾室内保湿培养。若接穗染有病毒,则在接种后 1~2 个月,在新展开的叶片、匍匐茎或老叶上出现病症。每一个指示植物可嫁接 2~3 片待测叶片,此法可全年进行。

木本植物种类较多,所感染的病毒各异,所以应根据不同的病毒选择适合的指示植物。经过试验和筛选,目前国际上各类植物病毒都有一套通用的木本指示植物。

木本多年生果树等植物,采用汁液接种法比较困难,通常采用嫁接传染法。以指示植物作砧木,被鉴定植物作接穗,可采用双重切接法(图 7.6)、双重芽接法(图 7.7)。双重芽接法是对苹果软枝病检测中创立的方法,是检测木本植物病毒最主要的方法。

指示植物病毒检测法在检测中具有观察的直观性,且要求的条件简单,操作方便,成本低,目前仍在广泛使用。缺点是灵敏性差,所需时间长,难以区分病毒种类,不能测出病毒总的核蛋白浓度,而只能测出病毒的相对感染力。

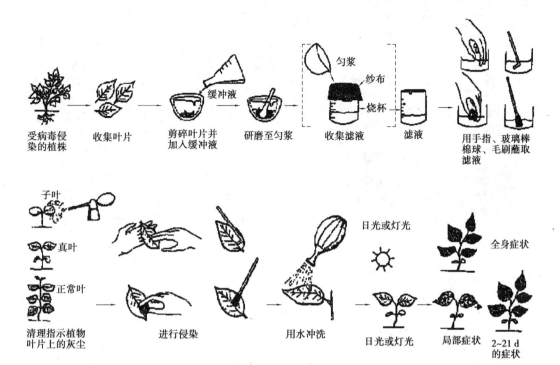

图 7.4　汁液涂抹法病毒鉴定

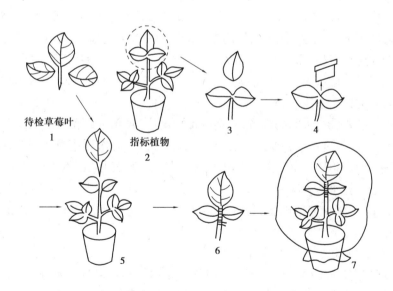

图 7.5　草莓指示植物小叶嫁接检测法示意图

1—取待检草莓叶,去两侧小叶,留中央小叶,保留叶柄长约 1.5 cm 削皮层成楔形;

2~4—从盆栽生长良好指示植物上挑选健全叶片,剪去中央小叶;

5—将待检草莓小叶切接于指示植物上;6—用封口膜(parafilm)缠绕包扎嫁接部位;

7—用喷雾器向植株喷少许清水,用开有小孔的塑料袋将指示植物罩上,

移回防虫网室置散射光下,10 d 后去塑料袋

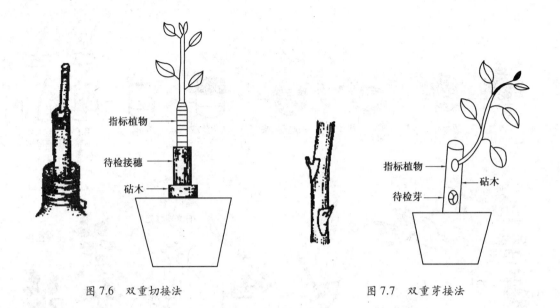

图 7.6　双重切接法　　　　　　　　　　　　　图 7.7　双重芽接法

7.2.2　抗血清鉴定法

植物病毒是由蛋白质和核酸组成的核蛋白,是一种抗原,给动物注射后会产生一种免疫球蛋白,称为抗体。抗体主要存在于血清中,故含有抗体的血清为抗血清。不同病毒刺激动物产生的抗体均有各自的特异性。因此,根据已知的抗体与未知的抗原能否特异结合形成抗原-抗体复合物的情况,可判断是否携带病毒。由于植物病毒抗血清具有高度的专化性,感病植株无论是显症还是隐症,均可通过血清学的方法准确地判断植物病毒的存在与否、存在部位和存在数量等。在植物病毒血中能定性、定量的快速检测。所以,抗血清法是病毒检测中最为常用和有效的检测手段之一。

抗血清鉴定法要进行抗原的制备,包括病毒的繁殖、病叶研磨和粗汁液澄清、病毒悬浮液的提纯、病毒的沉淀等过程。还要进行抗血清的制备,包括动物的选择和饲养、抗原的注射和采血、抗血清的分离和吸收等过程。血清可分装在小玻璃瓶中,贮存在 $-25 \sim -15$ ℃ 的冰箱中,或者冻制成干粉,密封冷冻后长期保存。病毒的抗血清鉴定法主要依据沉淀反应原理,具体有试管沉淀试验、凝胶扩散试验、免疫电泳技术、酶联免疫吸附分析法(ELISA)、荧光抗体技术等检测法。

下面着重介绍酶联免疫吸附分析法:

酶联免疫吸附分析法(ELISA)是把抗原与抗体的特异免疫反应和酶的高效催化作用有机结合起来的一种病毒检测技术。它通过化学的方法,将酶与抗体或抗原结合起来,形成酶标记物,如通过碘酸钠将辣根过氧化物酶和抗体球蛋白相结合形成酶标抗体。具有活性的酶标记物与相应的抗原或抗体反应,形成更大的复合体,加入酶反应底物呈颜色反应,试验结果可根据待检测样品与阴性对照的颜色差别,或用酶标仪测定反应后的底物溶液在一定波长下的吸光值作出判断,从而达到检测病毒的目的。

ELISA 法形式多样,从原理上可分为以下 3 种:

（1）双抗三明治法

①特殊的抗体被结合固定在固体表面如微孔板上（包埋抗体）。

②加入样品使其中病毒抗原与特异抗体结合，未结合的洗掉（捕获抗原）。

③加入结合有酶（如辣根过氧化物酶或碱性磷酸酶）的抗体，未结合的洗掉。

④加入酶作用底物（P-磷酸硝基苯）发生颜色反应，用酶标仪测颜色深浅，其与抗原含量成正比。

（2）间接酶联免疫法

①点样，使样品中病毒抗原与微孔板结合。

②加入抗原的特异抗体，使抗原与抗体结合，未结合的洗掉。

③加入与酶结合的非特异性第二抗体，使其与一抗充分结合，未结合的洗掉。

④显色，同上。

（3）斑点免疫结合法

为防止与微孔板结合的"泄漏"和"解吸附"而发展的以硝酸纤维素滤膜、尼龙膜或其他支持物代替聚苯乙烯的酶联免疫法。由于材料便于折叠携带且结合力强，其灵敏度以及方便性均优于微孔板酶标法。此法不能通过定量测定。斑点免疫法有斑点印记法和狭线印记法。斑点免疫结合法通常是把植物组织压在硝酸纤维素滤膜上，抗原从植物组织中释放出来，并结合在膜上，通过直接的方法进行检测，或利用碱性磷酸酶标记间接检测结合在膜上的抗原。这在实际检测中体现出了高效率，特别是当植物蛋白对 ELISA 检测有干扰时，斑点免疫结合技术表现出了优越性。

ELISA 法检测病毒具有适于测定大量样品，成本低，反应结果可长期保存，快捷、简便，不需要使用同位素和复杂的设备，且对人体基本无害等一系列优点。但是也存在一定的缺点，首先是抗体的制备所需时间长，费时费力；其次是它一次只能检测一种病毒，检测多种病毒时灵敏度会降低。

7.2.3　电子显微镜鉴定法

电子显微镜具有高的分辨率，从宏观世界进入微观和超微观领域，拓宽了人类的研究范围。现代电子显微镜分辨率可达 0.5 nm，达到了用肉眼直接观察分子和原子的水平。

采用电子显微镜研究病毒，与传统的指示植物法和抗血清鉴定法不同，它可以直接观察病毒，检查出是否有病毒的存在，并可测定病毒粒子的大小、形态结构及鉴定病毒的种类。应用电镜方法鉴定和检测病毒，应该先对不同病毒的形态和典型病毒的特点有所了解。完整成熟的病毒称为病毒粒体，有固定形态和大小。主要方法是直接用病株粗汁液或用纯化的病毒悬浮液和电子密度高的负染试剂混合，然后点在电镜铜网支持膜上观察，也可将材料制作成超薄切片观察。能否观察到病毒除了与超薄切片厚度有关，还与病毒浓度的高低有关，浓度低就不易观察到。对一些隐性症状的潜伏病毒来说，只适合用血清法和电镜法。

电子显微镜鉴定法是目前较为先进的方法，但由于电镜的昂贵价格，限制了其应用的普遍性；同时，在操作中对工作人员的技术要求高。

7.2.4 分子生物学方法

随着分子生物学技术的快速发展,分子生物学方法已经成为植物病毒检测的一种重要手段,并可克服抗血清鉴定法中对无外壳蛋白的病原性核糖核酸无法进行检测的弊端。主要包括核酸杂交技术、聚合酶链式反应(PCR)技术、双链 RNA(dsRNA)电泳技术、DNA 微阵列技术等。

1)核酸杂交技术

核酸杂交技术是一种分子生物学的标准技术,用于检测 DNA 或 RNA 分子的特定序列(靶序列)。互补的核苷酸序列通过碱基配对形成稳定的杂合双链分子的过程称为杂交。核酸杂交的原理是根据互补的核酸单链可以相互结合,将一段核酸单链以某种方式加以标记,制成探针,与互补的待测病原核酸杂交后的放射自显影(同位素标记探针)或酶促反应(非同位素标记探针)结果来检测病原物是否存在。检测对象可以是克隆化的基因组 DNA,也可以是细胞总 DNA 或总 RNA。根据使用的方法,被检测核酸可以是提纯的,也可以在细胞内杂交,即细胞原位杂交。其技术关键是核酸探针的制备和杂交,目前根据病毒检测的需要,可以制备用于检测单一病毒的单特异性探针和用于检测多种病毒的复合型探针。核酸杂交技术具有灵敏度高、特异性强、通量高的特点,广泛用于植物病毒的检测。

2)聚合酶链式反应(PCR)技术

PCR 技术是选择性体外扩增特异 DNA 或 RNA 的方法,由美国科学家 Saiki 和 Mullis 等在 1985 年首创。PCR 扩增中是以 DNA 为模板介导互补 DNA(cDNA)的合成,但大多数植物病毒基因组为 RNA,它们必须在逆转录酶的作用下反转录合成 cDNA 才能进行 PCR 检测,所以,植物病毒检测常用的是逆转录 PCR(RT-PCR)。

RT-PCR 技术中首先把 RNA 反转录成 cDNA,进而通过一对特异性引物进行 PCR 反应,引物可以根据病毒核酸基因组序列或是其保守序列进行设计。其技术关键是获得病毒基因组核酸,之后进行 RT-PCR,最后通过电泳和染色来分析病毒成分。

3)双链 RNA(dsRNA)电泳技术

dsRNA 检测法自 1976 年首次应用于检测植物病毒以来,日本、加拿大已检测了 20 多种果树病毒。植物细胞内一般是不存在 dsRNA 的,如果检验到植物体内有 dsRNA 存在,它只能是病毒和类病毒以单链 RNA(ssRNA)为模板合成的。因此,dsRNA 可作为病毒检测的标志。病毒在植物体内增殖,通过核酸互补而形成一种健康植物没有的碱基配对 dsRNA,dsRNA 经提纯、电泳、染色后,在凝胶上所显示的谱带可以反映每种病毒组群的特异性,并且有些单个病毒的 dsRNA 在电泳图谱上也显示一定的特征。因此,利用病毒 dsRNA 的电泳图谱可以检测出病毒的类型和种类。dsRNA 检测法具有快速、敏感、简便等优点,既可有效地检测已知和未知的病毒,又不受寄主和组织的影响,同样可以检测类病毒。

任务 7.3　脱毒苗的繁殖

通过不同方法获得的无病毒植株并没有获得额外的抗病毒特性,如有不慎还有可能被病毒感染,因此,应将脱毒种苗种植在温室或防虫罩内灭过菌的土壤中,在大规模种植这些植株时,应把它们种在保护地中或隔离区内,也可把经过脱毒处理的脱毒植株通过试管进行离体繁殖或保存。脱毒试管苗出瓶移栽后的苗木称为原原种,一般多在科研单位的隔离网室内保存;原原种繁殖的苗木称为原种,多在县级以上良种繁育基地保存;由原种繁殖的苗木作为脱毒苗提供给生产单位栽培。这些原原种或原种材料,最长可保存利用5~10年。下面以脱毒甘薯为例,介绍脱毒苗的繁殖方法。

脱毒试管苗可以在培养室内进行切段快速繁殖,也可以在防虫温室或网室内栽培,以苗繁苗。

(1)原原种繁殖

防虫温室快速繁殖。将试管苗移栽到营养钵中,室温炼苗5~7 d,然后按株距5 cm、行距5 cm栽植无毒苗,温度控制在25 ℃左右,待苗长到15~20 cm时,可以剪成2叶节扦插,以苗繁苗。

用脱毒试管苗及其扩繁苗在防虫网室栽植,所结的种薯为脱毒甘薯原原种。生产脱毒甘薯原原种要求具备3个条件:一是必须用脱毒苗;二是必须在40目(孔径0.35 mm)以上防虫网棚内栽植;三是所用地块土壤必须无病源。并在网棚内种指示植物(如巴西牵牛),如果指示植物表现病毒症状,整个棚内繁殖的种薯应降级使用。原原种收获前逐株观察是否带有病毒症状,一旦发现病株,立即清除,确保原原种质量。

一般原原种数量少,价格较高。因此,原原种育苗最好在防虫温室或塑料网棚内加温育苗。当苗高15~20 cm时,剪苗进行叶节插扦,以苗繁苗,增大繁殖系数。春季气温回升后,要在防虫网棚内建采苗圃,扩大繁殖面积,降低生产成本,加快原原种苗繁殖速度。

(2)原种苗繁殖

用脱毒甘薯原原种苗在500 m内无普通甘薯种植的空间隔离条件下栽植,所结种薯为脱毒甘薯原种。繁殖脱毒甘薯原种田间周围应种少量指示植物,观察是否有病源存在,如发生蚜虫传播,种薯应降级使用。脱毒甘薯原种苗繁殖可用温室、温床、大棚等建采苗圃,以苗繁苗,提高繁殖倍数。

(3)良种苗繁殖

用脱毒甘薯原种苗在大田种植夏薯,收获的种薯为一级良种,即大面积生产用种。用一级良种育苗栽植夏薯,收获的种薯为二级良种。二级良种育苗供大田生产纯商品薯,纯商品薯不能再作种薯。一般良种在生产上连续使用2年,第3年由于病毒再侵染,要进行更新换代。

★知识链接

植物病毒的主要类型与传播

植物病毒是指感染高等植物、藻类等真核生物的病毒。早在1576年就有关于植物病毒病的记载,举世闻名的、美丽的荷兰杂色郁金香,实际上就是现在所谓郁金香碎色花病毒造成的。

随着病毒学研究水平的提高,有关病毒基本性质的知识不断更新和丰富,病毒学家们对病毒分类研究也不断深入,新的病毒属(组)不断增加,尤其是病毒分类标准、指标内容越来越明确,且接近病毒的本质。

1) 植物病毒的类型

植物病毒的基本形态为粒体。大部分病毒的粒体为球状（等轴粒体）、杆状和线状，少数为弹状、杆菌状和双联体状等。

植物病毒分类依据的是病毒最基本、最重要的性质，具体如下：

① 构成病毒基因组的核酸类型（DNA 或 RNA）。

② 核酸是单链（single strand，ss）还是双链（double strand，ds）。

③ 病毒粒体是否存在脂蛋白包膜。

④ 病毒形态。

⑤ 核酸分段状况（即多分体现象）等。

植物病毒共分为 9 个科（或亚科），47 个病毒属，729 个种或可能种。其中，DNA 病毒只有 1 个科，5 个属；RNA 病毒有 8 个科，42 个属，624 个种，占病毒总数的 85.60%。

植物病毒种的标准名称，仍以寄主英文俗名加上症状来命名。如烟草花叶病毒为 Tobacco mosaic virus，缩写为 TMV；黄瓜花叶病毒为 Cucumber mosaic virus，缩写为 CMV。类病毒为 viroid，在命名时遵循相似于病毒的规则，因缩写名易与病毒混淆，规定类病毒的缩写为 Vd，如马铃薯纺锤块茎类病毒为 Potato spindle tuber viroid，缩写为 PSTVd。

2) 植物病毒传播途径

病毒传播是与寄主相互作用的第一步，通常一种病毒会有一种主要的传播途径。植物病毒传播主要有介体传播和非介体传播。

（1）介体传播

自然条件下，植物病毒主要通过介体传播。介体有昆虫、真菌、螨类、线虫和菟丝子等。

① 依赖于昆虫介体的传播途径

大多数的病毒传播是通过昆虫介体传播而流行的。昆虫对植物体造成伤口，病毒从伤口侵入植物体内。

② 依赖于螨类、线虫和真菌的传播途径

a.螨虫传播介体主要有蛛螨和叶芽螨。蛛螨可传播马铃薯 Y 病毒，叶芽螨可传播小麦条点花叶病毒和桃黄化病毒。另外，研究较多的是曲叶螨，传播小麦条点花叶病毒，无花果螨传播黑麦花叶病毒，还有卵型短须螨传播柑橘裂皮病。

b.线虫传播病毒介体。主要是分布咀刺目（又称矛线目）矛线科中的剑线虫属、长针线虫属和毛刺线虫属。剑线虫属传播烟草环斑病毒、芥菜花叶病毒、葡萄扇叶病毒、草莓潜环斑病毒、樱桃卷叶病毒等。长针线虫属可传播豌豆早枯病毒和烟草脆裂病毒等。线虫的取食行为与蚜虫有些相似，传播病毒属机械方式，线虫从病株根部吸食，病毒随着进入线虫体内，再到健康植株上吸食，通过口针又将病毒传到健康植株上。病毒虽可在线虫体内存留一段时间，但不增殖，不经卵传播，线虫蜕皮时，病毒颗粒即同外角层皮一道脱去。

③ 真菌传播植物病毒的介体

主要有两类低等真菌即鞭毛菌亚门中的根肿菌目和壶菌目真菌，包括油壶菌类和危害禾谷类的多粘菌类。芸苔油壶菌可传播黄瓜坏死病毒、烟草坏死病毒等。禾谷多粘菌可传小麦"土传"花叶病毒、大麦黄花叶病毒、水稻坏死花叶病毒等。真菌传毒主要有两种方式：第 1 种是病毒粒体附着在游动孢子表面，特别是在鞭毛上，当游动孢子接触根表时，病毒随着鞭毛的收缩进入孢子的原生质内,以后与休止孢子的萌动一同进入植物内。芸苔油壶菌传播的烟草坏死病毒属于这种形式。第2种是病毒可以进入休眠孢子,可在其中存活几年,病毒随着休眠孢子的萌发后侵入植物。多粘菌传播的小麦花叶病毒,属于这种传毒方式。真菌传染病毒是专化性的。

(2)非介体传播

可分为汁液摩擦接种传播;植物间嫁接传播;种子和无性繁殖材料传播;土壤中病残体传播。其中,尤以种子传播病毒危害性最大。它提供了早期初侵染源,使幼苗发病引起大田病毒流行。种传率虽很低,但经过种子进出口、调拨、鸟类取食和介体进一步传播等途径,都会导致异地病毒病流行,从而扩大病区。

实训 7.1 马铃薯茎尖分生组织的剥离与接种

1)目的要求

(1)理解马铃薯脱毒的原理。

(2)掌握马铃薯茎尖分生组织的剥离与接种操作。

2)基本内容

剥离马铃薯茎尖,茎尖的无菌接种操作。

3)材料与用具

普通天平和分析天平、超净工作台、光照培养箱、药匙、玻璃棒、称量纸、烧杯、容量瓶、三角瓶、试剂瓶、量杯、吸水纸、量筒、移液管、镊子、解剖针、解剖刀、MS 培养基各成分试剂、植物生长调节物质、95%乙醇、1 mol/L NaOH、1 mol/L HCl、洗涤剂等。

4)操作步骤

(1)取材和消毒。将欲脱毒的品种块茎用 0.5~1 mg/L 赤霉素浸种 20 min,置于温室内的沙床上或种在无菌的盆土中催芽,芽长 4~5 cm 时,剪芽并剥去外叶,自来水下冲洗 40 min后,用75%酒精和5%漂白粉溶液分别消毒 30 s 和 15~20 min,无菌水冲洗 2~3 次。

(2)茎尖剥离和接种。在无菌条件下,在双筒显微镜下,左手拿镊子固定材料,右手同时拿解剖针层层剥掉幼叶,露出两个带叶原基的生长点时,用解剖刀切取 0.2~0.3 mm、带 2 个叶原基的茎尖,接种于 MS+6-BA 0.05 mg/L+NAA 0.1 mg/L(pH 5.8)的培养基中,每试管接种 1个茎尖。

(3)培养。接种的茎尖于 20~25 ℃、1 500~3 000 lx 光强、16 h/d 光照条件下培养。1 个月后,茎尖即可形成无根试管苗,此时可将无根试管苗移入无植物生长调节剂的 MS 培养基中进行继代培养,再培养 3 个月,试管苗则长成 3~4 片叶的小植株。

(4)扩繁与生根培养。经检验为脱病毒后,进行扩繁。在无菌条件下,将脱毒苗切割成带一腋芽的茎段接种到培养基上,每瓶可接种多个茎段。

(5)试管苗的驯化。移栽前,将带有 3~5 片叶、5~10 cm 的脱毒苗,在培养瓶封口的状态下移至室温进行炼苗,待长到 5~7 片叶时开盖,继续炼苗,3 d 后可移栽。

5)注意事项

(1)在催芽过程中,浇水时要浇湿土壤,不能浇在叶片上,防止水分感染茎尖。

(2)消毒时把握好时间和剂量,且操作时谨慎小心,避免损伤组织。

(3)每瓶只能接1个茎尖,防止交叉感染。

(4)解剖时尽量让茎尖暴露的时间越短越好,并在材料下垫一张用无菌水浸润无菌滤纸,以保持茎尖的新鲜。

6)思考与分析

(1)实验过程中哪些因素影响实验的成功率?

(2)如何统计污染率、脱毒率、成活率?

实训 7.2　汁液涂抹法病毒鉴定

1)目的要求

通过具体操作,使学生掌握草本指示植物汁液涂抹法鉴定脱毒苗的方法。

2)基本内容

指示植物法是利用病毒在感病的指示植物上出现的枯斑和某些病理症状,作为鉴别病毒的依据。本实训以荷兰豆苗为指示植物,通过汁液涂抹法鉴定马铃薯试管苗中是否含有病毒。

3)材料与用具

0.1 mol/L 磷酸缓冲液(pH 7.0)、金刚砂、研钵、烧杯、纱布或专用过滤袋、待鉴定植株(马铃薯试管苗)、指示植物(荷兰豆苗)。

4)操作步骤

(1)将所需要的用具、试剂等移至具防虫网温室中。

(2)接种时从待鉴定植物上取 1~3 g 幼叶,在研钵中加 10 ml 水及等量 0.1 mol/L 磷酸缓冲液(pH 7.0)研磨至匀浆,用双层纱布过滤,收集滤液,或使用专用的具过滤功能的塑料袋研磨过滤。

(3)滤液中加入少量 500~600 目金刚砂,作为指示植物叶片的摩擦剂。

(4)在准备接种的指示植物叶片上,用笔尖打一小孔作为标记,然后用棉球蘸取少许加入金刚砂的滤液,在叶面上轻轻涂抹 2~3 次进行接种,使叶片表面造成小的伤口,而不破坏表层细胞。静置 5 min 后用清水冲洗叶面。接种时也可用手指、纱布垫、海绵蘸汁液涂抹等均可。也可以将少量的金刚砂撒在指示植物的叶片上,用棉球或手指蘸取少许待鉴定植物汁液,在叶面上轻轻涂抹 2~3 次进行接种,静置 5 min 后用清水冲洗叶面。

(5)接种后将鉴定植株移入网室。应注意保温、防虫,一般温度保持在 15~25 ℃。

(6)观察结果。2~6 d 后即可见症状出现。

如无症状出现,则初步判断为无病毒植株,但必须进行多次反复鉴定,这是由于经过脱毒处理后,有的植株体内病毒浓度虽大大降低,但并未完全排除,因此必须在无虫温室内进行一定时间的栽种后,再重复进行病毒鉴定。经重复鉴定确未发现病毒,这样的植株才能进一步扩大繁殖,供生产上使用。

5)思考与分析

(1)为什么要对脱毒处理的试管苗进行病毒鉴定? 为什么需要进行重复鉴定?

(2)若指示植物出现病斑,分析属于哪种类型。

实训 7.3　嫁接法鉴定甘薯病毒

1)目的要求

初步掌握嫁接法鉴定脱毒苗的操作方法。

2)基本内容

通过将脱毒处理的甘薯苗嫁接在巴西牵牛上,观察巴西牵牛有无症状出现,确定甘薯是否有病毒。几乎所有侵染甘薯的病毒都能侵染巴西牵牛。巴西牵牛显症初期出现系统性明脉,以后发展为花叶或皱缩等症状。

3)材料与用具

剪刀、封口膜、防虫网等、感染病毒甘薯植株、脱毒处理甘薯植株、巴西牵牛苗。

4)操作步骤

(1)在防虫条件下,盆栽巴西牵牛至 2~3 片真叶时嫁接。

(2)在砧木巴西牵牛的茎部(子叶以下)斜切。

(3)将待检测样品茎蔓切成 3~5 段,每段带有至少 1 个腋芽,去叶后将底端削成楔形,插入巴西牵牛的斜口内,用封口膜扎紧,放在 26~32 ℃防虫网室内遮阴保湿 2~3 d。

(4)每个样品重复 3~5 次,同时设阳性对照、阴性对照。

(5)观察结果,嫁接 20~30 d 后观察症状并记录。

5)思考与分析

根据指示植物出现的症状,推测甘薯是否感染病毒。

实训 7.4　ELISA 检测马铃薯 PLRV 病毒

1)目的要求

通过双抗体夹心法,初步掌握 ELISA 检测植物病毒的操作方法。

2)基本内容

本实训采用双抗体夹心法,包括缓冲液配制、样品制备、包被抗体、封闭、加样、孵育检测抗体和二抗、检测等操作过程。

3)材料与用具

所需试剂配液及样品材料如下:光照培养箱、研钵、微量移液器、恒温培养箱、酶标板、酶标仪、各种所需配液及样品材料。

①碳酸盐包被缓冲液:3.03 g Na_2CO_3,6 g $NaHCO_3$,溶解于 900 ml 双蒸水中,检测并调整

pH 至 9.6,定容至 1 L。

②PBS:1.16 g Na$_2$HPO$_4$,0.1 g KCl,0.1 g K$_3$PO$_4$,4 g NaCl,溶于 500 ml 蒸馏水中,调整 pH 至 7.4。

③封闭液:溶于 PBS 的 1% BSA,血清,脱脂牛奶,酪蛋白或明胶等。

④洗涤液:PBS 或是 TBST(Tris-HCl,pH 7.4+0.05% 吐温-20)。

⑤抗体或抗原稀释液:1×封闭液。

⑥样品制备。取待检马铃薯嫩叶 0.5~1 g,加入 5 ml 抽提缓冲液,研磨,4 000 r/min 离心 5 min,取上清液备用。

4)实验步骤

(1)包被抗体。将 50 μl 用碳酸盐包被缓冲液(pH 7.4)稀释的抗体加入酶标板中,一般抗体浓度为 1~10 μg/ml。盖上模板包被 4 ℃ 保湿过夜后,倒掉,用洗涤缓冲液冲洗板 3 次,每次 3~5 min,轻拍孔板使洗涤液甩干。

(2)封闭。每孔中加入 200 μl 封闭液(1%BSA 或 5%脱脂牛奶),室温封闭 1~2 h 或 4 ℃ 过夜。

(3)加样。每孔加 100 μl 稀释好的样品,37 ℃ 保湿孵育 90 min,甩去孔板里的溶液,洗涤液洗涤 3 次。

(4)孵育检测抗体和二抗。每孔中加入 100 μl 稀释好的检测抗体,室温孵育 2 h;用洗涤液洗涤 3~5 次;每孔中加入 100 μl 稀释好的标记二抗,继续室温孵育 1~2 h;孵育后洗涤 3~5 次。

(5)检测。每孔中加入 100 μl 的底物溶液,待显色充分后加入 100 μl 的终止液并在酶标仪上测定 405 nm 的光吸收值(OD$_{405}$)。当 $\dfrac{\text{检测样品 OD 值}}{\text{阴性对照 OD 值}} \geqslant 2$ 时,可判定此样品带有病毒。

5)思考与分析

ELISA 检测过程中抗原量与颜色变化有什么关系?

·项目小结·

本项目主要介绍植物脱毒的相关知识。植物脱毒的方法较多,应用较广泛的有通过茎尖分生组织培养脱毒、热处理脱毒或者热处理结合茎尖脱毒,也有通过离体微型嫁接脱毒、花药或花粉培养脱毒、愈伤组织培养脱毒、珠心胚培养脱毒法等,具体采用何种方法要根据植物材料特点来选择。通过不同脱毒方法获得的植物材料必须经过严格的病毒检测,证明其体内确实无病毒存在,才是真正的脱毒苗,方可在生产上应用。常用的植物脱毒检测方法有指示植物病毒鉴定法、抗血清鉴定法、酶联免疫吸附分析法和电子显微镜鉴定法,随着分子生物学技术的快速发展,分子生物学方法已经成为植物病毒检测的一种重要手段。通过不同方法获得的无病毒植株并没有获得额外的抗病毒特性,还有可能被病毒感染,生产上要注意种苗的繁殖,以防再次被病毒侵染。

复习思考题

1.茎尖分生组织培养脱毒的依据是什么?

2.茎尖培养的工作程序包括哪些步骤?

3.理想的指示植物应具备哪些特质?

4.用草本指示植物检测植物病毒通常采用汁液涂抹法接种,请问如何操作?

5.通过不同途径获得的脱毒苗如何进行繁殖?

项目 8

植物组织培养快繁技术应用案例

【项目描述】

●介绍一些常见果树、林木、经济作物、花卉的组织培养脱毒与快繁技术，为相应植物的组织培养快繁与脱毒技术的学习提供技术支持。

【学习目标】

●了解常见果树、林木、经济作物、花卉的组织培养和脱毒技术。

【能力目标】

●能根据资料，以及前面所学知识，独立设计植物组织培养脱毒与快繁的技术路线，并能加以实施。

任务 8.1　果树、林木植物组织培养快繁

8.1.1　樱桃脱毒与快繁

樱桃有中国樱桃、欧洲樱桃,属蔷薇科桃李亚科桃李属樱桃亚属。樱桃作为"春果第一枝"的水果,鲜艳美丽,小巧玲珑,备受人们欢迎。果实营养成分丰富,可鲜食,也可加工成罐头、果脯、蜜饯等。樱桃树姿婀娜多姿,异常优美,叶色亮绿。盛果时,树体红绿相间富有诗意,是绿化、美化环境的理想树种,因此,近年来我国樱桃栽培面积呈上升趋势。应用植物组织培养技术,可进行脱毒培养,加快优良品种的推广,提高产量和质量。

1)脱毒

(1)病毒种类

危害樱桃的主要病毒有樱桃坏死锈斑病毒(CNRMV)、樱桃坏死环斑病毒等,病毒的侵染常常导致樱桃产量和果实品质的下降。

①外植体的消毒。取樱桃品种一年到两年生的休眠枝条,放入培养箱,经水培后取其萌发的嫩芽。先将外植体用洗涤剂水浸 3 min 后,流水冲洗 60~90 min,然后用 70% 酒精浸泡 30 s,无菌水冲洗 1 次后,用 0.1% 升汞(HgCl$_2$)灭菌,一般灭菌 5~8 min 后,用无菌水冲洗 4~5 次,置于无菌滤纸上,吸干水分备用。

②茎尖剥离。灭菌后剥取生长点,用镊子固定材料,用解剖针在解剖镜下剥除芽外部鳞片、幼叶和较大的叶原基,使生长点露出,然后切下生长点(含 2~3 个叶原基),材料大小小于 0.5 mm 作为培养材料,接种于初代培养基上。初代培养基为 MS+6-BA 1 mg/L+NAA 0.2 mg/L+GA$_3$ 0.5 mg/L+蔗糖 30 g/L+琼脂 6.5 g/L,调节 pH 至 5.8,培养温度 25 ℃,光照强度 2 000~3 000 lx,每天光照 14 h。诱导生长点伸长生长。

③试管苗的增殖培养。将丛生芽或带 1~2 个芽的茎端转入增殖培养基上增殖,增殖培养基为 MS+6-BA 0.5~1 mg/L+NAA 0.05~0.3 mg/L+GA$_3$ 0.5 mg/L+蔗糖 30 g/L+琼脂 6.5 g/L,培养 40 d 后,诱导形成丛生芽。

④试管苗的生根培养。丛生芽在增殖培养基上生长到 7 周后,取苗高 2 cm 以上的新梢转移到生根培养基上进行诱导生根。生根培养基为 1/2 MS+IBA 0.2~1.4 mg/L+蔗糖 20 g/L+琼脂 6.5 g/L,培养 20 d 后,统计芽苗生根率。

⑤脱毒苗的检测

a.樱桃坏死锈斑病毒。新西兰用紫樱桃作为检测 CNRMV 的指示植物,用双重芽接法接种,当有病毒时,指示植物紫樱桃叶片上出现紫褐色斑点,逐渐扩大至 0.5~1 cm 不规则紫褐色斑块。有些叶片其叶肉组织坏死,叶片卷曲,较早落叶。

检测时间需几周至几年,发病温度为 10~27.8 ℃,最适温度为 20~24 ℃,较高气温下,感病株新梢和短枝多枯死。

b.樱桃坏死环斑病毒。芽接到白普贤樱花(Shirofugen)上,4 周后芽接周围即局部坏死。

病部木质部先变黑色,并溢出大量胶质。用黄瓜作指示植物,病毒症状为叶片出现褪绿环斑,生长点坏死。

2) 快繁

以脱毒培养后,试管苗中要检测的病毒为阴性,即可直接用于继代培养扩大繁殖。也可以使用健康植株上茎尖培养进行快繁。

(1) 初代培养

用 MS 作为基本培养基,随 6-BA 浓度增加,试管苗分化的新增芽数也随之增加,当 6-BA 浓度 0.5~0.8 mg/L 时,苗分化芽数较少,但苗健壮,茎较粗,叶片大而厚,有效芽数较多;当 6-BA 浓度达 1~2 mg/L 时,新增芽数较多,但苗相对细弱,叶片小,节间长,往往制约新梢的生长及伸长,有效芽数反而降低。附加 IAA 0.1~0.2 mg/L,有利于新梢的伸长生长,有效芽数略有增加。因此,在樱桃微繁的初期,用较高浓度的 6-BA 有利于试管苗的增殖。

(2) 继代培养

在继代繁殖的后期,即转接生根培养基之前,较低的 BA 浓度有利于出壮苗。如果此时转用 F_{14} 培养基,并同时降低 BA 浓度,则苗更加粗壮,叶色浓绿,大大提高转接生根苗的比例,此时附加 IAA 0.1~0.2 mg/L 及 GA_3 0.5 mg/L 效果更好。另外,ZT、KT 等细胞分裂素,促进分化的作用不如 6-BA 显著,且价格较贵,因此,在商业化生产中以 6-BA 为好。

(3) 生根培养

用 1/2 MS 或 1/2 F_{14},附加 IBA 0.5~0.8 mg/L 或 NAA 0.5 mg/L,蔗糖 20 g/L 的生根培养基,根的生长速度虽慢,但生长整齐,粗壮,有利于移栽,当根数平均为 7.4 条,长度达 0.5~1 cm,移栽成活率可达 95.7%。

(4) 试管苗的移栽

移栽前,打开瓶塞锻炼 3~5 d。移栽基质可选用粗沙、蛭石(蛭石∶草炭∶粗沙为 1∶1∶1)及粗河沙。栽培方式采用育苗袋,育苗箱及沙床,于 3—4 月移栽至温室沙床。

(5) 移栽条件

在温度为 20~28 ℃、空气湿度 90%~95% 时最好,在 25 ℃下移栽的试管苗,鲜重最重;在 28 ℃下移栽的试管苗生根最好,新增芽数最多。

8.1.2 苹果的脱毒与快繁

苹果属于蔷薇科苹果属,全世界约有 35 种,原产我国的有 23 种,是落叶果树的主栽品种。苹果育苗的传统方法是将栽培品种嫁接在实生砧木上,20 世纪 70 年代以来,苹果组织培养技术日趋成熟,在脱毒苗生产、矮化砧的快速繁殖方面得到了广泛的应用。

1) 脱毒

(1) 病毒种类

目前世界上发现苹果病毒病有 30 多种,在我国发生危害的主要有 6 种,即苹果锈果病毒、苹果绿皱果病毒、苹果花叶病毒、苹果褪绿叶斑锈果病毒、苹果茎痘病毒、苹果茎沟槽病毒。前 3 种为非潜隐性病毒病,有明显的症状,肉眼可见,后 3 种是潜隐性病毒病,在我国主要产区分布广泛。潜隐性病毒的带毒率高达 40%~100%,且多为病毒复合感染,导致生长势减弱、产量下降等。

（2）热处理脱毒

选取 2~3 cm 高的试管苗，置于人工气候箱高温环境中处理。为提高试管苗的耐热性，先在（32±1.5）℃的温度下预处理 1 周。处理时间和处理温度的最佳组合为白天温度（37±1.5）℃、晚上温度（32±1.5）℃，热处理 35 d，变温处理脱除褪绿叶斑病毒和茎沟病毒效果好，存活率最高，可获得最多的无潜隐病毒试管苗。

（3）热处理结合茎尖培养脱毒

将休眠植株于温室内 20~25 ℃条件下诱导萌发，长到 5~6 片叶时，在 32~35 ℃温度下预处理 1 周。然后在（38±0.3）℃、相对湿度 80% 的条件下处理 25~35 d，得到长 5~10 cm 健壮的新生嫩枝。将嫩枝切成 1 cm 左右的茎段，用 70% 酒精和 0.1% 升汞消毒，最后用含 VC 0.5% 和柠檬酸 0.3% 的无菌水冲洗 3 次。无菌条件下切取 2 mm 茎尖接种到 MS+6-BA 2 mg/L 诱导培养基上进行培养。培养条件为温度 25 ℃、光照强度 1 000~1 500 lx、光照时间为 12~16 h。该法可全部脱去 ACLSV 和 ASGV 等潜隐性病毒，比只用热处理脱毒效果好得多。

（4）微体嫁接繁殖脱毒

采用茎尖微体嫁接脱毒，以当地优良砧木的种子作砧木。种子经低温层积处理后再消毒，去皮后将胚接种到含有 MS 无机盐和 0.8% 琼脂的培养基上。在 25 ℃黑暗中培养 15 d，切去胚轴和子叶。去顶幼苗移至装有液体培养基（含有 MS 无机盐和 7% 的蔗糖）的平底试管中，内有一滤纸桥，中有小孔，砧木幼苗穿过小孔使其固定。接穗可用试管培养的新梢，或从田间取芽，在超净工作台上剥离茎尖材料，以液体培养基湿润接穗，然后与砧木胚轴维管束部连接，1 周后接穗与砧木互相结合。6 周后在接穗产生 4~6 片叶时，就可往外移栽。

微体嫁接时接穗茎尖大小宜为 0.2~0.3 mm，带有 2~3 个叶原基较好，既可以除去病毒，又有较高的成活率。

（5）苹果病毒检测

①指示植物法。对非潜隐性病毒，通过对病害的表现症状即可鉴别；对潜隐性病毒，大多采用指示植物法。该方法比较可靠，操作简单，但一般需要时间较长（2~3 年），如用温室鉴定 10 周内可完成。

②ELISA。把抗原与抗体的免疫反应和酶的高效催化作用结合起来，形成一种酶标记的免疫复合物，结合在该复合物上的酶遇到相应的底物时，催化无色的底物产生水解，形成有色的产物，从而判断被检测材料是否有病毒。该法操作简便、快速。

2）快繁

以脱毒培养后，试管苗中要检测的病毒为阴性，即可直接用于扩大繁殖。也可以使用普通的茎尖培养进行快繁。

（1）外植体选择与消毒

苹果快繁的外植体主要用茎尖和含侧芽茎段，茎尖多在早春叶芽刚萌动或长出 1~1.5 cm 嫩茎时剥取，茎段用新梢末端木质化或半木质化的部分。早春叶芽萌动后，取生长健壮的发育枝中段，流水冲洗尘土后，剪成带单芽的茎段，用 0.1% 升汞加入 0.1% 吐温-20 几滴消毒 10~15 min，或 2% 次氯酸钠消毒 15~20 min，再用无菌水冲洗 4~5 次。在无菌操作条件下剥取茎尖，用于快速繁殖时取茎尖较大，一般为 0.5~2 mm，较大的茎尖，接种容易成活与增殖。未萌动的枝条，可在 20~25 ℃下水培催芽，待萌动后再剥芽切取茎尖接种。

（2）初代培养

茎尖接种到 MS+6-BA 2 mg/L 初代培养基上,1 周后生长,茎尖逐步增大,长高,开始时叶片较大,单轴伸长,以后逐步分化出许多侧芽,叶片变小,形成丛生芽。茎段作为外植体时,侧芽萌发成短梢,将新生短梢从基部切下,转到新的培养基中继续培养,逐步形成丛生芽,再转入继代培养进行增殖扩繁。苹果培养过程中容易发生褐变,可在培养基中加入 PVP、AC 等以降低褐变率。

（3）继代培养

继代培养基一般采用 MS+6-BA 0.5~1 mg/L+NAA 0.05 mg/L,也可添加 GA$_3$ 0.5 mg/L。6-BA 浓度在 0.5~1.5 mg/L,浓度越高,新梢数量越多,但生长量和高于 2 cm 的有效新梢数下降,且易出现玻璃化苗。培养条件为光照强度 2 000 lx、光照时间 10 h/d、温度 25~28 ℃,30~40 d 可继代 1 次。

（4）生根培养

试管苗长至 2~3 cm,转接到 MS+IBA 0.5~1 mg/L 生根培养基诱导生根。一般 10 d 左右在基部出现根原基,20~30 d 根可生长到驯化移栽所需长度。也可将继代培养后的试管苗不经生根培养过程,直接在试管外进行扦插生根,以简化生根培养程序,节约费用。

（5）驯化移栽

打开瓶盖或封口膜,在自然光照下炼苗 2~3 d,取出试管苗洗去黏附培养基,移栽到疏松透气的基质中。注意保持温湿度和避免强光照射,待长出新根和新叶后移栽到温室。

8.1.3　桉树快繁

桉树是姚金娘科桉属植物的总称,原产澳大利亚,有少数树种原产菲律宾、新几内亚。18 世纪以来,不少国家和地区就开始对桉树进行引种驯化,目前桉树已是世界热带、亚热带的重要造林树种。

桉树树种是异花授粉的多年生木本植物,种间天然杂交产生杂种的现象非常频繁,实生苗后代分离严重。因此,用有性繁殖的方法很难保持优良树种的特性;同时,由于桉树的成年树插条生根困难,采用扦插、压条等传统的无性繁殖方法繁殖速度缓慢,远远不能满足大面积种植对种苗的需求。因此,桉树组织培养快繁在生产上具有重要的应用价值。

（1）外植体选择与灭菌

取幼嫩茎段、叶柄、叶片作为外植体,也可以腋芽、顶芽和种子作为外植体。不同的外植体其形态发生途径有所不同。

为减少接种材料的污染,采取外植体时,应选择连续三天以上晴好天气后进行,也可在采集外植体前一个月,把选好的植株放到温室、塑料大棚,每周用 0.1% 多菌灵做全株喷洒 1 次,2~3 周后即可采集外植体材料。采集野外植株的外植体材料比较麻烦,接种后的污染率也比较高。为降低污染率,可对需采集的枝条部分喷洒 0.1% 多菌灵,然后套上干净的塑料袋,2~3 周后再采集外植体材料。

对外植体消毒时,先将外植体用自来水冲洗 5 min,在无菌条件下用 75% 酒精消毒 5~10 s,用无菌水冲洗 3~5 次。用 1 g/L HgCl$_2$ 溶液,加吐温-20 两滴浸没材料,轻轻摇动,消毒 2~5 min,再用无菌水冲洗 5 次。

（2）芽的诱导与增殖培养

桉树的成苗途径可用两种方式：一是由腋芽或顶芽诱导出大量丛生芽，再诱导芽生根，获得完整植株；二是由愈伤组织经不定芽分化，再诱导不定芽生根，形成完整植株。为了种性的安全，一般在组织培养快速繁殖中应用腋芽或顶芽诱导丛生芽途径。

①由试管苗的腋芽和顶芽诱导出大量丛生芽，再经分株转移获得完整植株。以带芽茎段和顶芽作为外植体，接种于初代培养基 MS+6-BA 0.5~1 mg/L+IBA 0.1~0.5 mg/L 上。经过30 d 左右培养，每个外植体可形成一个芽或多个芽。在无菌条件下，将这些丛生芽中较大的个体切割成长约 1 cm 的苗段，较小的个体切割成单株或丛生芽小束转移到新的增殖培养基上，即可在较短时间内获得数量巨大的无根苗，将这些无根苗分割后转接到生根培养基上，经2~3 周培养即可形成完整植株。

②愈伤组织的诱导芽。将经过灭菌的节段材料切成 1 cm 长小段，或将其腋芽部分单独切下分别转接到 MS+6-BA 1 mg/L+KT 0.5 mg/L+IBA 0.5 mg/L 培养基上。茎段外植体经 12 d 左右，即可从切口处首先产生愈伤组织。经过 12 d 的培养，即可陆续见到由愈伤组织分化出不定芽。每块愈伤组织上所产生的不定芽数目及芽的大小与愈伤组织的外植体来源有密切关系。由腋芽外植体诱导出的愈伤组织所产生的不定芽较少（每块愈伤组织产生 10~20个），但比较粗壮；由节间切段诱导出的愈伤组织所产生的不定芽特别多，一般每块能产生 50个以上的不定芽，最多的达 250 个，但各个芽很小，呈微芽形式。继代培养后转入壮苗培养基上，长出健壮丛生芽。

（3）壮苗生根培养

生根培养都以 1/2 MS 为基本培养基，附加 0.5 mg/L IBA、20 g/L 糖，pH 5.8，温度（27±3）℃，光照强度 1 000 lx，光照时间 8 h。

桉树组织培养工厂化育苗过程中，试管苗生根速度是一个比较重要的问题。因为生根速度快，诱导根所需时间就短，整个生产周期也就缩短，育苗所需成本就降低。

生根效果以 IBA 最好，其次是 ABT。

（4）炼苗和移栽

桉树试管苗接种在生根培养基上后，一般 10~12 d 开始发根，到 21 d 时就已经达到生根的最高峰，根长约 1 cm。在此时将试管苗连瓶取出放于室外，进行约 1 周的移栽前锻炼，可达到最佳移苗效果。移栽前应该在移栽棚内揭开瓶盖 2~3 d，让试管苗经过光照和湿度的锻炼，移苗时用小流量的自来水冲进瓶内，摇动几次，把苗倒出，再用小流量的自来水冲洗黏附在根部的培养基，将苗分等级后即可进行移栽。为降低成本和提高功效，可采取直接移苗到容器土里的办法，只要充分注意容器土的成分配比，移苗成活率可达 70% 以上，移栽初期的小苗对空气湿度很敏感，容易产生顶梢和叶子萎蔫现象，此种现象一出现，小苗就难以恢复正常生长，移栽成活率也大大降低。因此，试管苗定植后要淋透水，放在塑料罩或塑料棚内，保持空气湿度在 85% 以上。由于试管苗较幼嫩，移栽的一个月内必须遮阳，开始时遮光 70%，半个月后可减至 50%。桉树是强阳性树种，不宜长时间遮光，因此待幼苗长出 1~2 对新叶片后即可除去遮阴。

8.1.4　杨树快繁

杨树为杨柳科杨属植物,具有适应性强、生长快、周期短、易栽培、树干粗大挺直、木材易加工、经济价值高等优点,已被广泛作为短期轮作的造林树种,在生态环境治理和解决木材短缺方面占有重要地位。多数树种可用插条繁殖,但也有一些树种,如胡杨和白杨派的大多数树种及其杂交种,不易采用插条法进行繁殖,通过组织培养技术进行快速繁殖,不仅可以保持树种原有的优良特性,而且为杨树提供了一条快速扩大利用优良基因型的重要途径。

对于杨树组织培养的研究工作,大多以快速繁殖为目标。早期主要是进行杨树愈伤组织培养,但愈伤组织诱导时间长,程序复杂,易发生变异,不利于保持亲本性状,现已被器官培养所替代。例如,胡杨是杨树中最古老的树种,在我国主要分布在海拔 800~1 100 m 的荒漠内陆河流冲积平原上。它耐盐碱,抗大气干旱,耐强光高温与风沙袭击,是重要的固沙造林树种之一。胡杨插条生根困难,目前已通过组织培养法选择出速生、抗病的无性系,可通过茎段、茎尖离体培养大量繁殖,直接应用于造林生产实践。

1)初代培养

(1)外植体的选择与消毒

胡杨的茎尖、腋芽、叶片等都可以作为外植体,以芽诱导丛生芽,分化时间短,繁殖速度快,是理想的外植体材料。选取直径为 3~4 mm 的当年生胡杨枝条,用自来水冲洗干净,在无菌条件下,用 70%酒精消毒 30 s,然后用 0.2%升汞溶液消毒 6 min,无菌水冲洗 5~6 次,用无菌吸水纸吸去材料表面多余的水分。

(2)带芽茎段的接种与培养

将幼枝切成长度为 1 cm 左右的小段,切掉和消毒剂接触的部分,然后接种到添加 6-BA 0.5 mg/L 和 NAA 0.5 mg/L 的 MS 启动培养基上。培养温度 25~27 ℃,每天光照 10 h。茎段外植体接种后 1 周左右,在切面上即可见到形成层部位出现黄白色致密的愈伤组织。接种2~3 周时,两端切面上的愈伤组织明显增生凸出,茎上的皮孔已膨大,且从皮孔内分化出质地疏松的白色愈伤组织,在同一材料有的还可以从皮孔处长出小芽。随着皮孔上愈伤组织的进一步增生,可以见到白色愈伤组织中间出现一些颗粒状的绿色愈伤组织块,乃至整个愈伤组织变为绿色的小绒球状。绿色的愈伤组织进一步分化后,长出一丛叶子较为肥厚的微芽,以后逐渐发育成为丛生芽。茎段切口端的愈伤组织在材料接种后约一个半月亦可分化出小植株。

(3)叶片的接种与培养

取试管苗中部和上部的叶片,切成小块,接种在 MS+6-BA 0.5 mg/L+NAA 0.1 mg/L 的诱导培养基上,培养温度 25 ℃左右,每天光照 10 h,光强 800 lx。5 d 后,切口处开始膨大,并逐渐形成愈伤组织,一个月后,将愈伤组织块转接到 MS+6-BA 0.5 mg/L+NAA 0.5 mg/L 的培养基上,诱导其产生丛生芽。

2)继代培养

为了促进丛生芽发育,可将其转移到 MS+6-BA 0.2 mg/L+NAA 0.2 mg/L 壮苗培养基上发育成无根健壮小苗。将在壮苗培养基上培养了 3~4 周的无根苗茎切割成 0.5~1 cm 的切段,然后转接到 MS+6-BA 0.5~1 mg/L+NAA 0.5 mg/L 增殖培养基上,再进行培养,以诱导丛生芽分化。经过多次继代培养后,可得到大量的试管苗。

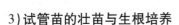

3）试管苗的壮苗与生根培养

将丛生芽转接到 6-BA 和 NAA 都是 0.2 mg/L 的 MS 壮苗培养基中培养,当无根的试管苗长至 2~3 cm 高时,即可在无菌条件下将其从基部切下,置于 IBA 40 mg/L 溶液中预处理 1.5~2 h,以后再转接到无激素的 MS+蔗糖 30 g/L 的培养基上。经 10 d 左右培养,茎基部切口附近即开始陆续长出不定根。再经 10~15 d 培养,即可成为完整的小植株。

4）试管苗的驯化与移栽

将生根试管苗瓶口打开炼苗 3~5 d 后,移栽到河沙、壤土、草木灰(1∶1∶1)的混合基质中,注意加盖塑料薄膜保温保湿,10 d 后可以揭去薄膜,成活率可达 90% 以上。

5）影响胡杨植株再生的因素

（1）外植体

从植株中部和上部取材的叶片再生不定芽能力要比下部强。从生理状态看,从室外采集的材料作为外植体,诱导愈伤组织时间长,不能再生芽;而用无菌苗茎段、叶片作为外植体,诱导时间短,并可产生大量丛生芽。选择冬芽作为外植体的试管苗,增殖率随继代次数的增加而增加;而以嫩枝段为外植体的增殖系数在 2~3。以冬芽为外植体的试管苗,继代增殖方式是形成丛生芽;而以嫩枝段为外植体的试管苗,在继代培养中只做伸长生长,并不形成丛生芽。

（2）基本培养基

用于胡杨组织培养的基本培养基有 MS、WPM、改良的 H 培养基等,但用于芽诱导的基本培养基以 MS 较好。

（3）生长调节物质

细胞分裂素在芽诱导中发挥重要作用,其中 ZT 要比 6-BA、KT 效果好。生长素往往和细胞分裂素配合使用,能较好地诱导芽的分化,常用的生长素为 NAA。在芽诱导培养时,当 NAA 浓度高于 0.1 mg/L 时,茎段就会产生大量愈伤组织,明显抑制不定芽的形成。在生根培养时,一般不加细胞分裂素,仅加入 IBA 或 NAA。

（4）糖类和添加剂

果糖和葡萄糖比蔗糖更有利于胡杨芽的生长,使用浓度一般在 2%~3%。浓度太高易使愈伤组织变黑老化,不利于分化。氨基酸有助于提高胡杨芽丛增殖的能力,而添加活性炭后芽丛不增殖,甚至发黄,可能是活性炭吸附了某些盐分,造成芽苗的生理失调。

8.1.5 樱花快繁

樱花,别名山樱花,为蔷薇科蔷薇属落叶乔木,原产我国长江流域、日本和朝鲜等地。樱花的花朵极其美丽,有白色或浅红色,少数为黄色。每年 4—5 月盛开,满树烂漫,妩媚多姿,轻盈娇研,花艳夺目,是早春开花的著名观赏花木。可孤植也可成片栽植,还可盆栽作桩景,造型典雅可爱。樱花以嫁接为主,也可扦插、分株,但扦插生长速度慢,利用组织培养可大大提高樱花的繁殖速度。

1）初代培养

（1）外植体的选择与消毒

樱花的茎尖、腋芽和叶片都可以作为外植体。在 4 月下旬至 5 月初,选择生长健壮、无病虫害的新生樱花嫩枝作为外植体,剪去叶片,保留 0.5 cm 的叶柄,在自来水下冲洗干净,并用

洗洁精水清洗一遍。将枝条剪成 6~8 cm 长的茎段,在无菌条件下,用 0.1%升汞溶液处理 10 min,还可加入几滴 Tween-80 配合使用,再用无菌水冲洗 5~6 遍,无菌吸水纸吸去材料表面多余的水分。

(2)外植体的接种与培养

将外植体剪切成单芽茎段,接种到 MS+6-BA 2~3 mg/L+IAA 0.5 mg/L 芽诱导培养基上培养。培养温度 25 ℃左右,光照强度 1 000~1 500 lx,每天光照 12 h。12 d 后,茎段切面处产生愈伤组织,腋芽突起,开始萌动、生长,一般可长出 1~3 个芽。

2)继代培养

将诱导出的芽切下,转入 MS+6-BA 0.5~3 mg/L+NAA 0.1~0.3 mg/L 继代培养基中进行增殖培养,1 个月继代 1 次,增殖系数一般可达 3~5。在丛芽增殖培养基中加入低浓度的 GA_3(0.3 mg/L),还可以提高丛生芽的增殖率。在继代培养中,培养物里的 6-BA 存在一定的累积效应,即发生"驯化"现象。因此,随继代次数的增加,应逐渐减少培养基中的 6-BA 用量。

3)试管苗的壮苗与生根培养

当芽苗增殖到一定的数量后,就可以进行壮苗生根培养。对生长细弱的小苗先转入 MS+6-BA 0.1 mg/L+NAA 0.05 mg/L 培养基中进行壮苗培养,当小苗长到 3 cm 左右比较健壮时,转入 1/2 MS+NAA 1 mg/L+IBA 0.2 mg/L 生根培养基上进行生根培养。一些健壮的小苗,可以直接转入生根培养基中进行生根培养。培养温度以 25~27 ℃为好,光照强度可增加到 2 000~2 500 lx,光周期不变。无根苗转入生根培养基后,一般在 1 周后开始生根。

4)试管苗的驯化移栽

将生长健壮的生根试管苗移至炼苗室,避免阳光直射,打开瓶盖炼苗 5 d,使瓶内外的湿度比较接近。移栽前,往瓶内倒入少量 25 ℃左右自来水,并轻轻摇动,使根系与培养基分离,然后小心地从瓶内取出试管苗,放在温水盆里洗净根部的培养基,在 800 倍的多菌灵溶液中浸泡 4 min,移栽到珍珠岩:腐殖土:河沙(1:2:2)的混合基质中,浇足水后,及时盖上塑料薄膜保湿,盖上遮阳网遮阴 1 周,逐渐增加光照强度并通风。1~2 周后,幼苗长出新根,此时揭去薄膜。待有新叶长出时,可完全撤去遮阳网。当小苗高达 15 cm 左右,根系发达时即可进行大田定植。

5)影响樱花培养的因素

(1)取材的时间

黄守印等(2001)在对比 5 月初和 10 月初取得的材料培养时发现,5 月取得的材料培养生长分化正常,而 10 月取回的材料培养后,新长的叶片容易脱落,在叶柄基部产生愈伤组织,但不能形成丛生苗。

(2)褐变

引起樱花褐变的因素主要有材料的年龄、外植体损伤、培养时间等。一般幼龄材料具有较强分生能力,生长旺盛,可大大减轻褐变。消毒剂容易对材料造成伤害,应选择合适的消毒剂和消毒时间,最好不用酒精。在接种时,尽可能快地剪切茎段,以免夹伤切口处的组织,并快速接种,减少切口在空气中暴露时间。长时间培养也易引起褐变,当诱导出芽后应尽快转接。此外,在培养基中添加抗氧化剂(如抗坏血酸 50~100 mg/L,间苯三酚等)或 0.1%~0.5% 的活性炭,也能减缓褐化程度。

任务 8.2 花卉组织培养快繁

8.2.1 非洲紫罗兰的快繁

非洲紫罗兰(*Saintpaulia ionantha*)又名非洲堇,是苦苣苔科非洲苦苣苔属多年生草本植物。原产东非的热带地区,植株小巧玲珑,花色斑斓,四季开花,是室内的优良花卉,是国际上著名的盆栽花卉,在欧美栽培特别盛行。

非洲紫罗兰茎短,全株被毛。叶卵形,叶柄粗壮肉质。花1朵或数朵在一起,淡紫色。栽培品种繁多,有大花、单瓣、半重瓣、重瓣、斑叶等,花色有紫红、白、蓝、粉红和双色等。喜温暖气候,忌高温,较耐阴,宜在散射光下生长。适宜肥沃疏松的中性或微酸性土壤。

1) 外植体选择

叶片、叶柄。

2) 外植体灭菌与诱导芽

先用流水和小毛笔清洗叶面上的尘土,在清洗时可以加适量的洗洁净或洗衣粉。清洗后在70%酒精中浸10 s,再放入0.1%氯化汞中灭菌6~8 min,灭菌后用无菌水冲洗3~4次,用无菌滤纸吸干水分,并剪成0.5 cm见方的小块,接种于培养基MS+6-BA 0.5 mg/L+NAA 0.5 mg/L上。培养基中蔗糖3%、琼脂0.75%,pH 5.8(下同)。培养温度22~25 ℃,每日光照10~12 h,光照强度1 000 lx。培养1个月后便在切口上产生大量不定芽。

3) 增殖

将丛生芽切割成小块,再接种于新鲜培养基MS+BA 0.5 mg/L+NAA 0.5 mg/L上,继代增殖,5~6周继代1次。

4) 生根与移栽

待芽伸长后切下,转到培养基MS+NAA 0.2 mg/L上诱导生根。2周后形成不定根。将生根苗移栽于河沙或腐殖土中,移栽时勿伤苗,用温水洗净黏附的培养基,浇透水。移栽后2周内保持适宜的温度和较高的湿度,注意通风和防治杂菌。移栽成活率可达95%以上。

8.2.2 蝴蝶兰快繁

蝴蝶兰(*Phalaenopsis* spp.)形态美妙,色彩艳丽,花期持久,在热带兰中素有"兰花皇后"的美称。它属于单茎性气生兰,植株上极少发育侧枝,比其他种类的兰花更难以进行常规无性繁殖,无法大量生产。无菌播种和组织培养是蝴蝶兰快速繁殖的手段。

1) 外植体的选择

蝴蝶兰的茎尖、茎段、叶片、花梗侧芽、花梗节间、根尖等各部位都已有培养成功的报道,方法各异,难度各有高低。蝴蝶兰是单茎性气生兰,只有1个茎尖,如果直接从开花植株取得茎尖或茎段,就会牺牲植株。从开花植株叶片培养产生原球茎状球体固然理想,但目前仍相当困难。以花梗侧芽、花梗节间作为外植体,则不会牺牲母株,而且消毒较为容易,是合适的

取样部位。

2）培养方法

（1）花梗腋芽培养

蝴蝶兰为总状花序，近顶端的节着生花蕾，近基部的几个节，常具有苞叶覆盖的腋芽。它们有两种发育的可能，一是发育为花芽，二是发育为营养芽。在不同培养温度下，腋芽向不同方向发育：28 ℃时几乎全长成营养芽，20 ℃时则多数产生花芽。此外，附加 6-BA 也有利于营养芽启动。在 28 ℃条件下，培养基中加 5 mg/L 6-BA，各部位的腋芽向营养芽发育的频率达 93%。

对于花梗腋芽的利用，也有两种处理方法。采用连花梗组织采芽法：

①剪取整枝花梗后，首先用漂白粉精溶液（15 片/100 ml）表面消毒 5 min，无菌水冲洗干净，然后剥去苞叶，再用漂白粉精溶液消毒 15 min。

②将花梗剪成长约 2 cm 带腋芽的切段，基部向下插在 MS+6-BA 3 mg/L 的培养基上，可使腋芽萌发为丛生芽。

（2）茎尖培养

茎尖是细胞分裂最旺盛的部分，也是成功率较高的部位。但蝴蝶兰的茎尖深藏于叶片夹缝中，分离和消毒都相当困难。方法是：

①将除去叶片的茎用水冲洗，再用 10%的漂白粉溶液作表面灭菌 15 min（每 100 ml 消毒液加 1 滴吐温-20），除去叶基后，再用 5%漂白粉液灭菌 10 min，然后用无菌水冲洗。

②切取茎尖和各叶基部的腋芽，大小 2~3 mm，接种到培养基上。

③用添加 15%椰乳的 V&W 培养基进行液体培养，或加 9 g/L 琼脂做固体培养。

④培养条件为恒温 25 ℃，光强 2 000 lx，每天光照 16~24 h。液体培养基用 160 r/min 的速度做振荡培养，7~10 d 再转至新培养基。从开始培养起，1 个月后转到固体培养基。培养 1 个月即可形成原球茎，以后可继代增殖原球茎。也可先诱导花梗侧芽成为植株，利用试管苗的茎尖做培养。在体式显微镜下剥取茎尖，约 0.3 mm 大小，接在 MS+6-BA 3 mg/L 固体培养基上，在温度为（25±2）℃、光强 1 500 lx、光照 10 h/d 条件下培养。14 d 后可见茎尖膨大，呈浅绿色半球状，3 个月后长成桑果状原球茎状体，这样免去了茎尖外植体消毒程序，成功的可能性较大。

（3）花梗节间的组织培养

正在伸长的蝴蝶兰幼嫩花梗最具分化原球茎状球体的能力，因而可采用快速伸长的花梗节间作培养材料。由花梗可见至 45 d 以前的全部幼嫩花序，以及各发育期的花梗顶端表皮细胞等具有分裂能力的节间组织，最有利于诱发原球茎形成，成功率可达 62.9~77.1%不等。从第一花蕾可见起，以后各发育期，随着花梗发育愈久，分化原球茎的比率下降，能作为外植体的节间也愈短。当花谢后，整枝花梗节间就不再具有分化原球茎的能力了。培养的方法是：切取幼嫩花梗消好毒后，斜切成 1~1.5 mm 厚的薄片，平放在固体斜面培养基上。置温度（26±2）℃、光强 500 lx、光照 16 h/d 处培养。培养基用 1.2 倍的 V&W 无机盐配方，加肌醇 100 mg/L，维生素 B_1、B_6 和烟酸各 0.5 mg/L，6-BA 1 mg/L，蔗糖 2%，琼脂 0.8%。

3) 继代培养

蝴蝶兰早期原球茎外观像瘤状愈伤组织,表面球状物不明显,继续培养,可见表面突起一个个圆球,部分表面细胞分化出根毛状物,如果不切割原球茎,让它们在不含或含有低浓度细胞分裂素的培养基里继续生长,60 d 后将陆续出芽。100 d 后,大部分可长成有 2~3 片叶的小苗。为达到大量繁殖的目的,在原球茎阶段做增殖最为理想;在原球茎形成后,于无菌条件下取出切成小块,转移到新鲜培养基中继代。在切块细小、稀疏的培养瓶内,群体生长较慢,而在切块较大而密集的瓶内,群体生长十分旺盛,表现出一定的群体生长效应。因此,须注意切块不可过细(直径>2 mm),培养块数不应太少。

研究表明,原球茎增殖速度受培养基中激素浓度的影响。以 MS 为基本培养基,附加 5~10 mg/L 的 6-BA 和 1 mg/L 的 NAA,最好附加 10%的椰乳,可使原球体继代增殖。但品种间增殖速度差异很大。此外,以丛生芽的方式增殖的蝴蝶兰,将无根的试管苗接种在 MS+6-BA 3~5 mg/L 的培养基里,50 d 左右可获得 3~4 个丛生芽。但是所得小苗是无根的,须转生根培养基。

4) 生根培养

Kyoto 培养基的长根效果较好,其组成是:HyPonex(7-6-9)3 g、胰蛋白胨 2 g、蔗糖 35 g、琼脂 12 g、水 1 000 ml,pH 5.0~5.4,用 MS 加生长素也可以,但效果不理想。

5) 试管苗出瓶

移栽出瓶的小苗要先用清水将附在小苗上的培养基洗干净,栽植在清净的水苔或椰壳糠上,放置阴凉处。注意保持基质湿润和环境湿度及通风。

1 个月后,小苗生长稳定,开始喷施液肥。等到小苗有新叶长出时,便移植到小盆或蕨板上。出瓶后的植株一般 2~3 年后便可开花。

8.2.3 红掌快繁

红掌又名安祖花(*Anthurium andraeanum*),是天南星科花烛属多年生常绿草本。花序由佛焰苞花序组成,是国际上流行的切花材料和盆栽品种。株高因品种而异,多为 50~80 cm。肉质气生根,无茎,叶从根茎抽出。叶为长柄,单生,心形,鲜绿色,叶脉凹陷,单花顶生。花梗 40~70 cm。佛焰苞直立展开,蜡质,佛焰苞宽 5~20 cm。肉穗花序圆柱状,与花苞颜色不同。红掌性喜温暖、隐蔽、湿润,忌炎热、阳光直射,一般夏季温度不宜超过 28 ℃,相对湿度不低于 80%,注意通风,冬季温度不低于 14 ℃,相对湿度不低于 70%。

1) 外植体材料

未展开叶的叶柄。

2) 培养条件

培养基:基本培养基 N_6。

①愈伤组织诱导培养基:N_6+6-BA 2 mg/L+2,4-D 0.1 mg/L。

②丛生芽诱导培养基:N_6+6-BA 2 mg/L+NAA 0.1 mg/L。

③生根培养基:N_6+NAA 0.05 mg/L。

以上培养基均附加 0.6%的琼脂,3%的蔗糖(生根培养基 2%),pH 5.8,培养温度为

(24±1)℃,每天光照 12 h,光照度 2 000 lx,生根培养光照度为 4 000 lx。

3)生长与分化情况

(1)无菌材料的获得

将盆栽安祖花苗刚抽出不久、尚未展开叶片的叶柄从基部切下,然后将叶片上、中部切掉,用洗洁精水溶液进行漂洗后置于超净工作台上用 75%酒精浸泡 20 s,再用含 2%有效氯的次氯酸钠溶液(加 0.005%的洗洁精)灭菌 20 min,然后用无菌水漂洗 3~4 次后,用无菌滤纸吸干。已灭菌的材料切去叶片基部和受灭菌液伤害较重部位后,切成(5±1)mm 长的小段,接种在愈伤组织诱导培养基上。

(2)愈伤组织的诱导和丛生芽的诱导

外植体接种 10 d 后,叶柄两端切口开始膨大,21 d 后愈伤组织诱导率达 83.5%,尤其是叶片与叶柄连接处,诱导率可以达到 100%。继续在原培养基上培养,28 d 后愈伤组织开始分化芽,分化率达 73%。若将愈伤组织转至从丛生芽诱导培养基,则可以得到较高的芽分化率,转接后 21 d 可以达到 100%,每块愈伤组织的不定芽分化数可达 10~23 个。可用丛生芽诱导培养基进行继代增殖培养,每 35 d 继代培养 1 次。

(3)生根

将苗高 2.5 cm 以上的芽切下接种到生根培养基上,10~15 d 后,芽基部出现白色根突,21 d 后,生根率达 95%以上。苗高 3 cm 以上、具 3~4 片叶,可以出瓶移栽。

(4)移栽

出瓶前,先将试管苗放在散射自然光下练苗 7 d 左右,炼苗时可打开瓶盖,每天早、中、晚各喷水 1 次,以保持湿度。移栽时取出试管苗,洗去根部培养基,可用 0.05%高锰酸钾蘸根消毒后,移栽在经灭菌的珍珠岩和泥炭以 1∶1 混合的基质中,用塑料薄膜覆盖以保持湿度,7 d 后打开薄膜,逐渐降低湿度,成活率为 96%。浇灌用水为经软化处理的自来水。

8.2.4 非洲菊快繁

非洲菊别名扶郎花,为菊科多年生宿根草本植物。非洲菊原产南非,因其秆直花大,色彩艳丽明亮又具有淡而柔和的色系变化,通常四季有花,切花率高,水插存活时间长,栽培省工省时,深受人们的喜爱,已成为世界著名十大切花之一。

1)外植体材料

取花梗长为 1~3 cm 的花蕾,切取花托部位作外植体,或采用直径为 0.5~1 cm 扶郎花的幼小花蕾作外植体。

2)培养方法

将花梗在 0.1%氯化汞溶液中消毒 12 min 后取出,用无菌水冲洗 3~4 次。切下花托部位并分切为 3~5 mm 小块,放于诱导培养基(MS+6-BA 2 mg/L+NAA 0.2 mg/L+IAA 0.2 mg/L)上培养。置于光照 1 000 lx,温度(25±3)℃下培养,约 10 d 后切口处形成愈伤组织。

待诱导出的不定芽长至 3~4 片叶、叶长 3~4 cm 大小时切下,置于增殖培养基(MS+KT 5 mg/L+IAA 0.2 mg/L)上,于光照 1 500~2 000 lx、温度(25±3)℃下进行增殖培养,周期为

20~25 d。

将丛芽切成单株芽苗,放于生根培养 1/2 MS+NAA 0.1 mg/L 上进行诱导生根,温度、光照条件与增殖阶段相同。经过 1 个月生根培养,将生根苗出瓶移栽到苗床并统计生根率。

非洲菊试管苗大部分品种均易诱导生根。经 25~30 d 的生根培养,生根率均可达到 90% 以上,且平均每苗生根都在 2.5 条以上。

当扶郎花无菌瓶苗有 3~5 条根,且根长达 2 cm 以上时,可在常温条件下,放入培养温室中进行炼苗 3 d,然后打开培养瓶盖再炼苗 2 d,即可出瓶。出瓶时,洗净扶郎花根部培养基,并将其移栽于珍珠岩∶蛭石=1∶1 的基质中,保持 80%~90% 的空气湿度,适当遮阴。约 2 周后即可成活,成活率在 95% 以上。培养 40~50 d 即可上盆。盆栽扶郎花适宜疏松肥沃的酸性沙质壤土,泥炭、砻糠灰、园土也是其盆栽理想基质。盆栽时注意浅植,以利生长,否则易腐烂。

3) 注意措施

(1) 保温保湿

试管苗在瓶里的湿度是 100%,移栽后空气中的湿度减小,须用薄膜保湿 1 周左右,保持温度在 22 ℃ 左右。

(2) 控制光照

由于室外的光照强度较大,要用一层透光率为 50% 的遮阳网盖在棚膜上,遮阳 1 周左右,减少阳光对小苗的灼伤。

(3) 注意防霉

有的试管苗根部的培养基清洗不彻底容易引起霉菌滋生,应每 3~4 d 喷施一次 75% 的甲基托布津可湿性粉剂 800 倍液,或用 75% 的百菌清可湿性粉剂 800 倍液加以防治。

(4) 及时施肥

试管苗移栽后应及时施肥,营养液先稀后浓,试管苗驯化成活后移栽到营养钵里假植时,应提前施一次浓营养液,使试管苗带肥移栽,以利移栽后生长良好。

8.2.5 月季快繁

月季为落叶灌木或常绿灌木,或蔓状与攀援状藤本植物。茎为棕色偏绿,具有钩刺或无刺,也有几乎没有刺的月季。小枝绿色,叶为墨绿色,对生、单生,多数羽状复叶,小叶一般 3~5 片,宽卵形(椭圆)或卵状长圆形,长 2.5~6 cm,先端渐尖,具尖齿,叶缘有锯齿,两面无毛,光滑;托叶与叶柄合生,全缘或具腺齿,顶端分离为耳状。花生于枝顶,花朵常簇生,稀单生,花色甚多,色泽各异,径 4~5 cm,多为重瓣也有单瓣者;大多数是完全花,或者是两性花。有花中皇后的美称。花有微香,花期 4—10 月(北方)、3—11 月(南方),春季开花最多,肉质蔷薇果,成熟后呈红黄色,顶部裂开,种子为瘦果,栗褐色。

1) 外植体的选择、消毒及接种

外植体一般选取生长健壮的、当年生枝条的、饱满而未萌发的侧芽。取回枝条用自来水冲洗干净,无菌条件下用 70% 酒精表面消毒 30~40 s,再用 0.1% HgCl$_2$ 溶液灭菌 5~10 min,最后用无菌水冲洗 3~5 次。芽的快速繁殖与供试材料的基因型有关,还与外植体的取材部位有

关,来源于枝条中部的侧芽的繁殖速率最快。相同条件下,一年生枝条的冬芽和当年生枝条的腋芽作为外植体,越冬芽的成活率较高,且从接种到萌动时间较短,生长快,在后代繁殖中植株健壮。

诱导培养基以 MS 为基本培养基,附加适量的 6-BA 和萘乙酸 NAA。最适的侧芽诱导培养基为 MS+6-BA 0.5~3 mg/L+NAA 0.01~1 mg/L,且培养基中添加蔗糖有增加丛生芽数量的作用。

2)继代培养

将诱导培养基上已经萌发的嫩芽转入附加 6-BA、NAA 等激素的 MS 培养基中,进行增殖继代。KT、IAA 等激素作用效果较差,协同作用不明显。低浓度的 6-BA 有利于不定芽的增殖,浓度过高则抑制不定芽增殖,适量 NAA 有利于芽和叶生长,但浓度过高诱导产生大量愈伤组织,不利于侧芽的直接分化和生长。

在 NAA 浓度相同而 BA 浓度不同的培养基中,随 BA 浓度的升高,芽苗的增殖系数也相应提高。在 BA 浓度相同而 NAA 浓度不同的培养基中,随 NAA 浓度升高,小芽生长速度加快,继代所需时间对增殖系数也有一定的影响。此外,增殖系数还与品种有关。从增殖倍数、叶片数、再生芽长势等综合因子来看,MS+BA 0.5~2 mg/L+NAA 0.01~0.05 mg/L 是最适的不定芽增殖培养。

3)生根培养

试管苗在继代培养基中只诱导地上部分生长。待培养一段时间后,转入生根培养基中,诱导生根。多数试验采用的培养基为 1/2 MS(大量元素减半)。采用 1/4 MS 培养基,不加生长素即可促进生根。在无菌苗的生根诱导过程中,生长素的种类和浓度起决定性作用。低浓度的生长素有利于根的形成,适当浓度的 IBA、NAA 对生根率有显著影响,浓度过高会抑制根的形成,NAA 浓度为 0.5 mg/L 时效果最佳。

生根阶段加入活性炭(AC)后,有助于提高生根率和生根质量。利用 1/2 MS + IBA 0.2 mg/L+AC 3 g/L,诱导生根,生根率最高为 90%,且随着活性炭百分比的加大,生根率逐渐下降。

4)驯化与移栽

小苗接到生根培养基上后,14 d 可见基部分化出根点,20 d 则长出许多白根,即可进入试管苗移栽阶段。所有试管苗移栽前,都应先将生根苗移至室温进行移栽前的锻炼。锻炼时间与移栽成活率有关,炼苗 7 d 以上,成活率达到 95%。影响移栽成活率的主要因素有 3 个,即湿度、温度以及基质种类及其带菌量。因此,移栽时应保持 90% 以上湿度,18~25 ℃的环境温度,基质用 0.2%的高锰酸钾或其他灭菌剂进行消毒灭菌。而基质的选择上,以蛭石和珍珠岩的栽培效果较好。移栽成活后喷极稀的营养液,使小苗得到营养补充。10~15 d 即长出新叶,且根系快速生长,可适时进行大田移栽。

8.2.6 康乃馨快繁

康乃馨即香石竹,为石竹科石竹属植物,分布于欧洲温带以及中国大陆的福建、湖北等地,原产地中海地区,是目前世界上应用最普遍的花卉之一。

多年生宿根或常绿亚灌木,株高 30~100 cm 或更高。茎直立多分枝,基部半木质化,茎节部膨大,着生交互对生叶片,叶线状披针形,基部抱茎,具白粉而呈灰绿色,有较明显的叶脉 3~5 条。花期 4—9 月,保护地栽培四季开花。喜阴凉、干燥、阳光充足与通风良好的生态环境。耐寒性好,耐热性较差,最适生长温度 14~21 ℃,温度超过 27 ℃或低于 14 ℃时,植株生长缓慢。宜栽植于富含腐殖质,排水良好的石灰质土壤,喜肥。

1) 茎尖分生组织培养脱毒

(1) 外植体灭菌

从田间或温室中长势健壮无病的植株上,选择较为粗壮而处在营养生长阶段带有 2~3 对成熟叶片的嫩芽,剥取成熟叶片,留下嫩芽在清水中清洗后,用 70%的酒精消毒 1 min,再用 2%的次氯酸钠消毒 15 min,或用 0.1%升汞消毒 8 min,最后用无菌水漂洗 3~4 次,经无菌滤纸吸干水分后,放在无菌的培养皿中备用。

(2) 茎尖剥离

在超净工作台上剥开茎端,切下茎尖,立即接入预先配置好的培养基上,一般每只小三角瓶接入 1 个茎尖。作为快速繁殖,切取 0.5 cm 大小的茎尖进行培养。作为脱毒培养,则要在双筒解剖镜下切取 0.3~0.4 mm 的茎尖进行培养。

(3) 茎尖培养与脱毒

切下的茎尖应迅速接种到培养基上,以防止茎尖失水干燥。与许多种植物去除病毒的实际结果相一致,切取香石竹的茎尖大小也与病毒除去效果密切相关。据 Hollings 等(1964)在去除康乃馨病毒的报告中指出,即使切取 0.1 mm 大小的茎尖,仍有 1/3 的茎尖植株不能完全去毒,去毒茎尖能达到 66%,若切取 1 mm 或更长的茎尖,则完全不能去毒。过小的茎尖成活率极低,通常认为切取茎尖的长度在 0.25~0.5 mm 较好,待获得茎尖植株后,通过病毒学鉴定,再扩大繁殖去毒株系。

在切去茎尖进行离体培养前,应进行热处理,提高脱毒效果。热处理去毒结合茎尖培养,Quak(1961)采用 38~40 ℃高温处理 6~8 周,再分离 1 mm 长的茎尖,去除了康乃馨条斑病毒、花叶病毒、环斑病毒等。另据 Brierley(1962)报道,香石竹在 38 ℃下培养 1 个月,能去掉康乃馨斑驳病毒,2 个月即可去除所有各种病毒。然而,另有报道指出,在 36~42 ℃下处理 70 d 能去除康乃馨斑驳病毒,但不能去除条斑病毒。在 38 ℃下处理 140 d,也未能去除康乃馨蚀环病毒。

香石竹性喜光,好温凉,组织培养时以 20~25 ℃为宜,光照以 800~2 000 lx 为宜,光照时间通常以 16 h/d 为好。也有人主张用 24 h 连续不断的光照,这只在必要时采用,因为自然界并非如此。

用于香石竹茎尖分生组织培养的培养基 MS+KT 2.15 mg/L+NAA 0.02 mg/L+蔗糖 3%+琼脂 0.6%,或 MS 液体培养基加 KT 1 mg/L 加滤纸桥,是培养香石竹茎尖的最好培养基。

(4) 病毒鉴定

香石竹茎尖培养达到一定数量后,就要使其中一部分种植出来供做病毒鉴定,通过病毒鉴定的植株及其保留的该编号的增殖材料,将成为脱毒原原种,可以进入大量繁殖阶段。

2) 继代增殖培养

脱毒的材料用 MS+BA 2~3 mg/L+NAA 0.2 mg/L 培养基做快繁,每个月可达到8~10 倍的增殖速度。继代培养时可将嫩茎分丛,或将嫩茎切成带节的茎段,转接至新鲜的培养基即可。

3) 生根

当培养基中的植株出芽后,再将其转入到生根培养基中,诱导其生根。生根培养基可用 1/2 MS+NAA 0.075 mg/L+蔗糖 30 g/L+琼脂 8 g/L,pH 5.8~6.0。

4) 驯化、移栽

将试管苗的瓶盖打开,注入少量自来水,置于驯化室内炼苗 3~5 d。将灭过菌的基质填入穴盘,把试管苗从培养瓶中取出,清洗掉苗上黏附的培养基,将苗一个一个分开。栽入穴盘里,喷施杀菌剂后盖上薄膜,置于温室中。脱毒苗在栽培繁殖过程中,主要应考虑土壤消毒、粪肥和灌溉水消毒、防蚜虫等植物保护措施。原原种应种植在防蚜虫的网室里,以防再感染。在大规模生产地,由于常年种植,环境中病毒潜伏。因此,可根据情况及时淘汰与更新生产用种苗。

8.2.7 杜鹃的快繁

杜鹃花别名映山红、满江红、野山红、落山红等,是杜鹃花科杜鹃花属的常绿或落叶灌木,仅在我国云南有少数种类为乔木。杜鹃花是世界著名的观赏花卉,也是我国闻名于世的三大名花之一。杜鹃花经反复杂交,目前品种繁多,花姿花形花色变化万千,其用途也非常广泛。不论中式或西式庭园、公园、道路旁等,均适合栽植,并可适于作绿篱、盆栽或盆景利用。

1) 外植体的选择

通常选取健壮植株的茎尖或带有侧芽的幼嫩茎段作为外植体。也有采用种子作外植体的,主要是种子表面消毒灭菌较容易,诱导成功的机会较大。但经种子培养出来的植株,难以把握其后代分离的状况,商业性的生产繁殖,应慎重进行。也有用杜鹃的叶片进行培养获得了再生的植株(杨乃博,1984),以及采用花芽培养获得成功的(Meyer 等,1981,1982)。

2) 外植体的处理

用于培养的植物材料选取回来后,经过简单的表面修整,剪去叶片等,先在自来水中冲洗 30 min,必要时可适当辅以软毛刷清洗,然后把材料浸泡在淡洗衣粉水中,轻轻摇动 15~20 min,自来水冲洗干净。接着在无菌条件下用 70%酒精浸摇 20 s,无菌水冲洗 3~4 次,后用 2%次氯酸钠处理 15 min,无菌水冲洗 5~6 次;或者在用 75%酒精浸摇 20 s,后再用 0.1%氯化汞溶液中灭菌 10~12 min,无菌水冲洗 8 次以上。消毒灭菌完成后,把材料切成带有 1~2 个腋芽的小茎段。

3) 培养基的选择

由于从植物种来说,杜鹃属可划分为 5 个亚属,分别为鳞斑杜鹃亚属、常绿杜鹃亚属(分布在海拔 1 200~5 000 m 的高山区)、马银花杜鹃亚属(分布在海拔 1 000 m 左右的山区)、羊踯躅杜鹃亚属和映山红杜鹃亚属(分布在低海拔地区)。种属不同,生理生态习性不同,对培养基的反应也不同,自然会有不同的培养效果。因此,在实际中,一方面应参考前人的方法经验,另一方面更要密切观察培养材料在不同培养基上的表现,以便于及时找到更适宜的培养基以及其中的激素用量。表 8.1 列出了培养杜鹃使用的培养基、激素以及所培养的种类。

表 8.1 培养杜鹃使用的培养基、激素以及所培养的种类

作者及年代		杜鹃种、品种名称与外植体	培养基	植物激素及其他
杨乃博	1982 1984 1985	*R.spp.*种子 *R.indicum* 石榴红春夏鹃,茎端 *R.mollicomum*	MS 1/4 MS 1/4 MS	BA 1 mg/L+GA₃ 1 mg/L; 2,4-D 1 mg/L NAA 5 mg/L 转BA 1~2 mg/L 或ZT 1~3 mg/L; ZT 2 mg/L
阙国宁	1985	*R.hybridum* 西鹃,"仙女舞"等,茎端	改良 MS NH_4^+:NO_3^-为 1:1	KT 0.5 mg/L+NAA 0.1 mg/L或低浓度 ZT 均可
陈云志等	1985	*R.spp.*春鹃和西鹃,种子	Anderson	ZT 为优,KT 几乎无效,BA 无效
Anderson	1975	茎尖	Anderson	2-ip,BA 有负效
Lioyd 等	1980	*R.catawbiense* 及其杂种 *R.carolinianum* 及其杂种 *R.schlippenbachi* *R.mucronulatum* 等共 15 种遗传型	改良的 Gresshoff-Doy 培养基	2~64 μmol/L 2-ip,R.schlippenbachi。以 8 μmol/L 2-ip 较适宜,16 μmol/L 以上则产生抑制效应
Hananpel 等	1981	*R. canescens*,*R. prounifoium*,*R.prounifolium arbscens*	Mc Cowns 木本植物培养	认为 BA 有负效应,抑制侧芽启动和增殖。以 2-ip 较好,芽增殖每 6 周 3~4 倍,年增殖 2 万倍
Meyer	1981, 1982	*R.catawbiense*,*R.hybrid* 花芽	Anderson	2-ip 5~15 mg/L,IAA 1~4 mg/L,生根用活性炭1 mg/L
Dabin 等	1983	*R.simsii* 共 4 个品种茎尖	改良 MS 及改良 Knop's	BA 配合使用活性炭
Economou 等	1984 1986	耐寒落叶杜鹃（*R.* spp.）茎尖	Economou 和 Read,1984	2-ip 10~15 mg/L,IAA 1 mg/L

4)接种培养

配制了相关的培养基后,就可以把灭菌外植体后材料切成带有 1~2 个腋芽的茎段接种在培养基上。培养温度为 21~23 ℃,光照强度 1 500~2 000 lx,每天光照 12 h。在整个培养过程中,一是需注意继代增殖的次数不可过多,通常在 4 代以内,这样才不会影响随后的生根效果;二是需注意培养基的 pH,由于杜鹃大多生长在酸性的土壤里,有喜酸的习性,因此,pH 值应控制在 4.0~5.0,茎尖的增殖和生长效果好。此外,在具体的操作过程中,针对某些杜鹃品

种,可以考虑选择液体培养的方式,或是选用 WPM 培养基进行相关的诱导培养,以求得最佳的培养效果。

5) 生根与移栽

以基本培养基添加 IAA 1.5~2 mg/L 和活性炭 0.3%~1%生根效果最好,基本可达90%以上。实际上,有部分杜鹃的种和品种生根并不困难。有报道说,在杜鹃茎尖培养过程中,插入培养基中的一部分茎尖会长出不分枝的根来。另外,也可以把一部分无根的嫩茎直接放到混合基质(泥炭∶沙=2∶1)中,需 2~3 个月生根。

当杜鹃试管苗的新根系长成后,便可以进行移栽。移栽时,应选取高度为 2 cm 以上的组培苗,并先在室内散射光条件下炼苗 1 周左右,然后用镊子取出小苗,洗去根部黏附的培养基,移栽到事先灭菌的微酸的栽培基质中,基质的混合比例通常是泥炭∶沙∶珍珠岩(3∶1∶1)。移栽前期,需要将环境的空气湿度维持在 80%~90%,遮光率为 60%~70%,环境温度为 20~23 ℃。经过 1~2 个月的管理,即可定植在排水良好的、不含基肥的微酸性沙质壤土中。随着小苗对外界环境的适应和逐渐长大,可酌情每隔 1~2 周追施一次稀薄的液体肥料,施用时应注意肥料的浓度和操作的规范,避免发生不必要的肥害而影响生长。

8.2.8　百合的组织培养

百合是百合科百合属多年生球根类草本花卉,大多可供观赏或兼有药用、食用等多种用途。原产北半球的亚热带、温带和亚寒带。

百合是世界性球根花卉,花姿花色千娇百媚,为切花的高级材料。百合品种多达百余种,新品种亦不断经杂交改良而产生。目前栽培的百合类有原生种及杂交种,其中以杂交种作为切花大量栽培。

百合常规繁殖方法是分植小鳞茎,子球需栽植 1 年开花;若为大球,则当年便开花,但都数量有限。有些品种可用鳞片扦插繁殖,2 年开花,但往往在生产过程中易腐烂而难以常使用。杂交育种时,则需进行播种繁殖,栽植 5 年开花。同时,由于百合长期进行营养繁殖,造成病毒的经年累积影响品质,需要采用茎尖培养方法去除病毒,生产优质种球。

1) 外植体的选择

百合的鳞片、鳞茎盘、珠芽、叶片、茎段、花器官以及根等各部位,皆可作为外植体。

2) 外植体的处理

取回来的材料,先用清水冲洗干净,然后用少量的肥皂水或洗衣粉水浸泡 5 min,自来水冲洗,用 75%酒精浸摇 30~60 s,无菌水冲洗 3 次,再用 2%次氯酸钠或 0.1%升汞溶液处理8~10 min,无菌水冲洗 6~8 次,外植体无菌切割成5 mm 左右的小块或切段进行相应的培养。

3) 培养基及培养条件

以 MS 培养基作为基本培养基,激素则根据培养的需要酌情加入,pH 调整为5.6~5.8。培养温度 20~25 ℃,每天光照 8~12 h,光照强度 1 000~2 000 lx。

(1)百合叶片的培养方法

以叶片为外植体,材料接种在含 2,4-D 1 mg/L、KT 0.5 mg/L、IAA 1 mg/L 的 MS 培养基

中，15 d 左右，叶基部、叶脉上均可诱导出一团团淡黄色的愈伤组织。将愈伤组织转接至含 KT 0.05 mg/L、IAA 0.4 mg/L、NAA 2 mg/L 的 MS 培养基中，10 周后即分化出许多大小不等的鳞茎，并在小鳞茎基部长出粗壮的根，有些小鳞茎也可长出绿芽。

（2）百合鳞茎的培养方法

以百合鳞茎盘基为材料，切成小块，接种在含 NAA 1 mg/L 的 MS（维生素 B$_1$ 0.5 mg/L、维生素 B$_6$ 0.2 mg/L、甘氨酸 3 mg/L）培养基中，可直接形成绿色小鳞茎；然后转接到含 BA 1~2 mg/L、NAA 1~2 mg/L 的 MS 培养基中诱导出不定芽；再转入诱导小鳞茎培养基成苗，或转入含 6-BA 0.6 mg/L 的 MS 培养基中使进一步生长的小鳞茎抽出绿苗；最后可转入含 6-BA 0.2 mg/L、NAA 1~2 mg/L 的 MS 培养基中进行生根培养。

（3）百合茎段的培养方法

以百合带侧芽的茎段为材料，切成小段，接种在含 6-BA 0.2 mg/L、NAA 1 mg/L 的 MS 培养基中，可直接分化出芽，再进行单节切段转接在含 BA 0.5 mg/L、NAA 0.05 mg/L 的 MS 继代培养基上，当小苗长到 3 cm 左右高时，就可将其转接到含 IAA 2 mg/L、少量活性炭的 1/2 MS 培养基中进行生根培养，经培养 2~3 周后，小苗基部长出小鳞茎。

（4）百合子房与幼胚的培养方法

以百合的子房作为培养材料，接种在含 6-BA 1.0 mg/L、NAA 0.5 mg/L 的 MS 培养基中，诱导愈伤组织的效果较好，特别是在子房较大时；如果材料过小，则子房膨大不明显，容易干枯。而且，材料较大，所诱导出的愈伤组织也较容易分化出芽。

在无菌状态下，将授粉后 5 d 左右的子房进行接种培养，1 个月后，将其中的幼胚取出，接种到含 2,4-D，或 6-BA、NAA 的诱导培养基上，其中以 2,4-D 0.2 mg/L 诱导愈伤组织的效果最好，但几乎没有芽的分化；而用 6-BA 1 mg/L、NAA 0.1 mg/L 诱导百合幼胚形成愈伤组织并分化小芽的效果最好。

（5）百合珠芽的培养方法

将珠芽接种在含 6-BA 0.5~1 mg/L、NAA 0.3~1 mg/L 的 MS 培养基上，一般先出现愈伤组织，然后从愈伤组织再分化出带有小鳞茎的幼芽。

4）试管苗的移栽与管理

小鳞茎在出瓶移栽前要经过 4~6 周的低温处理。当其直径达到 0.5~1 cm 时，即可进行移栽，可采用经消毒灭菌处理的混合基质，一般的成分是泥炭：沙（1：0.5）。移栽前期，须保持 80%~90% 的环境空气湿度，遮光率为 40%，环境温度 20~26 ℃。经过 2~3 个月的栽培管理，可定植于排水良好、富含腐殖质的沙质壤上中，定植时最好不施用基肥，随着小苗的不断生长，可每隔两周追施一次稀薄的液体肥料，可有效促进其成长。

百合从小苗栽培到开花约需两年，第一年种植待其枝叶枯黄后，应将地下鳞茎崛起，风干后储存于干沙、木屑中或加以冷藏处理，秋季再行种植。

任务 8.3 经济作物脱毒与快繁

8.3.1 马铃薯脱毒与快繁

马铃薯是一种全球性的重要经济作物。适应性广,营养价值高,耐贮藏适运输,既是重要的粮食作物,也是调节市场供应的重要蔬菜。由于马铃薯是无性繁殖作物,病毒逐代积累,日益严重,引起严重退化。危害马铃薯的病毒有17种之多,如X病毒、S病毒、Y病毒、M病毒、A病毒、奥古巴花叶病毒、纺锤形块茎病毒等。

马铃薯在营养繁殖时易受病毒的浸染,当条件适合时,病毒就会在植株内复制,转运和积累于所结块茎中,随着世代传递,病毒危害逐年加重,一般可造成减产50%以上。因此,采用组织培养技术,通过一定良种繁殖体系,生产优质种薯,是保证马铃薯高产、稳产的一项有效措施。

1)脱毒种薯生产程序

采用微茎尖组织培养的方法,诱导出苗,采用酶联免疫吸附分析法或指示植物方法鉴定马铃薯病毒和类病毒,经鉴定后,无主要病毒及类病毒的试管苗可定为脱毒试管基础苗。试管基础苗在无菌条件下,采用固体、液体培养基相结合的方法,进行扩繁基础苗,在防虫网室栽植或封闭温室扦插,生产出原原种(或称脱毒小薯)。或者在试管内直接诱导微型试管薯,作为原原种,但试管内诱导微型薯费用较大,生产上多用温室扦插的方法。用原原种在一定隔离条件下产生原种1代,以后逐级称为原种2代、良种1代、良种2代。

2)茎尖培养脱毒

(1)取材和培养

一般多采用在室内发芽,芽经热处理(38 ℃)2周。然后取顶芽或侧芽1 cm的茎尖,在自来水下冲洗1 h左右,无菌条件下先用75%的酒精浸润组织,再用5%的漂白粉溶液浸泡5~10 min,然后用无菌水冲洗2~3次。分离茎尖时,把消毒好的芽放在解剖镜下仔细剥离,逐层剥去幼叶,露出圆滑的生长点,用刀切下(带2个叶原基),随即接种于MS液体培养基上(纸桥法),每升加0.1 mg IAA、0.1 mg GA$_3$,pH 5.8。也可用White培养基,附加0.1~1 mg/L的NAA和0.05 mg /L的BA。培养条件为21~25 ℃、3 000 lx、16 h/d。

(2)继代和生根

培养成功的马铃薯脱毒苗经鉴定后,采用固体、液体培养基相结合方法扩繁。取试管苗切成单节小段扦插在固体培养基上,每瓶可插20个左右茎段,经20 d左右便可发育成5~10 cm高的小植株,并着生有根系,每月可繁殖5~8倍。也可把试管苗多节接种在液体培养基上,进行浅层静置液体培养。

(3)驯化

为增强试管苗对温室内环境条件的适应能力,移植前对试管苗要进行光、温锻炼。炼苗期温室内的温度为白天23~27 ℃,夜间不低于14 ℃。

炼苗的具体方法是:移植前7 d左右,将长有3~5片叶、高2~3 cm的试管苗,在不开瓶口的状态下,从培养室移至温室排好。将装好基质的营养钵紧密的排放于温室内,每 m² 排放营养钵 300 个左右。排好后用喷壶浇透水,将经锻炼好的试管苗从瓶内用镊子轻轻取出,放到 15 ℃ 的水中洗去培养基,放入盛水的容器中,随时取随时扦插,防止幼苗失水。大的幼苗可截为 2 段,每个营养钵插 1 个茎段,上部茎段和下部茎段分别扦插到不同的钵内。一般情况,扦插后的最初几天,每天上午喷一次水,保持幼苗及基质湿润。但喷水量要少,避免因喷水过多造成地温偏低而影响幼苗生长和成活。切忌暴热时间凉水浇苗。随幼苗生长逐渐减少浇水次数,但每次用水量要逐渐加大,以保持温室中有较高的湿度,并以防幼苗茎皮硬化,影响切繁效果。

3)脱毒苗繁殖

脱毒苗繁殖以基础苗切段扦插繁殖法为主,即切繁,但切繁量的多少和质量的高低,除与前边提到的水与温湿度条件有关外,掌握正确的切繁方法和适宜的切繁苗龄也是非常重要的。脱毒苗切繁主要是剪取顶部芽尖茎段(主茎芽尖和腋芽芽尖)直接扦插。

切繁原则是:保证每次剪切后,基础苗仍能保持较好的株型和营养面积与较多的茎节,不仅能生长正常,而且又能萌发出多个腋芽供下次剪切。

具体方法是:扦插后 15 d 左右,当基础苗长有 4~5 个展出叶、苗高 3.5~4 cm 时进行首次切繁。从基础苗茎基部上数 2~3 个茎芽上方,用锋利刀片将上部茎芽切下(茎段不小于 1 cm),扦插到浇透水的营养钵内。切繁培育的苗可供生产脱毒小种薯,也可以作为供切繁的基础苗。如生产脱毒小种薯,可直接扦插到用营养土做的畦床上或专用的无土培养盘中,扦插方法及扦插后的管理与试管苗扦插方法及管理相同。第一次剪切后 10 d 左右,基础苗上萌发的腋芽长大时进行第二次切繁,方法相同,将剪切腋芽基部的第一个叶片留下继续萌发腋芽,将上部茎尖芽段剪下扦插。如基础苗上除剪取的腋芽外,仍有多个未萌发或未长大的腋芽时,可将芽全部切下,目的是使基础苗始终保持较好,有利于继续切繁的株型,延长切繁期。

4)马铃薯脱毒苗的鉴定

(1)指示植物鉴定

在马铃薯的病毒鉴定中,汁液涂抹鉴定中是最常用的方法,X 病毒、S 病毒和纺锤块状病毒很容易通过汁液来接种。Y 病毒、M 病毒和 A 病毒等也可用此法来接种。

(2)指示植物的准备

马铃薯病毒的寄生范围狭窄不一,如卷叶病毒只能感染茄科少数病毒。而 X 病毒除茄科外,还能感染苋科的千日红、藜科的苋色藜等。马铃薯常用的鉴定指示植物有千日红、茄科的洋酸浆、毛曼陀罗等。指示植物应在无虫网室中培养,温度控制在 15~25 ℃,提供充足的肥、水、光等条件,保证幼苗健壮生长。系统发病的鉴定寄生,一般用 3~5 片真叶的幼苗,局部发病的指示利用充分展开的真叶。每个病毒样品可接种 3 株,并做好标记。

(3)接种液制备及接种

选取待检植物的叶作为接种材料。叶片洗净后,在研钵中研成糊状(需加缓冲液),用纱布滤出汁液,用蒸馏水稀释 10 倍作为接种物,以防过浓的汁液对鉴定寄生产生伤害作用。在指示植物的叶面,均匀的喷布 600 目的金刚砂,也可将少许金刚砂少许混入接种液中,然后用左手心紧靠在指示植物的背面,以右手食指蘸取接种液,均匀的在叶背面擦过,以不造成叶片产生伤痕为度,最后把叶面上多余的接种液用清水冲洗干净,放置在 15~24 ℃ 的防虫室中,一

般 5~10 d 可观察。

8.3.2 甘薯脱毒与快繁

甘薯属于旋花科多年生草本植物。我国近年来甘薯种植面积达到 700 万公顷,占世界的 80% 以上。甘薯是一种杂种优势作物,但采用营养繁殖导致甘薯病毒蔓延,致使产量和质量 降低。甘薯感染的病毒主要有甘薯花椰菜花叶病毒(SPCLV)、甘薯羽状斑驳病毒(SPFMV)、 甘薯潜隐病毒(SPLV)、甘薯脉花叶病毒(SPVMV)、甘薯轻斑驳病毒(SPMMV)、甘薯黄矮病 毒(SPYDV)、烟草花叶病毒(TMV)、烟草条纹病毒(TSV)、黄瓜花叶病毒(CMV)等,此外,还 有尚未定名的 C-2 和 C-4。在我国主要有两种,一是甘薯羽状斑驳病毒(SPFMV),主要症状 是叶片出现规则退绿条纹或带有紫色边缘的退绿斑,也可沿叶脉形成紫色羽状斑纹,植株生 长势减弱,薯块上产生褐色纵裂,薯块内部形成褐色的内木栓,薯块变小,产量品质下降;二是 甘薯潜隐病毒(SPLV),其症状表现不明显,产量品质下降。病毒病已经成为我国甘薯生产的 最大障碍之一。

甘薯染病以接触传毒、昆虫传毒、线虫传毒和真菌传毒。其中,主要以昆虫传毒为主。 如:蚜虫、叶蝉、粉虱、甲虫等,最普遍的是蚜虫传毒。甘薯病毒往往呈复合侵染。受侵染的植 株症状为:地上部分长势弱,叶皱卷、花叶、黄化、羽状斑驳或环斑;结薯少、块小、表皮粗糙、龟 裂;种性退化,品质和产量降低。甘薯病毒尚无药可治,其潜在威胁很大。茎尖培养是目前防 治甘薯病毒病的最有效方法。

1)甘薯脱毒

(1)优良品种母株选择

选择适宜当地栽培的高产优质或特殊用途的生长健壮的甘薯品种植株作为母株,取枝 条,剪去叶片后切成数段。每段带 1 个腋芽,含顶芽的 2~3 节一段。

(2)材料消毒

剪好的茎段经流水冲洗数分钟,用滤纸吸干表面水分后于 70% 的乙醇中浸泡 10 s,再 用 0.1% 升汞消毒 10 min,无菌水冲洗 5 次;或用 2% 次氯酸钠溶液消毒 15 min,无菌水冲洗 3 次。

(3)茎尖剥离

把消毒好的芽放在解剖镜下,无菌剥去顶芽和腋芽上较大的幼叶,切取 0.3~0.5 mm 含 1~2 个叶原基的茎尖组织,接种在培养基上。

(4)茎尖培养

甘薯茎尖培养的较理想培养基为 MS+IAA 0.1 mg/L ~ 0.2 mg/L+BA 0.1 mg/L ~ 0.2 mg/L+GA$_3$ 0.3 mg/L,加滤纸桥。用的试管,每支试管装约 1/3 的液体培养基,接种 1 个茎尖。

培养条件以温度 25~28 ℃、光照度 1 500~2 000 lx、光照 14 h/d 为宜。

不同品种的茎尖生长情况有差异。一般培养 10 d 茎尖膨大并转绿,培养 30 d 左右茎尖 形成 2~3 mm 的小芽点,且在基部逐渐形成绿色愈伤组织。此时,应将培养物转入无植物生 长物质的 MS 培养基上,以阻止愈伤组织的继续生长,使小芽生长和生根。芽点基部少量的愈 伤组织对茎尖生长成苗有促进作用,但愈伤组织的过度生长对成苗则非常不利,且有明显的抑制作用。

（5）茎尖苗的初级快繁

对来自不同品种的茎尖的薯苗，严格按照株系序号进行初级快繁，以便进行病毒检测。

当薯苗长至 3～6 cm 高时，将小植株切段进行短枝扦插，除顶芽一般带有 1～2 片展开叶片外，其余的切段都是具一节一叶的短枝。切段直插于三角瓶内无植物生长物质的 MS 培养基中，条件同茎尖培养。2～3 d 内，切段基部即产生不定根，30 d 左右长成具有 6～8 片展开叶试管苗。

（6）脱毒鉴定

茎尖培养产生的试管苗，经严格检测后，才能确认为脱毒苗。初级快繁到一定数量后，将同一株系的试管苗分成两部分，一部分保存；一部分直接用于病毒鉴定，将其移入防虫网室内的无菌基质中培养。在适温 28～30 ℃、湿度 75%～85% 温室中，成活后观察其形态变化，加强肥水管理，待长成正常苗后用巴西牵牛进行指示植物嫁接病毒检测。巴西牵牛不同于普通牵牛，枝粗叶大，大多数侵染甘薯的病毒通过嫁接可使巴西牵牛产生明脉、脉带和褪绿斑症状，从而确定试管苗是否带有病毒。其具体做法是：用茎或叶柄嫁接到有 1～2 个真叶的巴西牵牛幼苗上，套上塑料袋 4 d 以保湿，保证成活，14 d 左右病毒就会在巴西牵牛体内繁殖积累，表现在叶片上。再用血清学方法确认。鉴定结果若其中有一株带有病毒，则要淘汰整个株系，连同试管内的试管苗。未出现感染症状的株系就可规模化生产。

2) 甘薯的快繁

（1）脱毒苗的快繁

脱毒试管苗可进行试管切段快繁，也可在防虫条件下于无菌基质中栽培、繁殖。

试管繁殖脱毒苗一般 30～40 d 为一个繁殖周期，一个腋芽可长出 5 片以上的叶，繁殖系数约为 5。为降低培养的成本，可用食用白糖代替蔗糖；将培养基中的大量元素减半，甚至用 1/4 MS（大量元素）培养基；尽可能利用自然光照培养；也可用经检验合格的自来水代替蒸馏水或无离子水。

在防虫温室或网室内，可将经炼苗后的脱毒试管苗移至蛭石、河沙等基质中，待其成活后，连根拔出栽入已消毒的土壤中。缓苗后薯苗迅速生长，之后定期（约 10 d）剪秧扦插，以苗繁苗，其性能与试管苗无异，以求短期内获得大量脱毒苗。防虫网一般采用 35～45 目的尼龙网罩在棚架外而成。为加速脱毒薯苗的繁育，可建造防虫温室，使快繁在冬、春照常进行。为防止温室内温度偏低，也可采取铺设地热线措施，保证薯苗正常生长。

（2）原原种的繁育

在防虫温室或网室的无病毒土壤上种脱毒苗，让其结薯，即为原原种薯，育出的苗即为原原种苗。原原种比试管苗更便于分发运送，以供应生产原种。

（3）原种的繁育

原种生产也应在防虫温室或网室的无病毒土壤上进行，以原原种为种植材料，必要时可进行以苗繁苗的方法，而取得较多的原原种苗，培育的种薯即为原种。

（4）种薯的繁育

种薯可分为不同的等级，一级种薯的生产要求为：在隔离地块上栽培原种，地块四周 500 m 以内的范围内不栽甘薯，生长期及时拔除病株及其薯块，及时喷药治虫，还可在田间种

植指示植物,以了解脱毒和病毒传播情况。2~3级脱毒种薯生产地块的条件可适当降低,种薯每种一年降一级。脱毒种薯、种苗用于生产,增产效果一般可维持2~3年。其后就应更换新的脱毒种苗、种薯。

3)脱毒试管苗的大规模移栽注意事项

(1)培育壮苗

移栽成活率主要和苗子健壮有关。培育壮苗,可以通过降低培养温度、增强光照来实现,以株高达到3~5 cm为宜;若苗过于细长则难以移栽成活。

(2)适当炼苗

移栽苗前,将瓶塞打开,置室温和自然光照下锻炼2~3 d,使幼苗逐渐适应外界环境条件。

(3)精心移栽

试管苗经在瓶内培养已形成大量根系,且较细长。移栽时倒入一定量的清水,振摇后松动培养基,小心取出幼苗,洗去根部的培养基以防杂菌滋生,再移至灭菌的蛭石或沙性土壤中。脱毒苗应在严格防虫的网室内称移栽。待苗生根、长出新叶后再移植于土壤中,有利于苗的快速生长。

(4)控制湿、温、光等条件

基质湿度是根系成活的关键,但不宜过湿,应维持良好的通气条件,促使根生长。空气也应保持湿润,以免试管苗失水枯死。移栽初期,可用塑料薄膜覆盖。温度以25~30 ℃为宜,并注意遮阴,避免日晒。

(5)适时定植

蛭石缺乏植物生长必需的营养,故当薯苗成活后,应及时种植于防虫网内已消毒的土壤中,促使其生长。为提高网室利用率,定植的薯苗应适当密植。采取剪秧扦插,以苗繁苗的方式,可在短期内得到数量巨大的脱毒苗。在北方,为克服冬、春温度过低的影响,可建立防虫温室,并辅以取暖升温措施,保证脱毒全年进行繁育。

(6)严防病虫害

脱毒苗繁育虽在防虫网内进行,但有时会因封闭不严或土内自生性出蚜,从而导致网内有蚜虫等发生,或者出现地下害虫危害。为此,应定期喷洒农药,防治病虫害。

8.3.3 草莓脱毒与快繁

1)形态特性和生物学特性

草莓为重要的浆果植物,栽培分布很广,其总产量在浆果类中仅次于葡萄,居世界第二位。草莓果实柔软多汁,含丰富的糖、酸、矿物质、维生素等。草莓可鲜食,也可加工成果酱、果酒等。其颜色鲜艳,是良好的配餐食品。草莓繁殖容易,结果早,收效快。尤其是近年的促成栽培,利用塑料大棚、日光温室,使草莓的成熟期大大缩短,从11月到次年的6月,都有新鲜的草莓上市,填补了水果的淡季市场。

(1)形态特性

草莓属多年生草本植物,植株矮小,呈半平卧丛状生长,根系属须根系,在土壤中分布较浅。草莓的茎呈短缩状,分地上和地下部分,地上短缩茎节间极短,节密集,其上密集轮生叶片,叶腋部位着生腋芽。地下短缩茎为多年生,是贮藏营养物质的器官,其上发育有不定根。匍匐茎是草莓的特殊地上茎,是其营养繁殖器官,茎细,节间长,一般坐果后期发生。叶属于基生三出复叶,呈螺旋状排列,在当年生新茎上总叶柄部与新茎连接部分,有两片托叶顶端膨大,圆锥形且肉质化。花序为二歧聚伞花序至多歧聚伞花序。果实为假果,主要是花托膨大肉质化形成,瘦果以聚合果形成生于花托上。果实成熟时果肉红色、粉红色或白色。

（2）生物学习性

草莓根系在土壤温度达到2 ℃时开始活动,在10 ℃时开始形成新根,根系生长的最适温度为15~20 ℃,秋季温度降低到7~8 ℃时生长减弱。春季气温达5 ℃时,植株开始萌芽,茎叶开始生长。草莓是喜光植物但又比较耐阴,光照充足,植物生长旺盛,叶片颜色深,花芽发育好,能获得较高的产量。相反,光照不良,植株生长势弱,叶柄及花序柄细。叶片色浅,花朵小,果实小,着色不良。草莓的根系分布较浅,加上植株矮小,叶片较大,因此蒸发量大。在整个生长季节,叶片几乎都在不断地进行老叶死亡、新叶发生的过程,叶片更新频繁。这些特点决定了草莓对水分要求较高,但在不同的生长发育时期,对水分的要求不同。开花期土壤的含水量应不低于最大田间持水量的70%。果实膨大及成熟期土壤含水量应不低于80%,而秋季9月、10月,土壤持水量达60%即可,草莓不耐涝,要求土壤既有充足的水分供应,又要有良好的通气条件。草莓对土壤适应性强,在各种土壤上都能生长,但由于是浅根性作物,要求肥沃、疏松、透水、通气的中性微酸性或微碱性土壤。

2) 草莓侵染的病毒

草莓侵染的病毒主要有草莓斑驳病毒、草莓轻型黄边病毒、草莓镶脉病毒、草莓皱缩病毒。

（1）草莓斑驳病毒

该病毒分布极广,有草莓栽培的地方,几乎都有该病毒病发生。单独侵染时,草莓无明显症状,与其他病毒复合侵染时,可致草莓植株严重矮化,叶片变小,产生褪绿斑,叶片皱缩扭曲。

（2）草莓轻型黄边病毒

该病毒单独侵染时,草莓植株稍微矮化,复合侵染时引起叶片黄化或失绿,老叶变红,植株矮化,叶缘不规则上卷,叶脉下弯或全叶扭曲。

（3）草莓镶脉病毒

草莓受单种病毒侵染,往往症状不明显,被复合侵染后,主要表现长势衰弱、退化,新叶展开不充分,叶片无光泽、失绿变黄、皱缩扭曲,植株矮化,坐果少、果实产量低。

（4）草莓皱缩病毒

该病毒为世界性分布,是对我国草莓危害最大的病毒。病毒强株系侵染草莓后,可致草莓植株矮化,叶片产生不规则黄色斑点,扭曲变形,匍匐茎数量减少,繁殖率下降,果实变小;与斑驳病毒复合侵染时,植株严重矮化,再与轻型黄边病毒三者复合侵染,会导致草莓大幅度减产,甚至绝产。

3) 草莓脱毒苗的培养

草莓脱毒以热处理与茎尖分生组织培养结合方式进行。将草莓植株在40~41 ℃温度下处理4~6周,然后取微茎尖培养。

（1）初代培养

取草莓生长健壮的母株或匍匐茎上的顶芽，用自来水流水冲洗 2~4 h，然后剥去外层叶片，在无菌条件下，用 2% 次氯酸钠溶液表面消毒 15 min，无菌水冲洗 4 次。在无菌条件和解剖显微镜下剥取茎尖分生组织，以带有 1 个叶原基的茎尖为度。0.2 mm 的茎尖无病毒率可达到 100%，但接种后的成活率低，并延长培养时间。茎尖分离后，迅速接入 MS+BA 0.25 mg/L+NAA 0.25 mg/L 或 White+IAA 0.1 mg/L 培养基中。培养条件为 22~25 ℃，日照 16~18 h 光强 3 000 lx。经 2~3 个月的培养，可生长分化出芽丛，一般从每簇芽丛含 20~30 个小芽为适。注意，在低温和短日照下茎尖有可能进入休眠，所以较高的温度和充足的光照时间必须要保证。

（2）继代培养

把芽丛割成芽丛小块，转入 MS 培养基中，令其长大，以利分株，待苗长大到 1~2 cm 时，可将芽丛小块分成单株，再转入前述的分化培养基中，又会重复上述过程，达到扩大繁殖的目的。

（3）生根培养

在培养基中加入 NAA 1 mg/L 或 IBA 1 mg/L，使发根整齐，由于草莓地下部分生长加快，发根力较强，也可将具有两片以上正常叶的新茎从试管中取出进行试管外生根。

（4）驯化

用镊子把草莓苗从试管瓶中取出，洗掉根系附带琼脂培养基。事先备好 8 cm×8 cm 或 6 cm×6 cm 的塑料营养钵，内装等量的腐殖土和河沙。栽前压实，浇透水，用竹签在钵中央打一小孔，将试管苗插入其中，压实苗基部周围基质，栽后轻浇薄水，以利幼苗基部和基质密合。

栽后的试管苗要培养在湿度较大的空间内，一般加设小拱棚保湿，并经常浇水，以增加棚内湿度，以见到塑料薄膜内表面分布均匀的小水珠为宜。经过 7~10 d 后，当检查有一定的根系生出，可逐渐降低湿度和土壤含水量，进入正常幼苗的生长发育管理阶段。

4）草莓无病毒苗的繁殖和利用

保证种苗的无病毒，在原种种苗生产阶段，应在隔离网室中进行。传播草莓病毒的蚜虫较小，可以通过大于 1 mm 网眼，故应采用 0.4~0.5 mm 大小的规格，其中以 300 号防虫网为好。为提高脱毒母株的繁殖系数，可采用赤霉素处理和摘蕾的方法。赤霉素处理用 5×10^{-6} 的浓度，在 5 月上旬和 6 月上旬分两次进行。摘蕾可减轻母株的营养负担，促进匍匐茎的大量发生，田间地每株可繁殖 150~200 株。每株母株必须保证有大于 3.3 m^2 的营养面积。另外还要注意匍匐茎排列位置，不要交错重叠，这样不利采苗，且采苗也要适时进行。无论秋季或春季种植，繁殖床必须要进行土壤消毒，小面积可用蒸气剂料盒消毒，防治草莓萎缩病、根腐病、萎凋病等的发生。隔离繁殖圃需加强水、肥管理，以促进匍匐茎的发生。

8.3.4　芦荟的试管快繁

百合科芦荟属植物共有 300 多种，为多年生常绿植物，分布于热带和亚热带地区。由于芦荟具有多种药用功效和保健美容作用，近年来芦荟产业已经在国内外成为新的开发热点。芦荟植株生长数年后才开花结实，种子一般也很少，而且种子细小，又不耐保存，存放一年后发芽率就很低。生产上常用的扦插和分株法都不能在短时间内提供大量种苗。因此，只有通过组织培养快繁方法,才能生产出大小一致、性状稳定的优良种苗。

1)初代培养物的建立

芦荟的组织培养一般采用茎段和腋芽作为外植体,通过侧芽扩大繁殖。繁殖程序为:外植体培养—不定芽的发生和增殖—诱导产生不定根—移栽过渡—大田定植。

研究表明,MS 培养基是芦荟初代培养中侧芽分化理想的培养基,不仅诱导出的芽数量多,而且出芽早,侧芽粗壮、浓绿。芽的分化和增殖与细胞分裂素的浓度密切相关。在一定浓度范围内,较高浓度的细胞分裂素有助于芽的形成与正常生长。例如,在采用 MS 基本培养基,以及 NAA 浓度为 0.2 mg/L、BA 浓度为 3~5 mg/L 的条件下,幼苗生长较正常,而且较壮。

芦荟对蔗糖浓度的适应范围较广,在 20~50 g/L 蔗糖的条件下,侧芽的增殖率都很高,以 30 g/L 最好。通过实验得出,在芦荟初代培养及诱导侧芽分化的过程中,以采用成分为 MS+BA 3 mg/L+NAA 0.2 mg/L+蔗糖 3%+琼脂 0.7%的培养基,效果比较理想。

2)取材与消毒

选择盆栽芦荟植株或大田植株,截取上端嫩芽或侧芽,将植株的生长点及周围组织切成 1~2 cm 的小块,将材料置于自来水下冲洗干净,然后用 2%洗洁精或饱和洗衣粉摇动 5 min。倒去洗涤剂后,用自来水冲洗干净,然后用 70%的酒精来灭菌 1 min,立即用 0.15%升汞溶液再灭菌 10 min。最后用无菌水冲洗 4~5 次,再用无菌滤纸吸干水分后,就可接种在事先配制好的初代培养基上培养。

3)培养条件

芦荟试管快繁的整个过程中,湿度可控制在(26±3)℃,白天以日光灯照明 10~12 h/d,光照度为 1 000~1 500 lx。

4)扩大繁殖

在培养基内,外植体充绿膨大,顶芽、侧芽开始萌动生长,经 25~40 d 的培养后,茎段腋芽生长成不定芽,节痕上和茎段切面边缘也会发生不定芽。当培养基颜色逐渐暗灰色,侧芽发生较多后,应转移到新的培养基上。新培养基成分与前相同。25 d 后,每个芽周围又可长出 4~6 个侧芽,即可切下来再进行继代培养。以后每 25 d 可继代增殖一次。

5)生根与壮苗

芦荟试管苗生根采用 KC 培养基,以 KC+IBA 2.5 mg/L+蔗糖 3%+琼脂 0.7%+活性炭 0.3%较适宜。为了使植株健壮,使之能在移栽后保证较高的成活率,在生根培养基上形成完整植株后,即可转移到 1/2 MS+IBA 2 mg/L+活性炭 0.3%+琼脂 0.7%的壮苗培养基上进行壮苗培养。此阶段可将光照度增至 2 000 lx,经 20 d 左右培养,平均每个试管植株长出 4~5 条粗壮的侧根,叶色浓绿。此时即可炼苗移栽。

6)试管苗的移栽与管理

芦荟试管苗移栽前,应将培养瓶搬出培养室,并敞开瓶口,于普通房间内炼苗 3~4 d。移栽时,可先往瓶中加入少量水分,并摇动培养基,然后用镊子将试管苗轻轻取出,洗净根部附着的培养基,并按种苗大小分开栽于河沙中。为了预防真菌或细菌引起的病害,也可将试管苗用高锰酸钾溶液泡 1~2 min,稍晾干后栽植。由于芦荟的耐旱怕涝,试管苗移栽时应注意严格控制基质水分,既要保持基质湿润,又要防止水分过多造成烂苗。保水能力较强的基质如黄泥、黏土等,不宜用于移植芦荟试管苗,以透气性好的河沙最好。但河沙保水力太差,应注

意及时喷水保温。移栽初期幼苗有转黄现象,这是因为初期不适应所致,并不影响成活率。经过两周的过渡,植株又恢复生长,叶片逐渐转绿。当抽出新叶时,便可移植于大田。

· 项目小结 ·

　　本项目介绍了 17 种植物组织培养脱毒、快繁技术,果树如樱桃、苹果的脱毒与快繁,林木如桉树、杨树、樱花的快繁;花卉如非洲紫罗兰、蝴蝶兰、红掌、非洲菊、月季、康乃馨、杜鹃、百合的快繁;经济作物如马铃薯、甘薯、草莓、芦荟的脱毒与快繁技术。从这些植物的脱毒和快繁技术来看,脱毒方法上均采用茎尖分生组织培养或茎尖分生组织与热处理相结合的方法进行处理。而快繁所用的外植体则因植物种类不同而已,主要还是以芽为主要的选择对象,如果已经进行了脱毒处理,鉴定后所检病毒为阴性的材料即可直接用于快繁。快繁途径则主要为诱导丛生芽或单芽扦插方法。不可反复使用愈伤组织进行培养,以防出现遗传不稳定现象的发生。

复习思考题

　　1.在植物组织培养快繁中,如何建立无菌培养体系?

　　2.如何进行蝴蝶兰、红掌、非洲菊等花卉的组培快繁?

　　3.如何进行马铃薯、甘薯的脱毒与快繁?

　　4.陈述马铃薯种苗繁育体系。

　　5.陈述草莓脱毒与快繁的方法。

常见缩写符号及中英文名称

缩 写	英文名称	中文名称
A;Ad;Ade	Adenine	腺嘌呤
ABA	Abscisic acid	脱落酸
BA;BAP;6-BA	6-benzyladenine;6-benzylaminopurine	6-苄氨基腺嘌呤
℃	Degree celsius	摄氏度(温度单位)
P-CPOA	P-chlorophenoxyacetic acid	对-氯苯氧乙酸
CCC	chlorocholine chlorid	矮壮素,三 C
CH	Casein hydrolysate	水解酪蛋白
CM	Coconut milk	椰子汁;椰子乳;椰子液体胚乳
cm	centimeter	厘米
d	day(s)	天
2,4-D	2,4-dichlorophenoxyacetic acid	2,4-二氯苯氧乙酸
2,4-DB	2,4-dichlorophenoxybutyric acid	2,4-二氯苯氧丁酸
DNA	Deoxyribonucleic acid	脱氧核糖核酸
EDTA	ethylenedinitrolotetraacetic acid	乙二胺四乙酸
ELISA	Enzyme-linked immunosorbent assay	酶联免疫吸附分析法
g	gram(s)	克
GA;GA$_3$	gibberellin;gibberellic acid	赤霉素;赤霉酸
h	hour(s)	小时
IAA	Indole-3-acetic acid	吲哚乙酸
IBA	Indole-3-butyric acid	吲哚丁酸
in vitro	斜体字,来自法语,意为在试管内,泛指离体培养试验	
in vivo	斜体字,来自法语,意为在活体内,泛指整体条件下之试验	
2-ip;IPA	2-isopentenyl adenine 6-(r,r-dimethylallyl) adenine	异戊烯基腺嘌呤,又称为 6-(r,r-二甲基烯丙基氨基)嘌呤
kg	Kilogram(s)	千克;公斤

续表

缩　写	英文名称	中文名称
KT;Kt;K	Kinetin	激动素;动力精;糠基腺嘌呤
L;l	liter	升
LH	Lactalbu min hydrolysate	水解乳(清)蛋白
lx	lux	勒克斯(照明单位)
m	meter	米(长度单位)
mg	milligram(s)	毫克
min	minute(s)	分(钟)
ml	milliter	毫升
mm	millimeter	毫米
mmol	millimole(s)	毫摩尔
mol.wt	molecular weight	摩尔重量
NAA	Naphthalene acetic acid	萘乙酸
NOA	Naphthoxyacetie acid	萘氧乙酸
PBA;BPA	6-benzyla mino-9-[2-tetrahydropyranyl]-9H-purine	多氯苯甲酸〔通〕; 6-(苄基氨基)-9-(2-四氢吡喃基)-9H-嘌呤
PEG	Polyethylene glycol	聚乙烯乙二醇
pH	hydrogen-ion concentraion	酸碱度,氢离子浓度
PVP	polyvinylpyrrolidone	聚乙烯吡咯(啉)酮
RNA	Ribonucleic acid	核糖核酸
r/min		转每分,即每分钟转数
s	second(s)	秒(钟)
TDZ	Thidiazuron；N-pheny-N '-1, 2, 3,-thia-diazol-5-ylurea	苯基噻二唑基脲
2,4,5-T	2,4,5-trichorphenoxy acetic acid	2,4,5-三氯苯氧乙酸
μm	micrometer(s)	微米
μmol	micromole(s)	微摩尔
VB_1	Thia mine-HCl	盐酸硫胺素
VB_3	Nicotinic-HCl	烟酸
VB_5	Calcim D-pantothenate	泛酸钙
VB_6	Pyridoxine-HCl	盐酸吡哆醇
V_C	Vitamin C	抗坏血酸

续表

缩　写	英文名称	中文名称
V_H	Vitamin H	生物素
YE	Yeast extract	酵母提取物（膏）
ZT；Zt；Z	Ziatin	玉米素

参考文献

[1] 王清连.植物组织培养[M].北京:中国农业出版社,2002.

[2] 王蒂.细胞工程学北京[M].北京:中国农业出版社,2003.

[3] 朱至清.植物细胞工程[M].北京:化学工业出版社,2003.

[4] 曹孜义,刘国民.实用组织培养技术教程[M].兰州:甘肃科技技术出版社,2003.

[5] 潭文澄,戴策刚.观赏组织培养技术[M].北京:中国林业出版社,1991.

[6] 王国平,刘福昌.果树无病毒苗木繁育与栽培[M].北京:金盾出版社,2002.

[7] 刘庆昌,等.植物细胞组织培养[M].北京:中国农业大学出版社,2010.

[8] 胡琳.植物脱毒技术[M].北京:中国农业大学出版社,2000.

[9] 薛庆善.体外培养的原理与技术[M].北京:科学出版社,2001.

[10] 陈振光.果树组织培养[M].上海:上海科学出版社,1987.

[11] 中国科学院上海植物生理研究所,上海市植物生理学会.现代植物生理学实验指南[M].
北京:科学出版社,1999.

[12] 傅润民.果树瓜类生物工程育种[M].北京:农业出版社,1994.

[13] 肖尊安.植物生物技术[M].北京:化学工业出版社,2005.

[14] 元英进.植物细胞培养工程[M].北京:化学工业出版社,2004.

[15] 巩振辉,等.植物细胞培养[M].北京:化学工业出版社,2007.

[16] 庞俊兰,等.细胞工程[M].北京:高等教育出版社,2007.

[17] 张献龙,唐克轩.植物生物技术[M].北京:科学出版社,2004.

[18] 原田宏,驹岭穆.植物细胞组织培养[M].东京:理工学社,1987.

[19] 谢联辉.植物病毒:病理学与分子生物学[M].北京:科学出版社,2009.

[20] 莽克强.基础病毒学[M].北京:化学工业出版社,2005.

[21] 谢天恩,胡志红.普通病毒学[M].北京:科学出版社,2002.

[22] 程耀峰.植物组织与细胞培养[M].北京:中国农业出版社,2007.

[23] 高世强,张新建,吴茂森.DNA微阵列技术在病原细菌基因转录谱分析中的应用[J].中国农业科学,2008(5):1341-1346.

[24] 王新,莫笑晗,林良斌.分子生物学技术在植物病毒检测中的应用[J].安徽农业科学,2009,37(28):13498-13500.

[25] 陈益华,钟志凌,贺正金,等.甘薯脱毒苗的快速繁殖与生产技术[J].长江蔬菜,2009(14):11-14.

［26］ J. M. Bonga，P. Von Aderkas. In Vitro Culture of Trees［M］. London：Kluwer Acadmic Publishers，1992.

［27］ John H.Dodds，Lorin W.Roberts.Experiments in Plant Tissue Culture［M］. third edition. Cambridge university press，1995.

［28］ Robert N.Trigiano，Dennis J.Gray.Plant Tissue Culture Concepts and Laboratory Exercises［M］.New York：CRC Press，1996.

［29］ Roberta H.Smith.Plant Tissue Culture［M］.second edition. london：academic press，2000.